# 蝴蝶园
## 设计、建设与管理

史军义 王明旭 姚 俊 蒲正宇 史蓉红 雷 鹏 编著

科 学 出 版 社

北 京

## 内容简介

本书是由中国林业科学研究院资源昆虫研究所蝴蝶研究与发展中心负责组织该中心和国家林业局濒危物种进出口管理办公室、湖南省森林植物园等单位的部分专家和技术人员参与调查、研究和编纂，历时6年多完成。这是关于我国蝴蝶园设计、建设、管理和经营方面资源调查最全面、资料收集最丰富、内容编写最系统、基础数据和照片最详实的一部专业著作。

本书共7章。书中首先对蝴蝶园进行概述，然后分别介绍蝴蝶园设计、蝴蝶园建设、蝴蝶园管理、蝴蝶园经营、国内蝴蝶园概览、国外蝴蝶园概览，书后附有附录。

全书注重形式的艺术性、编撰的科学性、知识的完整性和内容的实用性，力求理论联系实际、文字简洁、图文并茂、描述准确、使用方便，可以作为广大蝴蝶研究者、教育者、保护者、爱好者，以及从事环境设计、园林、旅游、公园、风景区等与蝴蝶园开发、建设和经营相关的企事业单位的技术和管理人员的重要参考书。

**图书在版编目（CIP）数据**

蝴蝶园设计、建设与管理/史军义等编著. —北京：科学出版社，2013.11
ISBN 978-7-03-038897-1

Ⅰ.①蝴…　Ⅱ.①史…　Ⅲ.①蝶－园林－研究　Ⅳ.①TU986

中国版本图书馆CIP数据核字（2013）第245249号

责任编辑：童安齐　王　钰／责任校对：王万红
责任印制：吕春珉／装帧设计：北京美光设计制版有限公司

科 学 出 版 社 出版
北京东黄城根北街16号
邮政编码：100717
http://www.sciencep.com

**北京华联印刷有限公司** 印刷
科学出版社发行　　各地新华书店经销
*
2013年11月第 一 版　　开本：889×1192　1/16
2013年11月第一次印刷　　印张：33
字数：800 000

定价：320.00元
（如有印装质量问题，我社负责调换）

# Design, Construction and Management of
# Butterfly Garden

Shi Junyi    Wang Mingxu    Yao Jun
Pu Zhengyu    Shi Ronghong    Lei Peng

## 《蝴蝶园设计、建设与管理》
## 编著人员名单

### 主　编

史军义　王明旭

### 副主编

姚　俊　蒲正宇　史蓉红　雷　鹏

### 参　编

马丽莎　周德群　吕　蓉　赵丽芳　令狐启霖　李　青

陈明勇　李秀山　易传辉　李志伟　尹显孝　何　瑞

牟　村　陈政颐　杨　玲　李红玉　杨　洋　李　萌

章晓颜　刘宇韬　杨克珞　范继才　杨　志　王鹏华

### 设　计

史蓉红　杨克珞　朱春艳　董海蓉　高　杰　李　然

### 摄　影

史军义　姚　俊　蒲正宇　王明旭　史蓉红　雷　鹏

吕　蓉　牟　村　陈政颐　卢德阳　李秀山　黄新涌

梁森泉　刘思熠　庞宝山

### 内外业

杨成柱　李红旺　李贵兴　董亮才　张红琼　李正玲

# 序 一

**改**革开放以来，随着我国综合国力的不断上升和各项事业的蓬勃发展，加之国际社会对环境变化的日益重视，我国的环境保护事业同样迎来了前所未有的良好发展机遇。对于生态环境的保护、对于生物多样性的保护、对于森林资源的可持续利用，已经上升为国家行为，并成为社会舆论和广大民众普遍关心的问题。

众所周知，森林环境是自然环境的重要组成部分，森林资源是自然资源的重要组成部分。在浩瀚的森林资源宝库中，蕴藏着巨大的生物资源价值。森林中的动物和植物，小到蝼蚁、爬虫，大到大象、老虎；从微不足道的地衣、苔藓，到身形伟岸的巨杉、望天树，何止千千万万！在这些资源中，有些种类的价值早已被人类所熟知、所利用，有些种类才刚刚开始被人类接触、开发，更多的则是人类对其还全然无知、毫不了解。尤其令人痛心的是，其中的许多种类在人类还未来得及认识之前，就已经消失了。因此，从某种意义上讲，保护环境、保护自然、保护森林、保护人类生存环境中的所有动植物资源，实质上就是保护人类自己。这也正是目前联合国在全球各国宣传和推动生物多样性保护工作的意义所在。

从遗传学的角度来讲，物种的价值是完全平等的，是不可替代的。物种没有大小之分，没有轻重之分。个体小的物种，不等于遗传价值也小；尚未开发利用或发现其价值的物种，不一定实际价值不大。酵母菌是一种单细胞真菌，却是人类文明史上最早、最重要的微生物资源，因为没有酵母菌，就不可能有食品工业的今天。英国细菌学家亚历山大·弗莱明1928年发现了能抑制葡萄球菌、链球菌和白喉杆菌的青霉菌，由其分泌物制成的"青霉素"，曾经拯救了千百万人的生命，1945年被授予诺贝尔奖。

在茫茫生物资源的海洋中，蝴蝶仅仅是沧海一粟。19世纪以来，世界各地的蝴蝶养殖、蝴蝶旅游、蝴蝶贸易、蝴蝶加工、蝴蝶文化以及各种延伸产品的开发和利用，项目从无到有，规模从小到大，所构成的蝴蝶产业链条和产业网络，充分展示出了蝴蝶这一小小生命的巨大潜能。蝴蝶园就是从蝴蝶旅游开发的一个侧面，为蝴蝶资源的开发和可持续利用提供了再形象不过的生动诠释，其示范作用不可小觑。

由中国林业科学研究院和其协作单位的专家、技术人员参与调查、研究和编撰，由科学出版社组织出版发行的《蝴蝶园设计、建设与管理》一书，是迄今为止我国关于蝴蝶园设计、建设、管理和经营方面的第一部专业著作。书中丰富的资料、数据，以及从世界各地拍摄和收集的大量实物照片，证实了编撰人员所付出的艰辛劳动，以及他们工作的细致程度。该书从编撰到出版的一系列活动，无疑都是参与单位和个人在用自身的实际行动为当前建设生态文明、美丽中国的伟大实践增砖添瓦，其努力态度和探索精神均值得肯定。

张建龙

国家林业局副局长

2013年11月4日于北京

# 序 二
FOREWORD TWO

全世界有20 000多种蝴蝶，我国就有2000多种，是地球上蝴蝶资源最为丰富的国家之一。蝴蝶纤小灵动、身姿优雅、五彩缤纷、美轮美奂，被誉为"会飞的花朵"，给世间带来灿烂、带来欣喜、带来希望；蝴蝶出双入对、比翼双飞、忠贞不渝、生死相依，暗合了人们对于美好爱情的追求和想往；蝴蝶不惜历经炼狱之苦，甘愿忍受不声不响的孤寂、不吃不动的考验、撕心裂肺的折磨、脱胎换骨的裂变，最终达到化蛹成蝶、变丑为美、化腐朽为神奇的生命过程，不知启发、感动了多少胸怀抱负者，激励他们为追求梦想不惜卧薪尝胆、忍辱负重、百折不挠、奋勇前行。因此，对于蝴蝶的关注、对于蝴蝶资源的保护和利用、对于蝴蝶文化的挖掘和传承，并以此为契机，通过对蝴蝶这一弱小生命体及其综合表达的潜在理论和实践价值的不断探索、发现、认知和再现，满足人们亲近自然、认识自然、提升境界、净化灵魂的精神需求，从而促进人与自然的和谐共存，实现对人和人类社会深刻关注的目的，是每一个蝴蝶从业者义不容辞的责任和义务。对此，中国林业科学研究院资源昆虫研究所的部分专家和技术人员，发扬勇于创新、勇于实践的科学精神，广泛团结同行人士，努力整合社会资源，历经多次失败，克服重重困难，进行了长期不懈、富有成效的大胆尝试，并且取得了令人称道的积极成果。

我国是世界上有关蝴蝶文字记载最早的国家。最早关于蝴蝶的描述，是出自战国时期的《庄子·齐物论》，距今已有2300多年的历史。在我国的传统文化中，蝴蝶常常与美丽、自由、吉祥、长寿、富贵联系在一起，更多则是与忠贞不渝的爱情联系在一起。在当今世界上，凡有华人生存的地方，几乎无人不知"梁山伯与祝英台"这个从1400多年前流传至今的凄美动人的爱情故事，《梁祝》的优美旋律几近成为中华民族最具代表性的声音之一。对于大自然中匆匆掠过的蝴蝶倩影，人们有着一种情不自禁的天然偏爱，但是要想留住这转瞬即逝的美妙景象，让大自然的神来之作常驻人间，千百年来，却似乎一直都是可望而不可即的妄想之事。然而，随着技术的进步和社会的发展，公元19世纪，人类历史上第一次出现了蝴蝶园这一极具童话色彩的新鲜事物，在一定程度上迎合了人们怜香惜玉、呵护生命的善良天性，满足了人们追逐美丽、欣赏自然的朴素愿望。

从技术层面讲，蝴蝶园是以缤纷舞动的蝴蝶及其模拟自然环境为核心的蝴蝶景观与以大量花卉（尤其是蝴蝶蜜源植物）、观赏植物及其硬质环境空间为烘托的园林景观的巧妙结合，是对自然景观进行人工浓缩和经典提炼的有益尝试，是推动城市景观建设与时俱进、创新发展的时尚探索。蝴蝶园的内部蝶飞款款、流光溢彩、花团锦簇、喜气洋洋；蝴蝶园的外部生机勃勃、春意盎然、蓝天白云、鸟语花香。这样的动静结合、云裳互衬，对现代园林景观的内涵丰富和品质提升，无疑具有推波助澜的作用。

蝴蝶园既能独立成章，又能与城市公园或风景区中的其他项目交相辉映、相得益彰，具有特别的神秘感和良好的参与性，成为身居闹市的居民节假日携子出游、休闲观光的好去处。这里四季如春、彩蝶纷飞、浪漫且充满诗意；这里轻松可心、美丽宜人、奇妙而富有内涵；不分种族，不分语言，不分年龄，不分性别，它能给所有亲近者带来感官的享受和精神的愉悦。有理由相信，当人们自觉将蝴蝶以及蝴蝶文化引入自身日常的物质和精神生活，其所引发的"蝴蝶效应"，不可能不产生令人瞩目的社会和经济效果，进而产生更加深刻的现实和历史影响。

本书的第一作者史军义教授是我的老同学，他长期致力于蝴蝶及蝴蝶景观研究，并成功将中国传统园林与蝴蝶元素巧妙结合，在蝴蝶园设计、建设和管理方面开展了前所未有的大胆探索，取得了一系列令人称道的卓越成就，为推动中国蝴蝶园建设事业的发展做出了突出贡献。

《蝴蝶园设计、建设与管理》一书的正式出版，是对蝴蝶园工作的一次系统总结，对于今后各地开展蝴蝶园的设计、建设和管理工作具有极高的参考价值和重要的指导作用。

故此推荐，以飨读者。

张启翔
北京林业大学副校长
教授、博士、博士生导师
国家花卉工程技术研究中心主任
中国园艺学会副理事长
2013年9月23日于北京

# III
## FOREWORD THREE

Admittedly, my heart was fluttering with excitement and emotion as I first held the finished manuscript: *Design, Construction and Management of Butterfly Garden*. I knew what a hard-earned success the authors have finally accomplished.

Since 2000, the Ecological Conservancy Outreach Fund (ECO) of the University of Alberta in Edmonton, Alberta, Canada has worked closely with its dedicated partner, the Research Institute of Resource Insects (RIRI) of the Chinese Academy of Forestry in Kunming, Yunnan Province. Under the leadership of RIRI's President, Dr. CHEN Xiaoming, our joint focus has been on soil conservation, eco-rehabilitation, and rural economic reform in Yunnan's farming communities along the Upper Yangtze River. As the Co-Founder and Executive Director of ECO, I visited Kunming often. In 2004, a cursory but fascinating conversation with Professor SHI Jun yi, then Vice President of RIRI, aroused my great interest in his research on biodiversity conservation in the butterflies. Further discussions led to an ECO-RIRI joint research project in 2005: "Large Scale Experimental Breeding and Exposition in the Butterflies." In the succeeding years, I participated in overseeing the planning, designing, organizing, site-selecting and constructing of the laboratory, breeding, and aviary facilities. In addition, I was also involved in the selection, planting, and management of species-specific host plants for the butterflies. Through these activities, I learned a great deal and shared the satisfaction and happiness with my colleagues witnessing the birth, growth, and maturation of our new research undertaking. Stemming from this initial exposure, I also learned about the exposition side of the butterfly research. This led to my additional exposure on the key aspects of Butterfly Garden design, construction, and management, through which, the fruits of biodiversity conservation can now be shared with the general public.

Our budding success did not last long. First, in September, 2007, Typhoon Francisco roared across Haikou, Hainan province and inflicted serious damages to our breeding, aviary, and lab facilities and our painstakingly cultivated host plants. Later, also in September, 2007, Typhoon Wipha which left many deaths along its path, caused huge losses at our Fuzhou butterfly exhibition park. Before we could barely recover, then on May 12, 2008, the devastating 7.9 magnitude Wenchuan earthquake totally demolished our newly relocated butterfly breeding base at Dujiangyan, Sichuan Province. In this last case, to witness all our years' hard work crumbled into rubbles within minutes incited a sense of hopelessness and despair that challenged the hardiest of all our inner resolves. Why the bad luck and where and how can we start to pick up the pieces? Perhaps the simplest path would be just to terminate the project and be thankful that no single life was lost through this horrific ordeal. Indeed, any one of the three major natural disasters we encountered could more than justify the permanent closure of our budding research program.

I was in disbelief and totally astounded when Professor SHI and President CHEN decided that they would not conceive defeat but want to rebuild from the ashes all over again. In the ensuing years, the RIRI team worked tirelessly with colleagues in the Chinese Academy of Forestry located in Guizhou province and elsewhere. With new partners from Guizhou, Sichuan, Hunan, and Yunnan, they rebuilt the project headquarters in Dujiangyan, and relocated the butterfly breeding base to inner Yunnan to minimize the impact of seasonal natural disaster. Additionally they helped to build new, better designed butterfly gardens in different cities incorporating their hard-learned experience and expertise through adversity. Observing what Professor SHI and his team have accomplished in the past few years, and again, not without numerous difficult setbacks, was a true inspiration for me. Their demonstrated conviction to tackle the insurmountable, perseverance to endure the hardship and difficult times, and unwavering commitment to achieve uncompromising quality success are clearly delineable throughout the pages of their book. Knowing Professor SHI and his co-authors personally, I am convinced that they will not simply rest on their laurels. Instead, they will continue to work hard to tirelessly contribute new knowledge toward their ultimate goal: the eventual blossoming of Butterfly Gardens all over China. Visiting them in cities and villages, meeting the butterflies first-hand, shall bring indescribable joy and happiness to both the young and old and shall enhance their quality of life boundlessly and endlessly.

The Butterfly Garden is an uplifting amenity spawning from growing socio-economic prosperity. In the West, it has had already over a hundred years of history but it is only a new beginning here in China. Accumulated evidence throughout the world has attested to the emotional magic butterflies can elicit, especially in children, the spiritual transcendence and joy when they first connect with these flying genies. Clearly, how to preserve and provide this life's transformative experience rests on the unique design, construction and management of a most attractive Butterfly Garden that can inscribe, consolidate and rekindle a life-long memory following each visit. It is important that modern science be incorporated in the building of these gardens to enhance a faster, more efficient, and a more design-conscientious product to maximize the visitors' experience. I hope through the teachings of this book these salient features can be beneficially incorporated and deployed to guide new projects of constructions. Eventually, more Chinese children, like those from other developed countries, can begin to enjoy touching, learning, and benefiting from their first encounters with the butterflies. Rarely can one acquire the same unique experience integrating nature's life-cycles, biodiversity, environmental conservation, and eco-consciousness from a single visit to a Butterfly Garden.

I have been an animal science researcher for nearly 50 years and I have traveled the world and visited many research institutions and butterfly gardens on different continents. From my own experience, *Design, Construction and Management of Butterfly Garden* is the most comprehensive volume to date addressing the subject. It includes the latest scientific data and professional literature plus the authors' own unique expertise assimilated through adversity. I am particularly impressed by the large number of high quality photos presented which provided broad−spectrum coverage. As to the authors, some have received patents for their innovative designs and products and nearly all are practitioners endowed with design, construction, and management expertise. They shared their learned lessons from on−the−ground experience and not just the book knowledge. Beyond the volume's own inherent professional virtue and merit, I am also pleased to learn that this book is officially published by the Science Press which is well−known for its high quality scientific standard and authoritative selectivity. I believe with the timely advent of this book it will provide a much needed illuminating guidance on the design, construction and healthy development of Butterfly Gardens throughout China.

Finally, I want to congratulate all the authors for their expert contributions to all butterfly enthusiasts. I am honored and very pleased that I can offer my heartfelt endorsement of this compelling mile−stone publication.

Dr. Lawrence C.H. Wang, ph. D.,
FRSC, D.Sc.(Hon)
Professor Emeritus of University of Alberta
In Edmonton, Canada on March 20 , 2013

# 序 三
## FOREWORD THREE

应当承认，当我第一次看到《蝴蝶园设计、建设与管理》的手稿时，内心充满感慨和激动，因为我深知，这是一份来之不易的成功！

自2000年以来，加拿大艾尔伯塔省埃德蒙顿市的艾尔伯塔大学的生态保护宣传基金（ECO）同位于云南省昆明市的中国林业科学研究院资源昆虫研究所紧密合作，在陈晓鸣所长的带领下，我们共同关注云南长江上游的水土保持、生态修复和农村经济体制改革等。作为ECO的共同创始人和执行主任，我经常到访昆明。2004年，我和时任资源昆虫研究所副所长的史军义教授进行了一次仓促但很富吸引力的谈话，他所从事的蝶类生物多样性保护研究激起了我的极大兴趣。我们的进一步讨论是在2005年，加拿大艾尔伯塔大学ECO基金会与中国林科院资源昆虫研究所合作开展的"蝴蝶规模化养殖与利用试验示范研究"项目之中。这些年来，我不仅参与了整个蝴蝶合作项目的策划、设计、组织、养殖场选址和建设工作，还参与了蝴蝶养殖以及蝴蝶优良寄主植物的筛选、种植和管理工作等。通过这些活动，我学到了很多关于蝴蝶研究的知识，我和同事们共享了蝴蝶合作项目带来的满足和幸福，并一起见证了这一新事业的出生、成长和成熟。通过蝴蝶园的设计、建设和管理的展示，使得蝶类生物多样性保护的成果得以很快与公众分享。可是好景不长，首先，台风"弗朗西斯科"呼啸着穿过海南省海口市，给我们的蝴蝶养殖场、养殖设施以及我们苦心栽培的寄主植物带来了巨大的损害；接着，台风"韦帕"又无情洗劫了我们的福州蝴蝶园并造成人员伤亡；2008年5月12日，毁灭性的汶川8级大地震，完全摧毁了我们刚刚搬到四川都江堰的蝴蝶养殖基地，多年的努力在几分钟内化为废墟，我们感到了前所未有的绝望。为什么我们的运气如此之差？我们将如何收拾残局？也许最简单的办法就是终止该项目，因为几乎没有人能承受这样可怕的折磨。事实上，我们连续遭遇了三个重大的自然灾害，其中任何一个都足以让我们的研究计划永久关闭。但当我得知史教授和陈所长决心从废墟中重建一切时，我对此产生了怀疑，并感到非常震惊。

在随后的几年中，这支研究团队通过不懈的努力，与位于全国各地的中国林科学院的同事合作，与北京、四川、贵州、湖南和云南的新伙伴合作，他们将重建项目总部设在都江堰，将蝴蝶养殖基地搬迁至云南，以减少季节性自然灾害的影响。此外，他们运用他们学到的经验和专业知识在不同的城市中帮助建立新的、设计更好的蝴蝶园。史教授和他的团队在过去的几年中，克服诸多困难完成了一个又一个艰巨的任务，带给了我很大的鼓舞。他们坚持信念、顽强拼搏和恪守承诺，克服重重艰难，终于度过了非常困难的时刻，取得了可喜的成功，这些都展现在他们著作的每一页。而且，我还相信史教授和他的合作作者绝不会就此止步，相反，他们将继续不懈地努力向前，以实现他们的最终目标：让蝴蝶园这支绚丽的花朵，开遍中国的许多城市和乡村，给人们带来感官的享受，带来精神的愉悦，带来生活品质的良性变化。

蝴蝶园是伴随物质生活的不断富裕而出现的新生事物，在西方已有上百年的历史，在中国才开始起步。实践证明，这是一种奇妙的尝试。在世界各地，凡是接触过蝴蝶的人，特别是少年儿童，几乎无不被此深深吸引，仅从洋溢在他们眉宇间的喜悦之情，就可得出一个肯定的基本判断，蝴蝶园不仅应该建设，而且应该适当多建设，还要按照科学规律建设得更快一些，更好一些，以便让更多的中国孩子就像其他发达国家的孩子一样，有机会接触它、认识它并从中受益。他们可以从所访问的蝴蝶园感受独特的经历，了解到自然的生命周期、生物多样性，以提高生态环境保护意识。

我作为动物科学研究者近50年，曾环游世界，遍访各大洲的许多研究机构和蝴蝶园。根据我的经验，《蝴蝶园设计、建设与管理》是最新、最全面的关于蝴蝶园的书籍。它包括最新的科学数据和专业文献以及作者自己经过逆境的独特经历。书中还收集了大量高质量的照片、他们的创新设计和产品以及从业者需要的设计、施工和专业的管理知识，从实践而不只是理论角度分享他们的经验教训。抛开该书的巨大价值，我还很高兴这本书是由具有权威和高质量科学标准的科学出版社出版。相信该书的正式出版和发行，对于推动中国蝴蝶园的健康发展，一定可以起到很好的指导和帮助作用。

最后，我要祝贺作者将他们的著作分享给所有的蝴蝶爱好者。我很荣幸，也非常高兴，可以为这引人注目的具有里程碑意义的书的出版表达我衷心的认可！

王家璜
加拿大皇家科学院院士
加拿大艾尔伯塔大学教授
加拿大ECO基金会共同创始人和执行主任
2013年3月20日于加拿大埃德蒙顿

# 前 言
## PREFACE

由中国林业科学研究院资源昆虫研究所蝴蝶研究与发展中心发起并负责组织该中心和国家林业局濒危物种进出口管理办公室、湖南省森林植物园等单位的专家和技术人员参与调查、研究和编写的《蝴蝶园设计、建设与管理》一书，从2006年8月提出编撰计划开始，到2012年12月完稿，历时6年多时间，终告完成。该专著是全体课题组成员，通过广泛考察国内外成功建设、健康运行的数十个蝴蝶园，并与各地的同行专家、学者和专业技术人员广泛交流，取得了大量第一手资料，是在认真汲取前人工作精华的基础上，通过不懈努力、通力合作所获得的最新研究成果。该书的部分主撰人员，本身既是多项国内以及国际合作蝴蝶研究课题的参与者、系列蝴蝶专利技术的发明者，同时也是目前国内许多已建或在建蝴蝶园设计、建设、管理和经营的实际策划、组织和实践者。

《蝴蝶园设计、建设与管理》是迄今为止，我国关于蝴蝶园设计、建设、管理和经营方面资源调查最全面、资料收集最丰富、内容编写最系统、基础数据和照片最详实的第一部专业著作。其主要内容包括：第一章，蝴蝶园概述；第二章，蝴蝶园设计；第三章，蝴蝶园建设；第四章，蝴蝶园管理；第五章，蝴蝶园经营；第六章，国内蝴蝶园概览；第七章，国外蝴蝶园概览；附录。本书注重形式的艺术性、编撰的科学性、知识的完整性和内容的实用性，力求理论联系实际，文字简洁、图文并茂、描述准确、使用方便，不仅可以作为广大蝴蝶研究者、保护者、爱好者以及从事设计、园林、旅游、公园、风景区等与蝴蝶园开发、建设和经营相关的企事业单位技术和管理人员的重要参考书，而且对于推动我国蝴蝶园的整体建设与管理向着更合理、更科学、更规范、更现代的方向发展，具有十分重要的现实意义。

在《蝴蝶园设计、建设与管理》的编著过程中，我们有幸得到了国家林业局资源昆虫培育与利用重点实验室支撑项目"蝴蝶规模化人工饲育技术研究"、国家林业局科技司"948"项目"珍稀濒危蝴蝶培育技术引进"和林业科学技术推广项目"观赏蝴蝶规模化人工养殖示范与推广"、国家林业局保护司动物保护专项"中国珍稀蝴蝶保护策略研究"和"凤蝶资源的保护与救护"、中国–加拿大技术合作项目"蝴蝶规模化人工养殖与利用试验示范研究"、中央公益性科研院所基本科研业务费专项基金项目"蝴蝶工艺品制作工艺研究及产品开发"、"五种蝴蝶成虫行为化学生态机理及生态调控技术研究"、中央财政林业科技推广示范项目"蝴蝶养殖关键技术推广应用"等课题的技术支撑;先后得到了国家林业局、中国林业科学研究院、湖南省森林植物园等多家单位有关领导、专家和技术人员的大力支持和协助,在此一并表示由衷的感谢!其中,我们要特别感谢国家林业局张建龙副局长、北京林业大学副校长张启翔教授、加拿大皇家科学院院士、艾尔伯塔大学王家璜教授在百忙之中抽空为本书作序;特别感谢国家林业局苏春雨、周亚飞、金志成、周志华、王维胜、吕晓平、张炜等司、处领导以及中国林科院张守攻院长、资源昆虫研究所陈晓鸣所长、杨时宇书记和苏建荣、石雷、李昆副所长给予该项工作自始至终的指导、关心、支持和帮助;特别感谢陈利、赵世伟、冯颖、陈智勇、杨海云、欧晓东、陈军、周成理、郑华、唐羽翀等各位教授、博士和老师的多方帮助和热情支持;特别感谢香港杨重信先生给予该项工作宝贵的资金支持!

由于本书的编著过程充满曲折,虽经多方努力,但终因编著者水平所限,不足之处在所难免,恳请广大读者批评指正。

《蝴蝶园设计、建设与管理》课题组

2013年11月16日

# 目录
C O N T E N T S

## 第三章 蝴蝶园建设

## 第七章 国外蝴蝶园概览

# 第一章 蝴蝶园概述

全世界约有20 000种蝴蝶，我国就有2000多种，是地球上蝴蝶资源最丰富的国家之一。我国还是蝴蝶文字记载最早的国家。最早关于蝴蝶的描述，出自战国时期的《庄子·齐物论》，距今已有2300多年的历史。关于蝴蝶自然景观的最早记录，出自400多年前明代的《徐霞客游记》，在该游记的《蝴蝶泉》一章中，对我国云南大理蝴蝶泉的蝴蝶景观有过这样一段生动的描述："有村当大道之右，曰波罗村。其西山麓有蝴蝶泉之异，余闻之已久，……抵山麓，有树大合抱，倚崖而耸立，下有泉，东向漱根窍而出，清冽可鉴。稍东，其下又有一小树，仍有一小泉，亦漱根而出。二泉汇为方丈之沼，即所溯之上流也。泉上大树，当四月初即发花如蝴蝶，须翅栩然，与生蝶无异；又有真蝶千万，连须勾足，自树巅倒悬而下，及于泉面，缤纷络绎，五色焕然。游人俱从此月，群而观之，过五月乃已。"

对于大自然中匆匆掠过的蝴蝶情影，人们有着一种情不自禁的天然偏爱，但是要想留住这转瞬即逝的美妙景象，让大自然的神来之作常驻人间，千百年来，却似乎一直都是可望而不可即的妄想之事。然而，随着技术的进步和社会的发展，公元19世纪，人类历史上第一次出现了蝴蝶园这一极具童话色彩的新鲜事物，在一定程度上迎合了人们怜香惜玉、呵护生命的善良天性，满足了人们追逐美丽、欣赏自然的朴素愿望。

## 1.1 蝴蝶园的概念

从技术层面讲，蝴蝶园是以缤纷舞动的蝴蝶及其模拟自然环境为核心的蝴蝶景观与以大量花卉（尤其是蝴蝶蜜源植物）、观赏植物及其硬质环境空间为烘托的园林景观的巧妙结合，是对自然景观进行人工浓缩和经典提炼的有益尝试，是推动城市景观建设与时俱进、创新发展的时尚探索。蝴蝶园的内部蝶飞款款、流光溢彩、花团锦簇、喜气洋洋；蝴蝶园的外部生机勃勃、春意盎然、蓝天白云、鸟语花香。这样的动静结合、云裳互衬，对现代园林景观的内涵丰富和品质提升，无疑具有推波助澜的作用。

蝴蝶园既能独立成章，又能与城市公园或风景区中的其他项目交相辉映、相得益彰，具有特别的神秘感和良好的参与性，成为身居闹市的居民节假日出游、休闲观光的好去处。有理由相信，当人们自觉将蝴蝶以及蝴蝶文化引入自身的日常物质和精神生活，其所引发的"蝴蝶效应"，不可能不产生令人瞩目的社会和经济效果，进而产生更加深刻的现实和历史影响。

从目前已经建成并开放的蝴蝶园来看，无论其规模大小、地处何处、形式如何、何时建设，大都具有以下基本特点。

### 1.1.1 一大特色

蝴蝶及其蝴蝶文化：认真汲取传统文化中与蝴蝶紧密相关的积极元素，用不经意的方式点燃人们心中想往快乐的企盼；以独特的思维、专业的手段，在喧闹的都市中营造一方精致的小自然；这里四季如春、彩蝶纷飞、浪漫且充满诗意；这里轻松可心、美丽宜人、奇妙而富有内涵；不分种族，不分语言，不分年龄，不分性别，她能给所有亲近者带来感官的享受和精神的愉悦。并以此为契机，通过蝴蝶这一弱小生命体及其综合表达的潜在理论、实践价值和文化价值的挖掘，促进人与自然的和谐共存，实现对人和人类社会的深刻关注。

### 1.1.2 两大主题

（1）立足蝴蝶自然属性的物质性表达与体验。

（2）立足蝴蝶文化属性的精神性表达与体验。

### 1.1.3 三大内涵

（1）蝴蝶知识：包括蝴蝶形态学、蝴蝶生物学、蝴蝶行为学、蝴蝶多样性、蝴蝶生态学、蝴蝶仿生学等自然科学知识的介绍。

（2）爱情文化：在中国的传统文化中，蝴蝶大都与爱情联系在一起，因此，蝴蝶文化的本质是爱情文化。蝴蝶出双入对、比翼双飞、忠贞不渝、生死相依的美丽形象，始终代表着人类对于美好爱情的追求和想往。在当今世界上，凡有华人生存的地方，几乎无人不知"梁山伯与祝英台"这个凄美动人的爱情故事，《梁祝》的优美旋律几乎成为中华民族最具代表性的声音。这些经典故事及其表现形式的潜在文化和经济价值难以估量，由20世纪50年代的电影《五朵金花》即可窥见一斑。

（3）蝶变文化：蝴蝶集其一生的全部精华，奉献给世间短暂几天的美丽，其间要经历"蛹"这个阶段。这是一个不声不响、不饮不食的阶段，需要忍受难耐的孤独和寂寞，需要承受撕心裂肺的痛苦，需要经历脱胎换骨的裂变，才能完成从毛毛虫到花蝴蝶的升华。蝴蝶如此，人亦如此。一个人，一个团队，一个组织，甚至一个民族，如果不经历艰苦卓绝的努力，不付出难以想象的代价，就不可能成就梦想。蝶变对于人的启示作用，意义不言而喻。

## 1.1.4　四大属性

（1）观赏性：蝴蝶纤美灵动，蝶群五彩斑斓，蝶园温馨优雅，蝶景富丽美观。

（2）参与性：与蝴蝶近距离交流，亲密接触，人蝶互动，相得怡然。

（3）环保性：绿色，环保，生态，无污染，资源可循环利用。

（4）经济性：与同类型项目相比，资金压力相对较小，投入产出比相对较高。

## 1.1.5　五大亮点

（1）蝴蝶形象展示：核心是活蝴蝶和蝴蝶标本的集中展示。

（2）蝴蝶知识展示：核心是蝴蝶个体知识、种群知识和系统知识的展示。

（3）蝴蝶文化展示：核心是蝴蝶与人类关系相关现象的多重表达方式的展示。

（4）蝴蝶艺术展示：核心是与蝴蝶相关的各种工艺和艺术成就的展示。

（5）蝴蝶景观展示：核心是对蝴蝶自然景观的巧妙浓缩、经典提炼、人工再造和科学展示。

### 1.1.5.1　蝴蝶形象展示

蝴蝶园首先是一个蝴蝶形象的展示基地，其核心内容是活蝴蝶和蝴蝶标本的集中展示。活蝴蝶是蝴蝶园的灵魂，是蝴蝶园吸引游客的关键因素，也是游人争相拍照的对象，严格来讲，没有活蝴蝶的蝴蝶园不是真正意义上的蝴蝶园；蝴蝶标本展示则是对活蝴蝶展示内容的进一步延伸、扩展和丰富（见图1-1～图1-6）。

图1-1　自然环境中的蝴蝶（一）

美凤蝶（左）；红珠凤蝶（右）

**图1-2**
自然环境中的蝴蝶（二）

西番翠凤蝶（上）；
苎麻珍蝶（下）

**图1-3**
自然环境中的蝴蝶（三）

1. 宽纹黑绿绮蝶；
2. 荨麻蛱蝶；
3. 艺神袖蝶；
4. 红端帘蛱蝶；
5. 碧凤蝶

图1-4　蝴蝶标本（一）

**图1-5**
蝴蝶标本（二）

图1-6　蝴蝶标本造景

#### 1.1.5.2　蝴蝶知识展示

蝴蝶园其次是一个蝴蝶知识的展示基地，是一个生动的科普教育基地，是引导游客、特别是广大青少年激发科学兴趣、探索科学奥秘，进而步入科学殿堂、立志献身科学事业的积极尝试。其核心内容包括：

（1）蝴蝶个体知识。包括蝴蝶的形态特征，蝴蝶与飞蛾的主要区别，蝴蝶的基本构造，蝴蝶的微观结构，蝴蝶的个体发育过程（包括卵、幼虫、蛹和成虫）等。

（2）蝴蝶种群知识。包括蝴蝶的分布，蝴蝶的迁飞，蝴蝶种群的有趣自然现象，蝴蝶灾害的发生、发展、预防和控制等。

（3）蝴蝶系统知识。包括蝴蝶在动物界进化树中的地位，蝴蝶在自然界食物链中的地位，蝴蝶在自然生态中的地位和价值，蝴蝶的系统分类，蝴蝶与环境变化的关系等。

蝴蝶园的蝴蝶知识展示，还常常通过举办各种形式的科普活动加以延伸。科普活动可以包括关于蝴蝶自然知识科学普及的所有实践活动。比如蝴蝶专家讲堂，蝴蝶信息查询，蝴蝶识别，蝴蝶鉴定和标签填写，蝴蝶标本制作，蝴蝶趣味饲养，蝴蝶卵、幼虫、蛹、成虫等虫态描述，蝴蝶孵化、化蛹、羽化等行为观察和记录，蝴蝶寄主植物和蜜源植物栽培与管理等（见图1-7～图1-11）。

**图1-7**　蝴蝶知识廊（昆明）

**图1-8**　蝴蝶科普知识（北京）

**图1-9**　蝴蝶DNA模型（韩国）

**图1-10** 蝴蝶在昆虫纲的地位（长沙）

**图1-11** 蝴蝶在自然界生物链中的地位（长沙）

### 1.1.5.3 蝴蝶文化展示

蝴蝶园又是一个理想的宣传教育基地，是游客接触、了解、认识蝴蝶自然知识和文化知识的窗口，而其鲜明的主题、丰富的人流，无疑强化了蝴蝶园的宣传效能。蝴蝶文化体现的是蝴蝶与人类生产、生活、交流、传承以及价值追求、道德崇尚等方方面面的关系，当然这也是蝴蝶园建设和经营过程中必须特别关注、重点宣传和表达的内容。蝴蝶文化可以通过实物展示、图片宣传、标语标牌、影视播放、多媒体技术等信息表达方式进行推介和宣传，目的是增强人们对蝴蝶以及蝴蝶所隐含的文化价值的认识，引发对于蝴蝶以及蝴蝶资源的自觉保护意识，从而达到更加呵护自然、珍惜自身赖以生存的自然环境、促进人与自然和谐共存、可持续发展的目的（见图1-12～图1-16）。

图1-13 剪纸

图1-12 诗歌

图1-14 荷花蝴蝶纹缸（清乾隆年制）

图1-15　邮票

图1-16　绘画

#### 1.1.5.4 蝴蝶艺术展示

蝴蝶园还是一座华丽的艺术殿堂，这里所展现的形形色色、琳琅满目的蝴蝶工艺品、蝴蝶艺术品等，可以在一定程度上满足人们追求品位、陶冶情操、提升境界、净化灵魂的精神需求（见图1-17～图1-20）。

**图1-17** 蝴蝶艺术品

**图1-18**　蝴蝶艺术画

**图1-19**　蝴蝶装饰画

**图1-20** 蝴蝶工艺品

#### 1.1.5.5 蝴蝶景观展示

蝴蝶园是造园艺术与蝴蝶生境的结合，是人工景观与自然景观的结合，是当代人类利用新思维、新技术和新方法对蝴蝶自然景观的巧妙浓缩、经典提炼和人工再造，游人置身其中，有仿佛重蹈桑园、回归自然的感觉。蝴蝶展示的核心设施是活蝴蝶馆，这里既要满足活蝴蝶生存、羽化、飞翔的空间条件和功能要求，又要让游人一年四季都能近距离观赏、接触和体验蝴蝶及其氛围，而其本身的建设形式、风格和艺术性也是吸引游人注意的重要方式和手段。蝴蝶馆中的蝴蝶寄主植物和蜜源植物、背景植物、水体、沙坑、饲喂器等，是蝴蝶维系生命、完成其生命过程不可或缺的物质条件；蝴蝶馆中的光照系统、温度控制系统、湿度控制系统、通风换气系统等，是蝴蝶馆科学管理、健康运行的基本保障；蝴蝶馆中的道路系统，硬质景观系统，各种观花、观叶和背景植物等，是模拟蝴蝶自然生态环境和渲染蝴蝶景观氛围、便于游人欣赏玩味、拍照留念的重要基础建设内容。蝴蝶馆的真正服务对象是人，因此，蝴蝶馆的景观营造还必须让来访者感到神清气爽、身心愉悦（见图1-21～1-26）。

蝴蝶景观展示的目的，在于让游人在有限的时间和空间范围内，更加有效和深刻地接触和体验蝴蝶。蝴蝶体验包括三个关键环节：一是亲身感受五彩蝴蝶的曼妙舞姿；二是亲自领略化蛹成蝶的奇妙过程；三是亲临体验蝴蝶生境的和谐氛围。此外，蝴蝶体验还包括蝴蝶摄影、蝴蝶绘画、蝴蝶捕捉、蝴蝶放飞、蝴蝶题材的多媒体互动等所有与蝴蝶亲密接触的项目设置。

**图1-21  大理蝴蝶园景观**

**图1-22  厦门蝴蝶园景观**

图1-23 奥地利蝴蝶园景观

图1-24 法国蝴蝶园景观

图1-25 成都蝴蝶园景观

图1-26 北京蝴蝶园景观

## 1.2　蝴蝶园产生与发展的背景

### 1.2.1　蝴蝶的价值

#### 1.2.1.1　生态价值

传粉（pollination）是植物的成熟花粉从雄蕊花药或小孢子囊中散出后，传送到雌蕊柱头或胚珠上的过程，是高等维管植物的特有生命现象。植物花粉的雄配子体借助一定条件传送到雌配子体，使植物受精不再以水为媒介，这对其适应陆生环境进而迅速扩展繁衍具有重大意义。在自然条件下，传粉包括自花传粉和异花传粉两种形式。

植物成熟的花粉粒传到同一朵花的柱头上，并能正常地受精结实的过程称自花传粉。生产上常把同株异花间和同品种异株间的传粉也认为是自花传粉。能进行自花传粉的植物称自花传粉植物，如水稻、小麦、棉花和桃等，豌豆和花生在花尚未开放时，花蕾中的成熟花粉粒就直接在花粉囊中萌发形成花粉管，把精子送入胚囊中受精，这种传粉方式也是典型的自花传粉，称闭花受精。自花传粉不需要通过媒介完成，其受精概率大，但不利于维持后代的生活力。异花传粉则是指一株植物的花粉通过媒介传送到另一株植物花的胚珠或柱头上才能完成其生命过程的现象，也是自然界植物传粉的普遍现象。如油菜、向日葵、苹果等大多数植物，都是异花传粉植物。避免自花传粉，确保异花传粉，有利于保证种族持续性的高活力和适应性。有花植物在植物界之所以如此繁荣，与花的结构和异花传粉是分不开的。在自然界，传粉媒介除了风和水以外，主要就是昆虫，昆虫中又以蝴蝶和蜜蜂最为常见，此外还有蛾类、甲虫、蝇类、蚂蚁等（见图1-27）。

图1-27
蝴蝶传粉

靠昆虫为媒介进行传粉的方式称虫媒（entomophily）传粉，借助这类方式传粉的花，称虫媒花（entomophilous flower）。多数有花植物是依靠昆虫传粉的。虫媒花具有如下特点：

（1）多具特殊气味以吸引昆虫。

（2）多半能产蜜汁。

（3）花大而显著，并有各种鲜艳颜色。

（4）结构上常和传粉的昆虫形成互为适应的关系。

蝴蝶是访花昆虫中最重要的类群，要靠视觉和嗅觉访花寻食。多数蝴蝶能看到红、粉红、蓝、黄和橘黄的颜色。以蝴蝶为媒的花，蜜腺通常长在细长花冠筒的基部，只有它们的长喙才能伸进去吸食，从而实现传粉的目的。

因此，蝴蝶既是自然界生物多样性的重要组成部分，又是许多虫媒植物的重要媒介。同时，蝴蝶还是生态系统食物链低端的一个重要环节，它为其他昆虫、节肢动物、鸟类、鱼类、两栖类、爬行类等动物提供了重要的食物来源，为维持大自然的生态平衡起着十分重要的作用（见图1-28）。

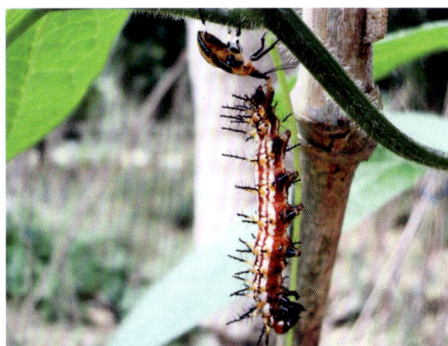

图1-28
苎麻珍蝶幼虫被甲虫捕食

另外，蝴蝶还对环境的变化特别敏感，任何污染对蝴蝶这样弱小的生命来说，都可能是致命的。比如有媒体报道，受2011年"3·11"日本9级大地震中福岛第一核电站放射物泄漏的影响，科学家发现当地的一种蝴蝶就出现了遗传异常现象。因此，蝴蝶通常也被作为环境的指示性动物。一般说来，有蝴蝶飞翔的地方，说明其环境质量较高，特别是水和空气的洁净度较高。所以，世界各国的科学家通常将其品种和数量的变化作为判断环境质量和环境变化的重要生态学指标。

### 1.2.1.2　人文价值

世界上关于蝴蝶最早的文字记载，出自中国战国时期的《庄子·齐物论》，距今约有2300多年的历史。其中的"庄周梦蝶"这样描述："昔者庄周梦为胡蝶，栩栩然胡蝶也。自喻适志与。不知周也。俄然觉，则蘧蘧然周也。不知周之梦为胡蝶与？胡蝶之梦为周与？周与胡蝶则必有分矣。此之谓物化。"意思是说：庄周梦见自己变成一只蝴蝶，飘飘荡荡，十分轻松惬意。他这时完全忘记了自己是庄周。过一会儿，他醒来了，对自己还是庄周感到十分惊奇疑惑。他认真的想了又想，不知道是庄周做梦变成蝴蝶呢，还是蝴蝶做梦变成了庄周？庄周与蝴蝶一定是有分别的。这便称之为物我合一吧。庄子是中国古代著名的思想家、哲学家、文学家，是道家学派的代表人物，老子哲学思想的继承者和发展者，先秦庄子学派的创始人，"庄周梦蝶"承载了其"天人合一"、"天道无为"的重要哲学思想，影响自古至今。

在中国的传统文化中，蝴蝶常常与美丽、自由、吉祥、长寿、富贵联系在一起。另外，它更多的是与忠贞不渝的爱情联系在一起。例如，唐代诗人杜甫在长安写有

**图1-29** 比翼双飞（一）

**图1-30** 比翼双飞（二）

《曲江二首》，其中一句"穿花蛱蝶深深见，点水蜻蜓款款飞"，千古流传；祖籍长安的唐代仕女画家周昉的《簪花仕女图》上绘有动人的采蝶场景；始于唐代教坊的著名词牌《蝶恋花》；中国最为凄美动人的民间故事"梁山伯与祝英台"，结尾以男女主人公化蝶双飞，以殉爱情的忠贞，感天动地；享誉世界的小提琴协奏曲《梁祝》，更是以旋律的优美、细腻、如泣如诉，艺术的震撼让人情不自禁地深陷其中，超越时空而不朽；还有元代杂剧中关汉卿的《蝴蝶梦》；四大名著曹雪芹《红楼梦》中"宝钗扑蝶"等，无不是以蝴蝶为艺术形象而创造的经典（见图1-29和图1-30）。此外，"蝴""福"谐音、"蝴""富"谐音、"蝶""耋"谐音，蝴蝶自由自在、安静祥和，无一不是迎合了古今中国人对于美好意象和事物的追求和想往。

在国外，关于蝴蝶，也产生过许多具有重要影响的事件，其中最著名的要数美国气象学家爱德华·罗伦兹（Edward N Lorentz）提出的"蝴蝶效应"理论。其大意为：一只南美洲亚马孙河流域热带雨林中的蝴蝶，偶尔扇动几下翅膀，可能在两周后在美国得克萨斯引起一场龙卷风。其原因在于：蝴蝶翅膀的运动，导致其身边的空气系统发生变化，并引起微弱气流的产生，而微弱气流的产生又会引起它四周空气或其他系统产生相应的变化，由此引起连锁反应，最终导致其他系统的极大变化。此效应说明，事物发展的结果，对初始条件具有极为敏感的依赖性，初始条件的极小偏差，将会引起结果的极大差异。"蝴蝶效应"之所以令人着迷、令人激动、发人深省，不但在于其大胆的想象力和迷人的美学色彩，更在于其深刻的科学内涵和内在的哲学魅力。该理论认为在混沌系统中，初始条件十分微小的变化经过不断放大，对其未来状态会造成极其巨大的差别。对此可以用在西方流传较广的一首民谣作形象说明："钉子缺，蹄铁卸；蹄铁卸，战马蹶；战马蹶，骑士绝；骑士绝，战事折；战事折，国家灭。"

除此以外，西方关于蝴蝶的艺术作品更是数不胜数，比如德国著名作曲家舒曼的

钢琴曲《蝴蝶》、意大利著名歌剧家普契尼的《蝴蝶夫人》、英国著名浪漫主义作家
达夫妮的《蝴蝶梦》等，影响极其广泛。

### 1.2.1.3　科学价值

　　一方面，蝴蝶本身所具有的自然属性，如生物多样性、植物传粉作用、环境指示
作用以及其生物学、形态学、行为学、分类学、生态学、仿生学等，均具有重要的科
学研究价值；另一方面，采集和饲养的蝴蝶，均可为科研和教学单位提供成套的蝴蝶
标本、生活史系列标本、实验实习材料和教具等。教学单位可以用这些标本向学生讲
授有关的昆虫知识、自然知识；科研单位可以利用这些标本和材料进行相关的科学研
究工作；科普宣传机构可以利用这些标本开展面向大众的科学知识普及教育宣传活动
（见图1-31和图1-32）。

**图1-31**
蝴蝶的拟态现象

**图1-32**
蝴蝶的结构色与
色素色

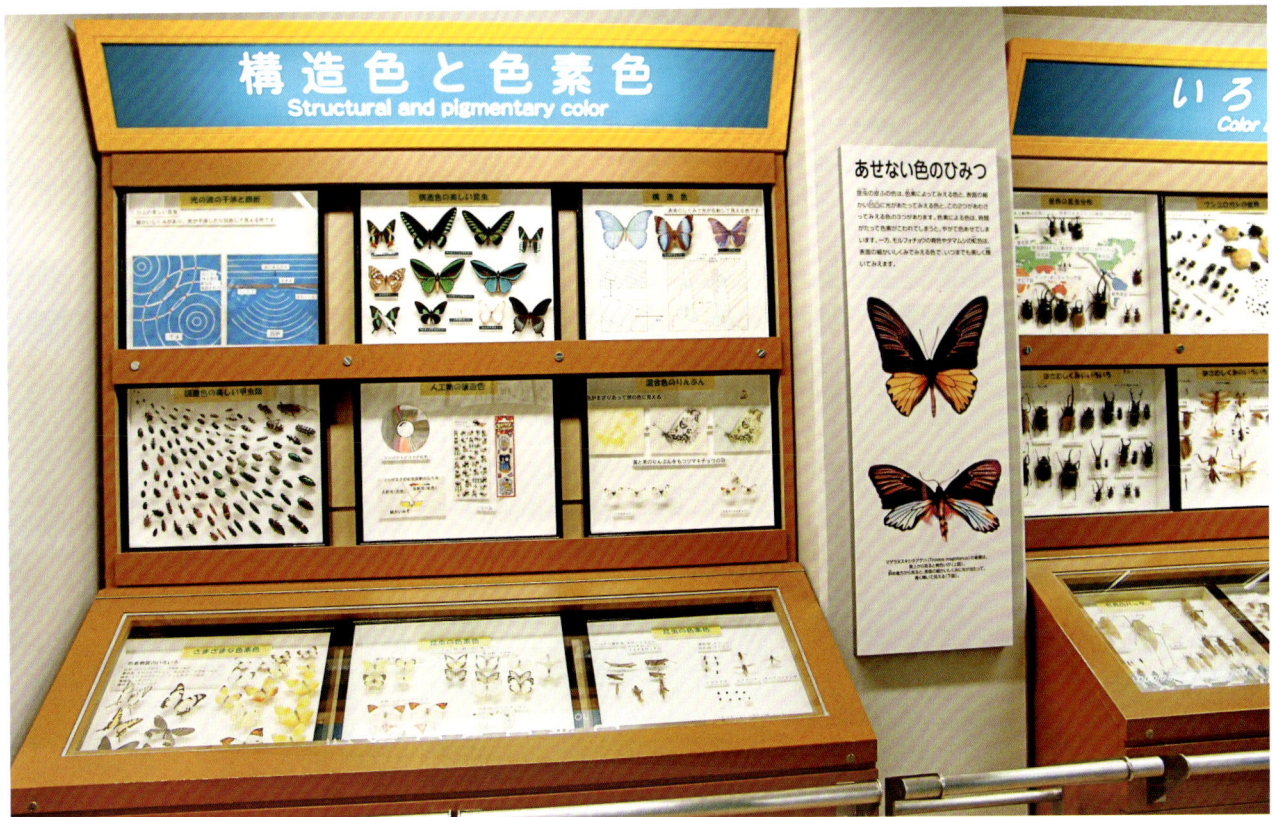

### 1.2.1.4 观赏价值

20世纪下半叶，世界各地先后举办过多次各种类型的蝴蝶标本展览，这些展览主要是将蝴蝶及各种有趣的昆虫知识以图片和文字形式陈列于馆内，并备有相应的宣传资料，使公众在欣赏美丽蝴蝶的同时学习自然科学知识。后来，世界各地陆续开展了活蝴蝶展览，给人们带来了动态的鲜活感受，让人们在轻松愉快的气氛中，学习到更多的生态学、生物学知识，受到了广大群众，特别是青少年学生的广泛欢迎。据不完全统计，到目前为止，全世界先后建有各种类型的蝴蝶园达200多个。

2000年以来，以活蝴蝶为灵魂的蝴蝶观赏园在中国更是像雨后春笋般在全国各地涌现出来。到目前为止，包括台湾在内，已达30多个。其中比较有影响的如大理蝴蝶园、昆明蝴蝶园、三亚蝴蝶园、北京蝴蝶园、成都蝴蝶园、厦门蝴蝶园、长沙蝴蝶园等。

实践证明，蝴蝶、尤其是以活蝴蝶营造的环境氛围，具有很好的旅游观赏价值，也是引导人们认识自然、保护自然、寓教于乐的理想方式之一（见图1-33～图1-38）。

**图1-33**
蝴蝶芳姿

**图1-34**
蝴蝶观赏（法国）

**图1-35**
蝴蝶观赏（昆明）

**图1-36**　蝴蝶观赏（成都）

图1-37
蝴蝶观赏（瑞士）

图1-38
蝴蝶观赏（韩国）

#### 1.2.1.5 食用价值

众所周知，食用昆虫一直都是资源昆虫的重要研究内容，而且越来越成为一个研究的热点。全世界已知的食用昆虫有3650余种。有报道称，墨西哥人有取食弄蝶幼虫的习俗，日本一些农村有取食凤蝶幼虫的习俗，印度尼西亚巴厘岛上的居民有取食烘烤蝴蝶幼虫的习俗。在我国许多农村地区，群众早有食用昆虫的习惯。据调查，云南金平苗族瑶族傣族自治县的少数民族群众，历史上一直就有食用黄斑蕉弄蝶的习俗。资料显示，昆虫活性蛋白被国际公认为是最高品质的纯天然的、无毒无害的活性蛋白，是重要的动物性营养源，日益受到人们的重视。蝴蝶与其他昆虫具有很多相似特点：种类多，数量大，分布广，繁殖快，高蛋白质，低脂肪，低胆固醇，营养结构合理，肉质纤维少，易于吸收，优于植物蛋白质，为世界各国所关注。蝴蝶蛋白中富含人体所需要的各种氨基酸，尤其是不能自行合成的必需氨基酸。此外，虫体中还含有少量脂肪、糖类、多种维生素及矿物质等，还可以从昆虫表皮中提取几丁质、从血液中提取抗菌肽等。因此，开发蝴蝶食品，产品个性独特，发展前景广阔（见图1-39）。

图1-39
韩国的蝴蝶酒

2012年，中国林业科学研究院资源昆虫研究所蝴蝶研究与发展中心对黄斑蕉弄蝶蛹和箭环蝶分别进行了营养成分分析，结果表明：

黄斑蕉弄蝶蛹具有高蛋白、低脂肪的特点。其蛋白质含量为76.3%，高于猪瘦肉、鸡肉、鸡蛋以及香菇的粗蛋白含量；脂肪含量为15.8%，远远低于猪瘦肉、鸡肉以及鸡蛋的脂肪含量；矿质元素种类多且含量丰富；总氨基酸含量较高，为628.2mg/g干重，其中必需氨基酸含量占45.1%，必需氨基酸与非必需氨基酸的比值为0.82，各种必需氨基酸含量均衡，第一限制性氨基酸为含硫氨酸（蛋氨酸和胱氨酸）为24.4mg/g蛋白质，含量占FAO模式参考值的70.0%。这些数据表明黄斑蕉弄蝶是一种高蛋白低脂肪的优质营养食品。在黄斑蕉弄蝶蛹常量元素中，K的含量最高，为2960mg/kg鲜重，然后依次是P、S、Ca、Mg；微量元素最高的是Zn，为14.6mg/kg鲜重，依次为Fe、Cu，最低的是Mn，只有5.03 mg/kg鲜重。与猪肉、鸡肉、小麦和水稻等日常食物对比表明，黄斑蕉弄蝶的K、Ca、Mg、Cu等四种元素含量均高于所比较食物；P的含量高于稻米而低于其他几种食物；Zn的含量高于鸡肉而低于其他几种食品；Mn的含量高于两种肉类，低于水稻和小麦；Fe的含量低于所有参照食物的含量。

箭环蝶的蛋白质含量丰富，为73.0%，总氨基酸含量较高，为622.5mg/g体重，其中必需氨基酸含量比例较大，占总氨基酸含量的39.5%，必需氨基酸与非必须氨基酸比值为0.65，各种必需氨基酸含量均衡，第一限制性氨基酸为苏氨酸，含量较高，为35.1mg/g蛋白质。箭环蝶是一种高蛋白低脂肪的优质营养食品：箭环蝶的粗脂肪含量为3.94%，远远低于猪瘦肉、鸡肉以及蛋的脂肪含量；箭环蝶的粗蛋白含量为73.0%，高于猪瘦肉、鸡肉、鸡蛋的粗蛋白含量。箭环蝶的矿质元素种类多且含量丰富：在箭环蝶的常量元素中，K的含量最高，为12 600mg/kg干重，然后依次是P、S、Mg、Ca；微量元素最高的是Zn，为274mg/kg干重，依次为Fe、Mn，最低的是Cu，只有25.4mg/kg干重。检测的所有箭环蝶微量元素都高于牛肉、鸡肉、小麦以及稻米的含量，表明箭环蝶各种矿质元素含量非常丰富。较高的钾含量有利于维持机体的酸碱平衡及正常血压，对防治高血压病症有益；而锌在机体中也具有多种生理功能，较高的锌含量能促进蛋白质合成、激素分泌及细胞分裂，防止贫血、皮肤粗糙和嗜睡等症；而钙则是构成动物机体骨骼、牙齿的主要成分。

### 1.2.1.6 保健价值

根据美国普林斯顿大学一个专门探秘昆虫物质的科研小组的研究，发现昆虫蛋白具有神奇的保健作用。

（1）免疫特警作用

昆虫活性蛋白独含抗菌肽成分，当肌体受损或病原微生物入侵时，抗菌肽快速跟踪、追杀入侵者，抗菌肽就像免疫特警一样，用锐利的"尖刀"迎击"敌人"，在细菌、病毒的胞膜结构上凿出离子通道，使细菌胞膜结构破坏，引起细胞内水溶性物质外流，从而彻底杀死细菌。人类常食昆虫蛋白，就像给身体安上了一道道屏障，使各种病菌难以入侵。

（2）免疫清道夫作用

昆虫富含的甲壳素（又称壳聚糖）、几丁质等，是一切生物生命力的重要支柱之一，被誉为继蛋白质、糖、脂肪、维生素、矿物质之后的"第六生命营养要素"。昆虫活性蛋白中的几丁质，其纯度远远高于虾蟹类生物所含的几丁质。几丁质就像辛勤的园丁，在人体免疫系统内起着三调（双向免疫调节、调节pH、调节激素）、三排（排细胞和体液有害物质、排重金属离子、排氧毒素）的作用，不断维护着人体的内部环境，具体体现在：

1）降低血脂、血糖、胆固醇。

2）抗疲劳及延缓机体衰老。

3）对肝脏、肠道有强力的保护作用。

4）具有较高的减肥效果。

5）抑制癌细胞增长。

6）具有排泄重金属的功效。

（3）免疫修复作用

艾滋病学名为"获得性免疫缺陷综合征"，昆虫蛋白所特有的防御素，是一种小分子蛋白，具有帮助艾滋病人重建免疫系统的独特修复作用。

（4）免疫激活作用

除抗菌肽、防御素外，昆虫活性蛋白还含外源性凝集素，它可以促进细胞相互粘接并抑制其增殖，不仅能使正常细胞更富活性，并能杀灭变异细胞，抵御病毒蔓延，激活免疫力，有效防治胃肠道炎症及各种感染性疾病。

（5）营养强化作用

昆虫活性蛋白富含人体必需的8种氨基酸、17种其他氨基酸、肽类物质、不饱和脂肪酸、维生素、矿物质等多种营养成分，强化营养，活化细胞，非常适合人体吸收，是天然的高级营养强化剂。

研究表明，许多昆虫所蕴藏的神奇物质，蝴蝶也同样具有，甚至含量更高、品质更好，而这些物质很可能正是人们梦寐以求的提升人体免疫力、强健人类体质的理想添加剂。

其实，金凤蝶的幼虫，又名茴香虫，夏秋季捕捉后，用酒醉死，小火焙干，气味甘、辛，性温，具有散寒、理气、止痛等功效，早在几百年前的中国古代医学著作中即有著述。另据报道，科学家还从一些眼蝶及粉蝶中提取出异黄嘌呤成分，该物质对多种肿瘤具有较强的抑制作用，并临床应用于肺癌、乳腺癌、急性白血病、牛皮癣等的治疗。

### 1.2.1.7　经济价值

世界上最大的蝴蝶出口基地是南美的巴西、秘鲁，已有100多年的历史；其次是太平洋地区的巴布亚新几内亚、马来西亚，中非的喀麦隆、刚果。在美国、英国、德国、法国、日本、瑞士、奥地利等主要蝴蝶消费国，每只蝴蝶标本的出口价格为几美元至几百美元不等，珍稀名贵品种最高可达上万美元。比如位于美国马萨诸塞州南迪菲尔德的魔翼蝴蝶园，又称魔翼蝴蝶温室和花园（Magic Wings Butterfly Conservatory & Garden），其礼品店销售的用自然死亡蝴蝶制成蝴蝶标本，售价达49美元/只。据估计，目前全世界每年的蝴蝶及其制品的国际贸易额约10亿美元之巨。

中国最大的蝴蝶产地是云南、海南，再就是台湾地区，其次是四川、广西、湖南、福建等地。蝴蝶标本的售价因蝶种而异，在几元至几十元不等，名贵品种达数千元甚至上万元人民币。人工养殖的非国家保护蝶种，每只蝴蝶的价格因蝶种不同也在几元至几十元不等，冬季枯蝶期最高可达几百元。据估计，目前国内每年的蝴蝶及其制品的贸易额约在2亿元人民币。

同时，由于人们对回归自然的需要和对纯自然物品的喜爱，也促使大家更加偏爱收藏缤纷斑斓的蝴蝶制品，如各种各样的蝴蝶标本以及蝶艺画、蝶翅画、人工蝶琥珀等工艺品。在我国，这些工艺品的售价少则几十元，多则上千元，不仅丰富了城乡旅游产品市场，而且成为一些贫困山区或旅游风景区广大群众脱贫致富的重要手段。

作者在泰国清迈考察时，发现那里的鹤顶粉蝶人工琥珀工艺品，一件标价530泰铢，约合人民币130多元，其蝴蝶标本价格仅为人民币3元；一幅30cm×22cm的蝶翅画售价为659泰铢，约合人民币170多元，而实际用蝶量不超过10只，并且都是极其普通常见的种类，每只蝴蝶价格不超过2元人民币（见图1-40）。

**图1-40**　在泰国蝴蝶园销售的蝴蝶工艺品

## 1.2.2　社会的发展

随着社会的不断进步，在人们的物质生活得到相对满足之后，必然在精神需求方面提出更多、更高的要求。作为休闲观赏的蝴蝶园，也就是在这样一种大背景下应运而生的。如同环境绿化、居室装修、健身美容一样，蝴蝶园是新时代涌现出来的新事物，也是对人们生活的一种装饰和点缀，但它带给人们更多的则是精神层面的享受。

世界上最早出现的以观赏活蝴蝶为主要内容的蝴蝶屋建在英国的伦敦，距今已有130多年的历史（见图1-41）。而我国的观赏性蝴蝶园最早出现在台湾，大约是在20世纪50年代。内地是在20世纪80年代中期才开始出现类似活蝶馆。90年代中期以后，随着我国的改革开放持续深入，国家经济和社会面貌发生了翻天覆地的变化，人民的物

**图1-41**
英国蝴蝶屋

质生活水平得到了前所未有的提高，蝴蝶园也在这一时期得到了空前迅速的发展。仅21世纪初的十多年时间内，就在全国各地涌现出大大小小、形式各样的20多家活蝴蝶观赏园，所展现出来的生机和活力，让所有接触到它的人们备感鼓舞。

### 1.2.3 技术的成熟

过去，国家的科技资源主要集中在关乎国家安全、国家重点建设和与国家经济增长、人民基本生活保障关系密切的项目上，无暇顾及一些看似"鸡毛蒜皮"的小事。为了人民群众生活得更加快乐、更加富裕，近年来，随着国家科技实力的增强，许多过去认为没有必要或没能顾及的项目被提上了议事日程。比如作为国家级研究机构的中国林业科学研究院资源昆虫研究所，1990年以前，全所的科技力量几乎全部集中在紫胶、白蜡和五倍子等与国家重要国防和战略物资相关的昆虫资源研究方面以及与人民生活相对密切的食用昆虫和药用昆虫方面，1990年以后才陆续开展观赏昆虫的研究工作。而对观赏昆虫真正意义上大规模的科研和开发工作，是从21世纪初才开始的。短短十多年时间，该所将大批长期积累下来的科学研究成果，迅速转化为国家经济建设和人民日常生活中普遍使用的技术和方法，已拥有目前国内最前沿的"蝴蝶规模化养殖与利用试验示范研究"等10多项蝴蝶研究成果、"凤蝶规模化人工养殖方法"等13项国家专利技术和《中国观赏蝴蝶》等3部专著，并先后在国内外专业科技期刊发表《蝴蝶异地放飞中的生物入侵风险评估与管理》等蝴蝶相关研究论文50多篇，成为国内观赏昆虫领域最重要的科技支撑力量，为地方经济的发展和人民生活品质的提高做出了积极贡献。

### 1.2.4 国内外的成功经验

#### 1.2.4.1 国外成功经验

蝴蝶的开发应用，在国外已有上百年的历史和成功经验。世界上最早的蝴蝶园（蝴蝶屋）19世纪末开始出现在英国的伦敦，距今已有130多年。全世界各地真正大量发展蝴蝶园是在1970年以后。据不完全统计，到目前为止，全世界先后建有各种类型的蝴蝶观赏园达200多个，其中美国112个、英国27个、加拿大19个、法国9个、泰国5个、意大利3个、日本3个、韩国3个、哥斯达黎加3个、荷兰3个、瑞典3个、马来西亚3个、墨西哥3个、伯利兹3个、德国2个、瑞士2个、西班牙2个、新加坡2个、菲律宾2个、洪都拉斯2个、俄罗斯1个、奥地利1个、比利时1个、挪威1个、芬兰1个、匈牙利1个、危地马拉1个、阿根廷1个、智利1个、厄瓜多尔1个、卢森堡1个、印度尼西亚1个、斯里兰卡1个。所有这些蝴蝶园大多至今运行良好、经济和社会效益俱佳。

目前，在全世界范围内，以蝴蝶作为特色建设的、规模最大、最成功的主题公园，是韩国咸平的蝴蝶主题公园。该园每年接待国内外游客达100多万人次，仅门票收入就达100多亿韩元，同时还带动相关产业、拉动地方经济发展，综合收入达1000多亿韩元。韩国前总统卢武铉、李明博等均先后亲临视察和指导，并将其一年一度的蝴蝶节列为国家旅游观光部的重要庆典活动，这是一个值得认真研究的现象。

### 1.2.4.2　国内成功经验

我国台湾，被称为"蝴蝶王国"，有蝴蝶400多种。台湾是我国较早开展蝴蝶观光开发的地区，大约是在20世纪50年代。目前岛内较具规模的观光农场有14个，几乎每个观光农场中都设有蝴蝶园，每个蝴蝶园每年至少接待游客20万人次，多的可达50万人次。

我国内地于1985年在南京开始建立第一个蝴蝶园，到目前为止，各地已先后建立大大小小、形形色色的蝴蝶园20多个，主要分布在北京、云南、海南、四川、贵州、广东、广西、陕西、辽宁、河南等地，其中不乏成功范例。比如云南的大理蝴蝶泉，2003年以前一直处于惨淡经营状态，2004年上蝴蝶观光项目后，成效显著，经济效益翻番，社会影响力大大提升；湖南的长沙森林植物园，其历史上的门票收入大多都在一个较低的水平上徘徊，2012年初上蝴蝶观光项目后，当年门票收入也实现了效益翻番的效果。

# 1.3　建设蝴蝶园的目的和意义

## 1.3.1　丰富城市景观内涵

以往的城市景观，尤其是城市公园建设，主要有设施齐备的游憩型城市公园，以历史遗存、人文古迹为内涵的观赏性城市公园，还有动物园、植物园、游乐园等。蝴蝶园是大自然的浓缩，环境优美、区位优势明显，具有特别的神秘感和良好的参与性，是身居闹市的居民节假日出游、休闲观光的好去处。蝴蝶园既能独立成章，又能与城市公园或风景区内的其他项目交相辉映，照亮主角，丰富配角，可谓和谐发展，锦上添花。

## 1.3.2　推动城市景观创新

蝴蝶纤小雅致、楚楚动人，又是成双成对、生死相依，暗合了人们对于世间一些美好事物的憧憬和想往。因此，对于大自然中短暂掠过的蝴蝶倩影，人们有着一种情不自禁的天然偏爱，但是要想留住这转瞬即逝的美妙景象，则是难之又难。而蝴蝶园的出现，在一定程度上迎合了人们怜香惜玉、追逐美丽的善良心愿，满足了都市人亲近自然、认识自然、洁身自好、提高境界的精神追求。这样的城市景观建设，无疑是对以往城市景观建设的创新和发展。

## 1.3.3　提升城市景观品质

蝴蝶被誉为"会飞的花朵"，而它的伴生条件就是鲜花。蝴蝶园内是以缤纷舞动的蝴蝶为核心的特色景观营造，蝴蝶园外则是以大量花卉景观（蝴蝶蜜源植物）为烘托的环境氛围营造，五彩斑斓、流光溢彩，花团锦簇、喜气洋洋，这样的动静结合、云裳互衬，对整个城市景观的品质提升，自然具有推波助澜的作用。

### 1.3.4　扩大城市景观影响

时代的进步，要求随时提供创造的火花；城市的发展，需要不断注入崭新的能量。悠远的民族文化，让蝴蝶承载了厚重的人文色彩；长期的历史积淀，让蝴蝶积累了巨大的艺术张力。蝴蝶园是伴随着时代进步和社会发展而产生的新鲜事物，它与现代城市景观建设的有机碰撞，必将闪现出耀眼的火花，表现出旺盛的生命活力。当人们自觉将蝴蝶以及蝴蝶文化引入自己的日常物质和精神生活，其所引发的"蝴蝶效应"，不可能不产生令人瞩目的社会和经济效果，进而产生更加深刻的现实和历史影响。

# 1.4　蝴蝶园的类型与功能

## 1.4.1　蝴蝶主题公园

蝴蝶主题公园一般是指以蝴蝶及其蝴蝶文化为主要内涵和特色、面积通常在几百亩甚至几千亩（1亩＝666.6m$^2$，下同）、投资规模在数千万元至数亿元人民币、生态环境完整、内容几乎包罗旅游风景区的所有元素的大型综合性蝴蝶公园。蝴蝶主题公园通常是一个完整的旅游风景区，规模庞大、自成体系、独立建设、独立经营，往往是吃、住、行、游、购、娱一应俱全。蝴蝶主题公园的硬软件建设处处弥漫着蝴蝶的符号和元素，包括温室活蝴蝶馆、蝴蝶博物馆、蝴蝶养殖园、蝴蝶研发中心、蝴蝶工艺品、蝴蝶影视作品，以及蝴蝶形象的艺术品、日用品、装饰品、食品等。蝴蝶主题公园通常是在具有良好生态条件的开放环境中，建设人工活蝴蝶观赏设施、蝴蝶养殖设施和蝴蝶知识、蝴蝶文化、蝴蝶艺术展示设施等，建植蝴蝶寄主植物、蜜源植物以及其他适合蝴蝶藏匿、休憩的背景植物和园林景观等，创造更为理想的蝴蝶生存和活动环境，一方面吸引自然界的蝴蝶汇聚于此相对集中的空间和范围，另一方面通过人工养殖和增放蝴蝶，丰富自然环境中的蝴蝶种群和数量，最终形成一个人工与天然相结合的生态型蝴蝶生境，同时配套建设旅游接待设施和基础设施。这是一种源于自然、殊于自然、更加生动、更加人性、更具环保理念和景观品质、更具旅游价值和创新色彩的新型蝴蝶园类型。一般来讲，这样的主题公园，其建设数量相对较少，原则上每个公园所享有的游客资源和范围越大越好。比如韩国，仅在咸平建有一个蝴蝶主题公园。

蝴蝶主题公园根据其建设环境的不同又可分为：

（1）蝴蝶公园：主要是指在人口集居的城市环境中建设的蝴蝶园。

（2）蝴蝶谷：主要是指在山区，尤其是两山夹一沟的地形地貌环境条件下建设的蝴蝶园。

（3）蝴蝶岛：主要是指在四面环水的孤岛或三面环水的半岛环境条件下建设的蝴蝶园。

（4）蝴蝶港：主要是指在三面环绕平地或山地的水域边建设的蝴蝶园。

### 1.4.2　蝴蝶生态园

蝴蝶生态园通常又称蝴蝶观赏园,一般是指以蝴蝶及其蝴蝶文化为主要内涵和特色、面积在十数亩甚至上百亩、投资规模在几百万元至上千万元人民币、具有相对完整的园林乔灌木、蜜源植物、观赏花卉和硬质景观构成的园林环境,建设内容至少包括观赏型蝴蝶馆、国内外代表性蝴蝶标本、蝴蝶知识、文化和艺术等主要元素的中型蝴蝶景观建设。蝴蝶生态园通常不是独立景区,而是其所在公园或景区的有机组成部分,一般选择在已经成熟的城市公园、植物园、动物园、游乐园、森林公园或风景名胜区中建设,常常作为一个专门以展示活蝴蝶为主要目的的景组或景区,建设内容至少包括活蝴蝶观赏区、科普实践区、工艺品售卖区以及配套服务区等。蝴蝶生态园的管理和经营通常服从背景公园或风景区的统一调配,并从公园或景区总的经营成果中分享利益。该类型和规模的蝴蝶园是目前世界各国以及我国各地蝴蝶园的主要建设形式。比如加拿大的尼亚加拉蝴蝶园、日本的东京多摩蝴蝶园、瑞士凯泽尔斯蝴蝶园等;我国的三亚蝴蝶谷、北京蝴蝶园、南宁蝴蝶园等。

### 1.4.3　蝴蝶花园

蝴蝶花园一般是指以蝴蝶及其蝴蝶文化为主要内涵和特色,面积通常在几亩至十几亩,投资规模在几十万元至几百万元人民币,具有比较丰富的园林乔灌木、蜜源植物、观赏花卉和小品景观,建设内容至少包括观赏型蝴蝶馆、国内外代表性蝴蝶标本及蝴蝶知识元素的中小型蝴蝶景观建设。蝴蝶花园通常选择在已经成熟的城市公园、森林公园或风景名胜区中建设,大多作为一个景点,其管理和经营服从背景公园或风景区的统一调配,并从公园或景区的经营成果中分享利益,比如日本的伊丹蝴蝶园和我国的西双版纳蝴蝶园等。

### 1.4.4　蝴蝶馆

蝴蝶馆一般是指以观赏活蝴蝶为特色的、建筑形式为圆形、方形或不规则形状的温室或网室,或混合型的封闭空间。蝴蝶馆的面积通常在几百平方米至上千平方米,投资规模在几万元至几十万元人民币不等。很多地方也将这种蝴蝶馆称为蝴蝶园。蝴蝶馆大多规模小、内容单一,建设内容至少包括一个封闭型的玻璃温室或网室,配置适量活蝴蝶以及蜜源植物、观赏花卉和小品景观,再适当点缀部分蝴蝶知识和蝴蝶工艺品元素。蝴蝶馆通常也不独立建设,而是其所在公园或景区的有机组成部分,遵循公园或景区的统一管理和经营,并从公园或景区总的经营成果中分享利益。因此,蝴蝶馆通常也是选择在已经成熟的城市公园、植物园、动物园、森林公园、风景区、游乐园或青少年活动中心中建设,通常作为公园或风景区的一个专门景点进行建设,以供游人观赏。

蝴蝶馆在世界各地比比皆是,大的如奥地利的维也纳蝴蝶馆、新加坡的樟宜机场蝴蝶馆,小的如美国的波士顿蝴蝶馆、我国昆明的世博园蝴蝶馆和成都的欢乐谷蝴蝶馆等。蝴蝶馆大体可分为以下三种类型。

（1）温室型蝴蝶馆

温室型蝴蝶馆主要采用玻璃、阳光板或其他透明材料构建，其内部温度、湿度、光照以及通风换气等，均可根据实际需要进行人工或自动控制，馆中建植花草树木以及适合蝴蝶生存和活动的景观环境。该类型蝴蝶馆的最大优势，是其建设和经营不受项目实施地气候的局限和季节变化的影响，建设形象好，可以全年开放，全天候经营；缺点是建设成本高，一次投资大。该类型蝴蝶馆适于在气候相对寒冷、温度相对较低的我国广大北方地区建设和使用。

（2）网室型蝴蝶馆

网室型蝴蝶馆主要采用尼龙网、不锈钢网或其他网状材料构建，其内部温度、湿度、光照等与自然界基本一致，通风换气良好，馆中建植花草树木以及适合蝴蝶生存和活动的景观环境。该类型蝴蝶馆的最大优势是建设成本低，一次投资小；缺点是蝶馆形象相对较差，馆中环境不易人工或自动控制，其建设和经营会受到项目实施地的气候局限，不能全年使用，只能在自然界气温适合蝴蝶活动的季节开放。该类型蝴蝶馆适于在气候相对温和、温度相对较高的我国广大南方地区建设和使用。

（3）复合型蝴蝶馆

复合型蝴蝶馆主要采用玻璃、阳光板以及其他透明材料与尼龙网、不锈钢网或其他网状材料相结合的方式进行构建，通常是在大型网室型蝴蝶馆中再建设一个小型的温室型蝴蝶馆，馆中建植花草树木以及适合蝴蝶生存和活动的景观环境。这样，也就兼顾了温室型和网室型两种蝴蝶馆的优势和功能，既降低了投资成本，又满足了在不同地区、不同气候条件的建设和经营需求。该类型蝴蝶馆的优势是可以部分进行人工环境控制，可以全年、全天候开放，全国各地均可建设和使用；缺点是蝴蝶馆形象相对较差。

### 1.4.5 蝴蝶屋

蝴蝶屋一般是指以观赏活蝴蝶为目的的小型蝴蝶温室或网室。面积通常在200m$^2$以下、投资规模在几千元至几万元人民币不等。蝴蝶屋建设内容至少包括一个封闭型的小型温室或网室，配置少量活蝴蝶以及蜜源植物、观赏花卉和小品景观。蝴蝶屋通常选择在小区绿地、生态餐饮场所、购物场所、星级酒店、农家乐、展会或私家花园中建设，通常作为一个景点或装饰。

## 1.5　蝴蝶园的发展趋势

### 1.5.1　科技先行

#### 1.5.1.1　开展蝴蝶园的科学研究

在蝴蝶园的未来发展中，科学技术无疑将扮演越来越重要的角色，为此需要抓紧、抓好以下几个方面的工作：

（1）采取有效手段培养一支优秀的蝴蝶园科研支撑队伍。

（2）通过各种渠道落实蝴蝶园科学研究经费。

（3）根据我国地域广阔、环境复杂等现实特点，分不同地区及气候类型区，建立若干个观赏蝶科学研究基地，以便针对性地开展观赏蝶研究工作。

（4）做好蝴蝶园和观赏蝶科技成果的转化工作。

#### 1.5.1.2　培育观赏蝶优良品种

筛选和培育观赏蝶优良品种，关键要做好以下几项工作：

（1）制定观赏蝶优良品种标准。

（2）建立观赏蝶优良品种档案。

（3）建设观赏蝶优良品种繁殖基地。

（4）制定观赏蝶优良品种推广规范。

（5）建立观赏蝶优良品种质量跟踪服务体系。

#### 1.5.1.3　优化蝴蝶园资源配置

优化蝴蝶园资源配置，其目的是创造蝴蝶园的最佳空间条件，最大限度地提高蝴蝶园的景观质量和景观效果，同时，还要努力降低蝴蝶园的管理和运行成本。主要内容包括：

（1）蝴蝶园最佳建筑结构配置，要求安全、耐久、轻质、跨度大、透明，能有效防止蝴蝶逃逸。

（2）蝴蝶园最佳布局结构配置，要求布局科学、功能合理，便于蝴蝶活动和休憩、便于游客游览和疏导。

（3）蝴蝶园最佳蝶源结构配置，要求蝴蝶缤纷多样、蝴蝶数量均匀适度。

（4）蝴蝶园最佳植物结构配置，包括寄主植物、蜜源植物、背景植物、园林植物等，要求既满足功能需求，又经济美观。

（5）蝴蝶园最佳温度湿度配置，要求既适合蝴蝶生存和活动，又适宜人类游览和观赏。

（6）蝴蝶园最佳光源结构配置，包括光强、光色和光质，要求有利于人工控制和蝴蝶的飞翔。

（7）蝴蝶园最佳硬质景观配置，包括游道、水体、假山、沙坑等，要求功能实用、形象美观。

## 1.5.2　理性发展

蝴蝶园的建设和经营应当遵循以下原则：

（1）依法经营原则。蝴蝶园的建设和经营必须遵守国家的法律法规，必须办理相关手续，不得非法经营、无证经营。

（2）保护优先原则。蝴蝶园的建设和经营不得使用和经营国际濒危动植物保护公约和国家保护的蝴蝶品种，严禁乱捕乱猎，鼓励观赏蝶的人工养殖和利用。

（3）因地制宜原则。我国地域辽阔，气候和环境差异较大，城市和风景区的状况千差万别。所以，各地在进行蝴蝶园的建设和经营时，应当注意根据自身的实际情况和具体条件，选择适合本地区的蝴蝶园建设类型和经营形式。

（4）成本效益原则。我国的观赏蝶资源丰富，有的种类体型大、寿命相对较长，但价格相对高；有的种类体型小、寿命相对较短，但价格相对便宜。因此，在具体进行蝴蝶园的建设和经营时，应尽量把握同样效果时，追求最低成本；同样成本时，追求最佳效果。总的来说，就是要实事求是、量力而行。

### 1.5.3　绿色开发

我国经济快速增长，各项建设取得巨大成就，但也付出了巨大的资源和环境被破坏的代价，两者之间的矛盾日趋尖锐，群众对环境污染问题反应强烈。这种状况与经济结构不合理、增长方式不科学直接相关。只有坚持节约发展、清洁发展、安全发展，实现绿色开发，才能达到经济又好又快发展的目的。蝴蝶园绿色开发主要注意以下几个方面：

（1）在保证蝴蝶园正常运行的情况下，尽量降低蝴蝶园中传统能源的消耗，增加清洁能源的使用。

（2）蝴蝶养殖和蝴蝶观赏园以及游客应最大限度地做到节约用水、废水循环利用。

（3）蝴蝶养殖园中的寄主植物栽培，尽量少使用化肥、不使用农药，减少对环境的污染。

（4）在蝴蝶园的设计、建设和运营中，充分考虑各个环节对环境的消极影响，通过有效措施降低甚至消除各种不利影响。

（5）加强对蝴蝶自身资源的循环利用。当蝴蝶观赏园中蝴蝶死亡时，收集死亡个体，用作蝴蝶标本、工艺品及其他产品的加工和制作。

### 1.5.4　标准化管理

为了增强蝴蝶园的市场竞争力，蝴蝶园的建设和管理者应千方百计提高蝴蝶园管理效率、降低蝴蝶园管理成本，而其中最有效的手段之一便是标准化管理。

标准化管理的核心是根据当前科学技术水平和实践经验并针对蝴蝶园建设和管理的一系列技术标准和技术准则的制定。若按发生作用的范围分，标准又可分为国际标准、国家标准、部颁标准和企业标准。蝴蝶园标准化是蝴蝶园制度化的最高形式，可运用到蝴蝶园设计、蝴蝶园建设、蝴蝶园管理、蝴蝶园经营等各个方面，是一种非常有效的现代化管理方法。因此，在标准化工作中，又通常把标准归纳为建设标准、管理标准、经营标准和安全标准等。

根据世界各国的经验，蝴蝶园标准化工作通常要攀登三个台阶。

第一步，制定好能确切反映市场需求，令顾客满意的蝴蝶园标准。保证蝴蝶园获得市场欢迎和较高的满意度。

第二步，建立起以蝴蝶园标准为核心的有效标准体系，保证蝴蝶园质量的稳定。

　　第三步，把标准化向纵深推进，运用多种标准化形式支持蝴蝶园各类延伸项目的开发，使蝴蝶园具有适应市场变化的能力。标准化要赢得竞争，就必须创新。

　　标准化的作用主要是把蝴蝶园内的各类人员所积累的技术、经验，通过文件的方式来加以保存，而不会因为人员的流动，整个技术、经验跟着流失，达到个人知道多少，组织就知道多少，也就是将个人的技术和经验转化为组织的财富；更因为有了标准化，每一项工作即使换了不同的人来操作，也不会因为人的不同而在工作效率与品质上出现太大的差异。

　　一个好的标准应满足以下五大要点：

　　（1）目标指向：即标准必须是面对目标的。

　　（2）显示原因和结果：比如"白天上午10点至下午4点将蝶园温度控制在25～28℃"，这是一个结果，原因是不如此蝴蝶就不会获得满意的飞翔效果。

　　（3）避免抽象：比如"放飞蝴蝶时要小心"，什么时要小心？这样的模糊词语不宜出现。

　　（4）数量化：即使每个读标准的人必须能以相同的方式解释标准。为了达到这一点，标准中应该多使用图和数字，比如 "羽化架毛巾安置倾角为45°"、"室内相对湿度控制在70%"等。

　　（5）现实：即标准必须是现实的、可操作的，否则便会流于形式，毫无意义。

**图1-42**
蝴蝶自然吃食花蜜

# 第二章 蝴蝶园设计

蝴蝶园设计是蝴蝶园项目运作的序曲，依法设计、科学设计是蝴蝶园依法建设、顺利建设的前提和保障。蝴蝶园的设计水平和设计质量，不仅直接关系到蝴蝶园的建设过程、建设效率和建设质量，而且会对蝴蝶园未来的竞争能力和健康发展造成严重影响。以蝴蝶主题公园为例，蝴蝶园的设计根据其设计目的和设计深度的不同，主要包括蝴蝶园可行性研究、蝴蝶园项目计划任务书的编制、蝴蝶园项目建议书的编制、蝴蝶园总体规划设计、蝴蝶园控制性详细规划、蝴蝶园修建性详细规划、蝴蝶园施工设计等。其他类型蝴蝶园的设计，只需根据各级政府主管部门以及建设委托单位的相关规定和具体要求，在蝴蝶主题公园设计的内涵基础上，适当调整设计项目和设计内容即可。

## 2.1 蝴蝶园的可行性研究

蝴蝶园项目的可行性研究，就是以最科学、最周密的方法，对蝴蝶园投资项目进行调查研究和综合论证，为投资者正确决策提供科学依据，保证投资项目在技术上先进可靠、经济上合理有利、操作上合法可行，从而最大限度地减少蝴蝶园的投资、建设和经营风险。

### 2.1.1 进行可行性研究的目的

(1) 经济发展的需要。

(2) 科学决策的需要。

(3) 市场竞争的需要。

（4）防范风险的需要。

（5）政府或组织的要求。

## 2.1.2　可行性研究的基本依据

（1）国家、地方或部门的宏观社会与经济发展规划、方针、任务和政策。

（2）蝴蝶园建设单位的委托和要求。

（3）自然、地理、气象、水文、地质、植被、动植物资源、经济、社会、环保等基础资料。

（4）国家或行业正式颁发的相关规范、标准、定额、参数等。

## 2.1.3　可行性研究的重点

（1）法律与政策的可行性论证。

（2）资源与技术的可行性论证。

（3）工程方案与建设条件的可行性论证。

（4）市场预测和竞争性分析。

（5）投资估算。

（6）经济评价。

（7）风险分析与防范。

## 2.1.4　可行性研究报告的基本格式

第一章　总　论

总论作为蝴蝶园可行性报告的首要部分，要综合叙述蝴蝶园可行性研究报告中各部分的主要问题和研究结论，并对项目的可行与否提出最终建议，为报告的审批提供方便。

1.1　蝴蝶园项目背景

1.1.1　项目名称

1.1.2　项目的承办单位

1.1.3　可行性研究工作承担单位

1.1.4　项目的主管部门

1.1.5　项目建设内容、规模、目标

1.1.6　项目建设地点

1.2　项目可行性研究主要结论

在可行性研究中，对蝴蝶园项目的政策保障，技术方案，资金筹措，经济、社会效益等重大问题，都应给出明确的结论，主要包括：

1.2.1　蝴蝶园项目的市场前景

1.2.2　蝴蝶园项目的政策保障

1.2.3　蝴蝶园项目的资金保障

1.2.4　蝴蝶园项目的组织保障

1.2.5　蝴蝶园项目的技术保障

1.2.6　蝴蝶园项目的人力保障

1.2.7　蝴蝶园项目的风险控制

1.2.8　蝴蝶园项目的财务效益结论：包括项目总投资、年经营成本、年营业收入、年利润总额、年综合税费、年税后利润、投资利润率、投资利税率、投资回收期、税后内部收益率、盈亏平衡点等。

1.2.9　蝴蝶园项目社会效益结论

1.2.10　蝴蝶园项目可行性综合评价

1.3　主要技术经济指标

在蝴蝶园项目可行性研究报告的总论部分，应将研究报告中各部分的主要技术经济指标汇总，列出主要技术经济指标表，使审批和决策者对项目作全貌了解（表2-1）。

表2-1　主要技术经济指标

| 序号 | 名称 | 单位 | 数值 |
| --- | --- | --- | --- |
| 1 | 项目投入总资金 | 万元 | |
| 1.1 | 建设投资 | 万元 | |
| 1.2 | 流动资金 | 万元 | |
| 2 | 项目总投资 | 万元 | |
| 2.1 | 建设投资 | 万元 | |
| 2.2 | 铺底流动资金 | 万元 | |
| 3 | 年营业收入（正常年份） | 万元 | |
| 4 | 年总成本费用（正常年份） | 万元 | |
| 5 | 年经营成本（正常年份） | 万元 | |
| 6 | 年增值税（正常年份） | 万元 | |
| 7 | 年销售税金及附加（正常年份） | 万元 | |
| 8 | 年利润总额（正常年份） | 万元 | |
| 9 | 所得税（正常年份） | 万元 | |
| 10 | 年税后利润（正常年份） | 万元 | |
| 11 | 投资利润率 | % | |
| 12 | 投资利税率 | % | |
| 13 | 资本金投资利润率 | % | |
| 14 | 资本金投资利税率 | % | |
| 15 | 销售利润率 | % | |
| 16 | 税后财务内部收益率（全部投资） | % | |
| 17 | 税前财务内部收益率（全部投资） | % | |
| 18 | 税后财务净现值FNPV（$I$=12%） | 万元 | |
| 19 | 税前财务净现值FNPV（$I$=12%） | 万元 | |
| 20 | 税后投资回收期 | 年 | |
| 21 | 税前投资回收期 | 年 | |
| 22 | 盈亏平衡点（生产能力利用率） | % | |

1.4　存在问题及建议

对蝴蝶园可行性研究中提出的主要问题进行说明并提出解决的建议。

## 第二章　蝴蝶园的建设背景、必要性和可行性

这一部分主要应说明蝴蝶园项目发起的背景、投资的必要性、投资理由及项目开展的支撑性条件等。

2.1　蝴蝶园项目建设背景

2.1.1　项目的政策背景

（1）国家或行业发展规划

（2）产业政策

（3）技术政策

2.1.2　项目的市场背景

（1）市场发展阶段、趋势、特点

（2）市场发展前景

2.1.3　项目发起人以及发起缘由

（1）技术优势

（2）人才优势

（3）市场优势

（4）资金优势

2.2　蝴蝶园项目建设的必要性

2.2.1　社会发展的要求

2.2.2　经济发展的要求

2.2.3　产业发展的要求

2.2.4　企业发展的要求

2.3　蝴蝶园项目建设的可行性

2.3.1　政策可行性

2.3.2　经济可行性

2.3.3　技术可行性

2.3.4　模式可行性

2.3.5　组织和人力资源可行性

## 第三章　蝴蝶园项目的市场分析

蝴蝶园项目的市场分析在蝴蝶园项目可行性研究中的重要地位在于，任何一个蝴蝶园，其建设规模的确定、技术的选择、投资估算甚至园址的选择，都必须在对市场需求情况有充分了解以后才能决定。另外，市场分析的结果，还可以决定蝴蝶园的门票价格、经营收入，最终影响到蝴蝶园的盈利性和可行性。因此，在蝴蝶园项目的可行性研究报告中，要详细论证当前的市场现状，以此作为后期决策的依据。

## 第六章　蝴蝶园环保、节能与劳动安全方案

在蝴蝶园项目建设中，必须贯彻执行国家有关环境保护、能源节约和职业安全方面的法规、法律，对项目可能造成周边环境影响或劳动者健康和安全的因素，必须在可行性研究阶段进行论证分析，提出防治措施，并对其进行评价，推荐技术可行、经济、布局合理、对环境有害影响较小的最佳方案。按照国家现行规定，凡从事对环境有影响的建设项目都必须执行环境影响报告书的审批制度，同时，在可行性报告中，对环境保护和劳动安全要有专门论述。

6.1　蝴蝶园环境保护方案

6.1.1　环境保护设计依据

6.1.2　环境保护措施

6.1.3　环境保护评价

6.2　蝴蝶园资源利用及能耗分析

6.2.1　资源利用及能耗标准

6.2.2　资源利用及能耗分析

6.2.3　资源利用及能耗评价

6.3　蝴蝶园节能方案

6.3.1　节能设计依据

6.3.2　项目节能分析

6.3.2　节能项目评价

6.4　蝴蝶园消防方案

6.4.1　消防设计依据

6.4.2　消防措施

6.4.3　火灾报警系统

6.4.4　灭火系统

6.4.5　蝴蝶园消防知识教育方案

6.5　蝴蝶园劳动安全方案

6.5.1　项目劳动安全设计依据

6.5.2　项目劳动安全保护措施

## 第七章　蝴蝶园组织机构和劳动定员

在蝴蝶园可行性研究报告中，应当根据项目规模、项目组成和工作流程，提出相应的组织机构、劳动定员总数、劳动力来源及相应的人员培训计划。

7.1　蝴蝶园组织机构

7.1.1　组织管理形式

7.1.2　组织机构设置

7.2　蝴蝶园劳动定员和人员培训

7.2.1　蝴蝶园劳动定员

7.2.2　年总工资和职工年平均工资估算

7.2.3　人员培训计划及费用估算

## 第八章　蝴蝶园建设进度安排

蝴蝶园建设的进度安排是可行性报告中的一个重要组成部分。项目实施时期也称投资时间,是指从正式确定建设项目到项目达到正常运行这段时期。这一时期包括蝴蝶园项目建设准备、资金筹集安排、勘察设计和设备订货、施工准备、试运转、竣工验收和交付使用等各个阶段。这些阶段的各项投资活动和各个工作环节,是相互影响的,前后衔接的,也有同时开展、相互交叉进行的。因此,在可行性研究阶段,需将蝴蝶园建设时期的每个阶段的工作环节进行统一规划,综合平衡,作出合理又切实可行的安排。

8.1　蝴蝶园建设的优先序列方案

8.1.1　建立蝴蝶园建设管理机构

8.1.2　资金筹集安排

8.1.3　技术获得与转让

8.1.4　勘察设计和设备订货

8.1.5　施工准备

8.1.6　施工建设

8.1.7　试运行

8.1.8　竣工验收

8.2　蝴蝶园建设进度表

8.3　蝴蝶园建设过程监理

8.3.1　选择监理单位

8.3.2　全程开展工程质量监理

8.3.3　建立建设质量报告制度

## 第九章　蝴蝶园财务评价分析

9.1　蝴蝶园总投资估算

9.2　蝴蝶园建设资金筹措

蝴蝶园所需要的建设资金,可以通过多个渠道获得。在蝴蝶园可行性研究阶段,资金筹措工作是根据对建设项目固定资产投资估算和流动资金估算的结果,研究落实资金的来源渠道和筹措方式,从中选择条件优惠的资金。可行性研究报告中,应对每一种来源渠道的资金及其筹措方式逐一论述,并附有必要的计算表格和附件。

9.3　蝴蝶园资金使用计划

9.3.1　投资使用计划

9.3.2　借款偿还计划

9.4　蝴蝶园总成本费用估算

9.4.1　直接成本

9.4.2　工资及福利费用

9.4.3　折旧及摊销

9.4.4　工资及福利费用

9.4.5　设施设备维护费用

9.4.6　财务费用

9.4.7　其他费用

9.5　经营收入、税金估算

9.5.1　经营收入

9.5.2　税金及附加

9.6　损益及利润分配估算

9.7　现金流估算

9.7.1　项目投资现金流估算

9.7.2　项目资本金现金流估算

9.8　不确定性分析

在对蝴蝶园建设项目进行评价时，所采用的数据多数来自预测和估算。由于资料和信息的有限性，将来的实际情况可能与此有出入，这会给蝴蝶园项目投资决策带来一定风险。为避免或尽可能减少风险，就要分析不确定性因素对蝴蝶园项目经济评价指标的影响，以确定项目的可靠性，这就是不确定性分析。

根据分析内容和侧重面的不同，蝴蝶园项目的不确定性分析可分为盈亏平衡分析、敏感性分析和概率分析。在可行性研究中，一般要进行的盈亏平衡分析，敏感性分析和概率分析可视项目情况而定。

9.8.1　盈亏平衡分析

9.8.2　敏感性分析

9.8.3　概率分析

## 第十章　蝴蝶园财务效益、经济和社会效益评价

在蝴蝶园建设项目的技术路线确定以后，必须对不同的方案进行财务、经济效益评价，判断项目在经济上是否可行，并比选出优秀方案。本部分的评价结论是建议方案取舍的主要依据之一，也是对蝴蝶园建设项目进行投资决策的重要依据。

10.1　财务评价

财务评价是考察蝴蝶园项目建成后的获利能力和债务偿还能力的财务状况，以判断蝴蝶园项目在财务上的可行性。财务评价多用静态分析与动态分析相结合并以动态为主的办法进行。还要将财务评价指标分别与相应的基准参数——财务基准收益率、行业平均投资回收期、平均投资利润率以及投资利税率相比较，以判断蝴蝶园项目在财务上是否可行。

10.1.1　财务净现值

财务净现值是指把蝴蝶园项目计算期内各年的财务净现金流量，按照一个设定的

标准折现率（基准收益率）折算到建设期初（项目计算期第一年年初）的现值之和。财务净现值是考察蝴蝶园在其计算期内盈利能力的主要动态评价指标。如果蝴蝶园财务净现值等于或大于零，表明项目的盈利能力达到或超过了所要求的盈利水平，项目在财务上是可行的。

### 10.1.2　财务内部收益率

财务内部收益率是指蝴蝶园在整个计算期内各年财务净现金流量的现值之和等于零时的折现率，也就是使蝴蝶园的财务净现值等于零时的折现率。财务内部收益率是反映蝴蝶园实际收益率的一个动态指标，该指标越大越好。一般情况下，财务内部收益率大于等于基准收益率时，项目可行。

### 10.1.3　投资回收期

蝴蝶园的投资回收期按照是否考虑资金时间价值可以分为静态投资回收期和动态投资回收期。以动态回收期为例：

1）计算公式

动态投资回收期的计算在实际应用中根据项目的现金流量表，用下列近似公式计算：

$$P_t = （累计净现金流量现值出现正值的年数 - 1）$$

$$+ \frac{上一年累计净现金流量现值的绝对值}{出现正值年份净现金流量的现值}$$

2）评价准则

当 $P_t \leq P_c$（基准投资回收期）时，说明项目（或方案）能在要求的时间内收回投资，是可行的。

当 $P_t > P_c$ 时，则项目（或方案）不可行，应予以拒绝。

### 10.1.4　投资收益率ROI

蝴蝶园的投资收益率是指项目达到设计能力后正常年份的年息税前利润或营运期内年平均息税前利润（EBIT）与项目总投资（TI）的比率。总投资收益率高于同行业的收益率参考值，表明用总投资收益率表示的盈利能力满足要求。当ROI≥部门（行业）平均投资利润率（或基准投资利润率）时，项目在财务上可行。

### 10.1.5　投资利税率

蝴蝶园的投资利税率是指蝴蝶园达到设计经营能力后的一个正常生产年份的年利润总额或平均年利润总额与经营税金及附加与项目总投资的比率，计算公式为

$$投资利税率 = \frac{年利税总额或年平均利税总额}{总投资} \times 100\%$$

当投资利税率大于等于部门（行业）平均投资利税率（或基准投资利税率）时，项目在财务上可行。

### 10.1.6　项目资本金净利润率（ROE）

蝴蝶园的资本金净利润率是指蝴蝶园达到设计能力后正常年份的年净利润或运营期内平均净利润（NP）与项目资本金（EC）的比率。

项目资本金净利润率高于同行业的净利润率参考值，表明用项目资本金净利润率

表示的盈利能力满足要求。

10.1.7　项目测算核心指标汇总表

10.2　国民经济评价

国民经济评价是蝴蝶园经济评价的核心部分，是决策部门考虑项目取舍的重要依据。蝴蝶园的国民经济评价采用费用与效益分析的方法，运用影子价格、影子汇率、影子工资和社会折现率等参数，计算蝴蝶园对国民经济的净贡献，评价项目在经济上的合理性。国民经济评价采用国民经济盈利能力分析，以经济内部收益率（EIRR）作为主要的评价指标。也可根据项目的具体特点和实际需要计算经济净现值（ENPV）指标。

10.3　社会效益分析

在蝴蝶园的可行性研究中，除对以上各项指标进行计算和分析以外，还应对项目的社会效益和社会影响进行分析，也就是对不能定量的效益影响进行定性描述。

## 第十一章　蝴蝶园风险分析及风险防控

11.1　风险分析及防控措施

11.2　法律政策风险及防控措施

11.3　市场风险及防控措施

11.4　筹资风险及防控措施

11.5　其他风险及防控措施

## 第十二章　蝴蝶园项目可行性研究的结论与建议

12.1　结论与建议

根据前面各章节的研究分析结果，对蝴蝶园在法律上、政策上、技术上、经济上进行全面的评价，对蝴蝶园建设方案进行总结，提出结论性意见和建议。主要内容有：

（1）对推荐的蝴蝶园建设条件、拟建方案、工艺技术、经济效益、社会效益、环境影响的结论性意见。

（2）对主要的对比方案进行说明。

（3）对可行性研究中尚未解决的主要问题提出解决办法和建议。

（4）对应修改的主要问题进行说明，提出修改意见。

（5）对不可行的内容，提出不可行的主要问题及处理意见。

（6）可行性研究中主要争议问题的结论。

12.2　附件

凡属于蝴蝶园项目可行性研究范围，但在研究报告以外单独成册的文件，均需列为蝴蝶园项目可行性研究报告的附件，所列附件应注明名称、日期、编号，一般包括以下内容：

（1）蝴蝶园园址选择报告

（2）蝴蝶园景区资源调查报告

（3）蝴蝶园环境评价报告

（4）蝴蝶园市场预测报告

（5）蝴蝶园引进技术项目考察报告

（6）蝴蝶园中需单独进行可行性研究的单项或配套工程的可行性报告

（7）蝴蝶园其他主要对比方案说明

（8）蝴蝶园投资意向书

12.3　附图

（1）蝴蝶园位置图

（2）蝴蝶园地形图

（3）蝴蝶园总平面方案图

（4）其他

## 2.2　蝴蝶园项目计划任务书

### 2.2.1　计划任务书的作用

计划任务书是确定蝴蝶园项目及其建设方案，包括建设规模、建设依据、建设布局和建设进度的重要文件，是编制设计文件的主要依据。计划任务书是在对蝴蝶园可行性研究报告的基础上形成的制约建设项目全过程的指导性文件。蝴蝶园项目经可行性研究，证明其建设是必要和可行之后，则编制计划任务书。计划任务书的作用有以下四个方面。

（1）按照我国现行基本程序，任何建设项目都必须经主管部门批准并列入相应的投资计划，建设项目才算正式成立。否则，建设项目就成为通常所说的计划外项目。因此，申请蝴蝶园项目建设列入国家正式计划的过程，也就是建设单位编制计划任务书、报请主管部门批准的过程。

（2）计划任务书是蝴蝶园列入建设的主要文件。拟建中的蝴蝶园只有经建设规划部门批准后，项目建设才算有了安身之地。规划部门批准建设规划，主要依据已列为投资计划的计划任务书。

（3）计划任务书是蝴蝶园申请银行贷款的主要文件。蝴蝶园如果想得到银行贷款进行建设，必须将已经主管部门批准的计划任务书报送银行，才能作为银行安排贷款项目的依据。

（4）计划任务书是进行蝴蝶园工程设计和其他准备工作的依据，各专业设计单位接受并进行蝴蝶园总方案的专业设计时，主要是依据经批准的计划任务书来进行的。同时，计划任务书还是蝴蝶园建设过程中土地征用、拆迁工程招标、设备洽谈订货的主要依据。

### 2.2.2　计划任务书的编制过程和资格

蝴蝶园计划任务书的编制工作及程序与蝴蝶园可行性研究报告的编制过程及程序

相似。建设单位可委托具有国家颁发的相应资质的专业设计单位或工程咨询单位来承担，也可以由建设单位主管部门组织专门人员来进行。

### 2.2.3　计划任务书的内容及要求

蝴蝶园建设项目比一般民用建设项目的设计任务书简单，有些内容可以简化，重点是建设规模、标准、技术、功能安排、接待能力、服务设施的建筑面积等。如接待区的游客床位数、投资规模及经济技术指标等。设计文件包括方案文本、总平面图、鸟瞰图、电子文件等。

蝴蝶园计划任务书是在蝴蝶园可行性研究报告基础上形成的，它包括可行性研究报告的内容，又不完全是可行性研究报告的照搬。计划任务书与可行性研究报告的区别在于，可行性研究报告是对蝴蝶园方案的论证，并经过论证作出最佳方案和其他可供选择的方案，因而有其一定的选择性。而计划任务书涉及蝴蝶园建设各个方面的问题，不是论证方案，而是确定的建设方案和实施意见，不具有选择性，一经批准，即可实施。

### 2.2.4　计划任务书的报批

蝴蝶园计划任务书编制完成后，建设单位应首先组织专业技术人员及决策人员审查，通过后即可向上级主管部门报批。按照有关规定设计投资在3000万元以上（含3000万元）的项目为限上项目。投资在3000万元以下的项目为限下项目。限下项目又可以分为一般项目和小型项目。限下项目通常由县级主管部门（发改委）审批；限上项目则应由建设单位委托有资质的投资咨询公司编制项目建议书后按有关行文规定发函或请示，由县一级主管部门初审备案后转报上一级主管部门审批。批准后再由县主管部门转发上级批复文件。

## 2.3　蝴蝶园项目建议书

### 2.3.1　项目建议书的目的

蝴蝶园项目建议书与蝴蝶园项目计划任务书的编制过程、编制要求、编制内容和报批程序基本相似，只是蝴蝶园项目建议书一般是针对限上项目而言，按照银行规定，也就是投资在3000万元以上（含3000万元）的项目。编制蝴蝶园项目建议书的目的是让较大型投资规模的蝴蝶园项目，能在按程序向上一级主管部门请示时更顺利地获得批准。

### 2.3.2　项目建议书的编制过程和资格

蝴蝶园项目建议书的编制工作及程序与蝴蝶园计划任务书的编制过程及程序相似，不同的是蝴蝶园项目建议书的编制工作，建设单位只能委托具有国家颁发的相应资质的专业设计单位或工程咨询单位来完成，而不能自己组织编写。

### 2.3.3　项目建议书的基本要求

（1）编制蝴蝶园项目建议书应当综合考虑当地的资源条件、环境状况、历史文化、社会经济状况等因素。

（2）编制蝴蝶园项目建议书的依据是经专业机构编制完成的蝴蝶园可行性研究报告。

（3）蝴蝶园项目建议书的编制必须遵守国家的相关法律、政策、标准和技术规范。

（4）蝴蝶园项目建议书的编制必须采用符合国家有关规定的基础资料和数据。

（5）蝴蝶园项目建议书编制完成后，需报国家相关政府主管部门审批后，方可付诸实施。

### 2.3.4　项目建议书的编制

蝴蝶园项目建议书的编制主要包括以下内容。

（1）蝴蝶园名称、建设单位及负责人。

（2）建设单位名称、资金信用情况、业务范围、规模、声誉等。

（3）项目的重要性和必要性。

（4）建议书主要内容：

1）蝴蝶园的规模和范围；

2）蝴蝶园的建设和经营年限；

3）蝴蝶园的地址、占地面积、建筑面积；

4）蝴蝶园的职工人数，包括技术人员和管理人员；

5）蝴蝶园的投资总额、投资方式及资金来源；

6）蝴蝶园的技术支撑及服务对象；

7）蝴蝶园的主要建设内容及建设计划；

8）蝴蝶园的建设水平和竞争力；

9）蝴蝶园的风险与防范；

10）蝴蝶园的效益评估；

11）综合评价意见。

（5）建议书附件。

1）蝴蝶园项目可行性研究报告；

2）蝴蝶园总平面图；

3）蝴蝶园项目投资意向书；

4）相关部门对蝴蝶园项目的安排意见；

5）相关调研和考察资料等。

# 2.4 蝴蝶园总体规划

## 2.4.1 总体规划的目的和任务

### 2.4.1.1 规划目的

蝴蝶园总体规划是蝴蝶园建设的法定性技术文件，其目的在于落实科学发展观，贯彻国家相关法律法规，坚持资源的可持续利用方针，节约利用土地，为各级政府、主管部门以及投资方科学决策、合理建设、正确管理、统筹安排提供技术保障，为经济、社会和环境的可持续发展保驾护航。

### 2.4.1.2 规划任务

（1）明确蝴蝶园建设的指导思想和基本原则。

（2）科学规划蝴蝶园的功能分区和建设布局。

（3）确定蝴蝶园及其各单体项目的建设地点、建设规模和建设范围。

（4）确定蝴蝶园的建设内容、建设重点、建设期限和建设进度。

（5）控制蝴蝶园土地资源和其他自然资源的开发性质、开发方式和开发强度。

（6）控制蝴蝶园的游客流量和游览范围。

（7）指导蝴蝶园在建设和经营过程中了解、认识和防范风险。

（8）科学评估蝴蝶园的经济、社会和生态效益。

## 2.4.2 总体规划的编制过程和资格

蝴蝶园总体规划的编制工作及程序与蝴蝶园可行性研究报告的编制过程和程序相似。但总体规划编制所要求的基础资料要更加翔实、建设要求应更加明确、建设布局应更加精细、建设内容应更加具体。总体规划的编制工作，建设单位只能委托具有国家颁发的相应资质的专业设计单位或工程咨询单位来完成。

## 2.4.3 总体规划的基本要求

（1）编制蝴蝶园的总体规划，应当综合考虑当地的资源条件、环境状况、历史文化、社会经济状况等因素，兼顾近期与长远、局部与整体、发展与保护的关系。

（2）编制蝴蝶园的总体规划，应当依据经专业机构编制完成的蝴蝶园可行性研究报告和经批准的蝴蝶园计划任务书。

（3）蝴蝶园总体规划的编制应遵守国家的相关法律、政策、标准和技术规范。

（4）蝴蝶园总体规划的编制应采用符合国家有关规定的基础资料和数据。

（5）编制蝴蝶园的总体规划，其编制内容要求尽可能全面、周到，数据充分、布局科学，设计合理。

（6）蝴蝶园总体规划草案编制完成后，编制单位应当依法申请政府主管部门组织相关专家进行评审，由专家评审委员会提交评审意见并由评审委员会主任和副主任签字；评审通过后，设计单位应根据专家评审意见对蝴蝶园总体规划进行修改完善；总体规划经修改完善后，再报国家政府主管部门审批；总体规划经批准后方可正式投入使用。

### 2.4.4　总体规划的基本格式

第一部分　文本

#### 第一章　总　则

1.1　规划目的：蝴蝶园规划期望实现的总体目标。

1.2　规划依据：蝴蝶园规划必须依据的法律、法规、政策、标准、技术报告、政府文件、地形图、任务书、协议等基础资料。

1.3　指导思想：整个蝴蝶园规划设计过程中贯穿始终、必须坚守的思维准则和行动指南。

1.4　规划原则：在进行蝴蝶园的总体规划设计过程中必须始终遵循的基本原则。比如保护优先的原则。

1.5　规划期限：蝴蝶园总体规划的实施期限近期，通常包括近期规划（5年以内）、中期规划（5～10年）、远期规划（10年以上）。

1.6　规划的重点：本次蝴蝶园总体规划所要解决的数个重要问题，比如明确范围、性质、特色、重点建设内容、资金来源等。

#### 第二章　规划范围与性质

2.1　范围：要求表明蝴蝶园行政区位、四至界限、地理坐标、总面积等。

2.2　性质：蝴蝶园的内涵性质，是观光型、休闲型、体验型，还是科普教育型等。

#### 第三章　现有资源评价

3.1　景观特点：包括人文景观、植被景观、天象景观、地质景观，以及其他特殊的自然景观等。

3.2　景观空间序列：包括轴线景观空间序列（由表及里）和竖向景观空间序列（从低到高）。

3.3　景点评价：包括特级景点、一级景点、二级景点、一般景点的数量、名称和特征。

3.4　评价结论：是世界范围、全国范围还是全省范围、地区范围，属于多样性、唯一性、代表性还是遗产性等。

#### 第四章　规划目标与发展规模

4.1　规划目标：包括蝴蝶园总体目标、近期目标、中期目标和远期目标。

4.2　环境容量：包括蝴蝶园近期、中期、远期的日环境容量和年环境容量。

4.3 发展规模：包括蝴蝶园年游人规模、常住人口规模、旅游床位规模、建设用地规模等。

## 第五章　功能分区与规划布局

5.1 功能分区：包括蝴蝶园形象区、旅游接待区、观光游览区、后勤服务区、生态保护区等的面积、位置、功能、要求等。

5.2 规划布局：包括形象建设、主题建设、基础建设、配套建设。

5.3 景区规划：包括各景区的名称、位置、功能、面积等。

## 第六章　保护规划

6.1 保护模式：通常将整个蝴蝶园景区划分为特级、一级（核心）、二级（重点）和三级（一般）保护区，与外围保护地带形成同心圈层式结构。

6.2 保护分级：包括保护区的性质、保护对象、面积，以及占整个蝴蝶园景区的比例等。比如一级保护区为核心保护区，保护对象为原生植物群落，面积380亩（1亩＝666.7m$^2$），占蝴蝶主题公园的23%。

6.3 保护措施：比如特级保护区不得建设任何人工设施，除科研人员以外全区禁止游人进入，停耕、禁伐、禁采、禁猎，保持原生植物群落不受人为影响；一级保护区：除规划确定的必要景观游览和防护设施外，可定点安排少量的接待设施，安排必须的机动交通设施和市政设施，应控制游人规模，尽量保持自然环境状况，全区停耕、禁猎、禁伐、禁采；二级保护区内除机动交通工具通过外，游人通常不进入该区游览，保持该区的自然环境状况，区内居民和生产活动应严格控制，不得进行开山采石、挖矿采煤及毁林垦荒等生产活动，全区禁伐、禁猎、禁采；三级保护区允许适当强度的资源开发利用，安排一定数量的接待服务、文化、娱乐、市政等设施，居民居住和社会服务设施，但不得超过规划确定的规模，全区应加强绿化。

6.4 文物古迹保护：包括文物名称、年代、价值、保护依据、保护措施等。

6.5 游人规模控制：蝴蝶园应控制高峰日游人规模不超过日环境游人容量。

6.6 建筑风貌控制：尽量保持特色，新建设施的建筑风格应与原有建筑保持风格上的一致。

6.7 原生植被恢复培育：对蝴蝶园的天然植被带受损部分应进行补植、更新和恢复，树种选用同海拔、本地适生树种，逐步修复原生植被状态。

6.8 重要景点植被美化：蝴蝶园各主要景点应根据所属植被带、自身位置和历史传统等具体情况进行绿化美化，形成别具特色的植物背景。

## 第七章　风景游赏规划

7.1 游赏结构：包括蝴蝶园游赏分区和游赏组团。

7.2 游赏内容：包括每个游览区的具体项目和主要内容。

7.3 游线规划：包括游线名称、数量、涵盖景点、游览时间安排等。

7.4  专题游览：比如科普教育专题、休闲度假专题、体育健身专题、商务会议专题等。

7.5  导游设施：包括游人中心、导游点和标志牌等。

## 第八章  旅游设施规划

8.1  接待设施：包括宾馆、饭店、运输等提供游客食、宿、行服务的相关设施，以及高峰期临时接待设施等。

8.2  配套设施：包括交通、住宿、商业、医疗、文化、娱乐和市政等设施。

## 第九章  道路交通规划

9.1  对外交通：蝴蝶园与外部联系的道路和交通设施，包括铁路、公路、车站及其配套设施等。

9.2  对内交通：蝴蝶园区内部的道路网络和交通设施，包括公路、车站及其配套设施等。

## 第十章  基础工程规划

10.1  电力工程：包括园区内供电系统的供电负荷、国家电网或地方电网联网调电方式、输电线路及配套设施。

10.2  能源供应：包括天然气、液化气、沼气、太阳能、风能的综合利用。

10.3  给水工程：包括水厂规模、数量、位置、取水点、日供水能力、用途等。

10.4  排水工程：采用雨、污分流制，包括排水设施、管道、污水处理方式、数量等。

10.5  电信规划：包括光缆、无线电机站、电信局及邮电代办点等。

10.6  广播电视规划：包括光纤电视网、卫星电视地面接收系统等。

## 第十一章  社会发展调控规划

11.1  居民总量控制：包括聚居区规模、人口等。

11.2  居民点控制：包括居民点位置、数量、规模、人口等。

11.3  职工生活区：包括蝴蝶园职工生活住房及其配套设施等。

## 第十二章  土地利用规划

12.1  用地分类：蝴蝶园景区内土地依其使用性质通常划为六大类，即风景游览用地、生态保护用地、旅游设施用地、居民社会用地、基础工程用地和特殊用地。

12.2  风景游览用地：蝴蝶园景区内供游客游赏，以景观保存、展示、开发为利用方式的土地，包括风景点用地、风景保护用地、风景恢复用地、野外游息用地四小类。

12.3  生态保护用地：蝴蝶园景区内游人不进入，以风景环境的围护、天然植被保存和生态环境保护为利用方式的土地。

12.4 旅游设施用地：蝴蝶园景区内用于接待、服务、文化、娱乐、商业、金融、医疗等建设的土地。

12.5 居民区用地：蝴蝶园景区内供居民居住、生活、配套服务和农副业生产性的土地。

12.6 基础工程用地：蝴蝶园景区内各类基础设施建设占地，包括对外交通、道路、电力、给排水、邮电、电信、广播、电视等市政设施用地。

12.7 特殊用地：蝴蝶园景区内具有特殊使用性质的土地。比如科研教学用地、军事用地等。

## 第十三章 环境卫生与防灾规划

13.1 水质监测：蝴蝶园景区水体水质清洁度等直接影响景观质量，规划应对各接待点上下游水域进行水质监测，接待点生活污水必须污、废分流，排水必须符合国家相关标准。

13.2 公厕设置：包括水冲式公厕、活动式公厕和生态环保公厕三种形式，公厕应与游道有一定隔离带，粪便污水一律进行深度处理，保持零污染排放。

13.3 垃圾处理：设置专业环卫机构，统一进行蝴蝶园景区环境卫生的监测、清扫和处理工作。对游人集中处应设垃圾收集点，配专人收集清运出境。鼓励游客自带旅游垃圾出境。

13.4 消防规划：按照"预防为主、防消结合"的方针，增强全民消防意识，加强消防设施建设，并配套防火瞭望台，消防训练、报警、通信、调度等设施。

13.5 防洪规划：综合治理，提高流域水土保持能力，提高抗御山洪灾害能力和预警预报水平，完善排水、排涝设施。

13.6 抗震防灾：建筑物按8度设防，选址应避开滑坡、崩岩区。

13.7 森林病虫害防治：以防为主，防治结合，建立蝴蝶园景区森林病虫害有效防治机制。

## 第十四章 实施规划的措施建议

14.1 依法管理：建立相关法规、制度，对蝴蝶园实施全面、统一管理，并配备计算机信息储存和管理系统。

14.2 民主管理：蝴蝶园总体规划应向公众公布，并由管理委员会组织实施；尽快编制蝴蝶园分区规划、专项规划和详细规划，用以指导蝴蝶园的各项建设。

14.3 有偿管理：基础设施实行产业化经营和有偿服务原则，建立基础设施与蝴蝶园景区同步协调发展的良性循环机制。研究解决区内农民生活出路，使其致富奔小康，引导其自觉保护资源，促进经济、环境的可持续发展。

14.4 重点管理：应加强对蝴蝶园与城市之间过渡带的环境风貌控制，特别是保持旅游干道两侧的自然风貌。加强招商引资，制定禁入项目名录，对严重破坏蝴蝶园景观、植被、环境等的项目一律不得建设。建设项目必须先进行专项论证，按规定建设程序报批。

## 第十五章 附 则

15.1 总体规划生效时间

15.2 总体规划解释权

15.3 总体规划变更程序

15.4 总体规划实施监督办法

第二部分 附件

1. 蝴蝶园项目建议书

2. 蝴蝶园项目立项批文

3. 蝴蝶园园址选择报告书

4. 蝴蝶园景区资源调查报告

5. 蝴蝶园环境评价报告

6. 蝴蝶园市场预测报告

7. 蝴蝶园引进技术项目考察报告

8. 蝴蝶园投资意向书

第三部分 附图

1. 蝴蝶园位置图

2. 蝴蝶园总体规划图

3. 蝴蝶园功能分区图

4. 蝴蝶园土地利用现状图

5. 蝴蝶园土地利用规划图

6. 蝴蝶园交通规划图

7. 蝴蝶园给排水规划图

8. 蝴蝶园供电规划图

9. 蝴蝶园网络通信规划图

10. 蝴蝶园环境保护规划图

11. 蝴蝶园园林及植被规划图

12. 蝴蝶园总体及重要节点鸟瞰图

13. 蝴蝶园主要建筑选型图

# 2.5 蝴蝶园控制性详细规划

## 2.5.1 控制性详细规划的目的

蝴蝶园控制性详细规划是政府城乡规划主管部门根据蝴蝶园总体规划的要求,用以控制蝴蝶园建设用地性质、建设强度和空间环境的规划。因此,蝴蝶园控制性详细规划只能在蝴蝶园总体规划的基础上进行编制。在蝴蝶园控制性详细规划中，需要确定建设地区的土地使用性质、使用强度等具体控制指标、道路和工程管线控制性位置以及空间环境的控制指标，并作为蝴蝶园建设和管理的依据，指导蝴蝶园修建性详细规划的编制。

### 2.5.2　控制性详细规划的编制过程和资格

　　蝴蝶园控制性详细规划的编制工作及程序与蝴蝶园总体规划的编制过程及程序相似，只是控制性详细规划是针对蝴蝶园的主要建设区域进行的。规模较小的蝴蝶园的控制性详细规划，可以与蝴蝶园总体规划编制相结合，提出具体规划控制要求和指标即可。蝴蝶园的控制性详细规划建设单位只能委托具有国家颁发的相应资质的专业设计单位或工程咨询单位来承担和完成。

### 2.5.3　控制性详细规划的要求

　　（1）编制蝴蝶园的控制性详细规划，应当综合考虑当地的资源条件、环境状况、历史文化、公共安全以及土地权属等因素，满足园区地下空间利用的需要，妥善处理近期与长远、局部与整体、发展与保护的关系。

　　（2）编制蝴蝶园的控制性详细规划，应当依据经批准的蝴蝶园总体规划，遵守国家有关标准和技术规范，采用符合国家有关规定的基础资料。

　　（3）编制蝴蝶园的控制性详细规划，有时可以根据实际情况，适当调整或者减少控制要求和指标。

　　（4）蝴蝶园控制性详细规划草案编制完成后，组织编制单位应当依法将蝴蝶园控制性详细规划草案予以公告，并采取论证会或其他方式征求专家和公众的意见；公告的时间不得少于30日。公告的时间、地点及公众提交意见的期限、方式，应当在政府信息网站以及当地主要新闻媒体上公告。

### 2.5.4　控制性详细规划的基本内容

　　（1）蝴蝶园土地使用性质及其兼容性等用地功能控制。

　　（2）容积率、建筑高度、建筑密度、绿地率等用地指标控制。

　　（3）基础设施、公共服务设施、公共安全设施的用地规模、范围及具体控制要求，地下管线控制要求。

　　（4）基础设施用地的控制界线（黄线）。

　　（5）各类绿地范围的控制线（绿线）。

　　（6）历史文化遗址和历史建筑的保护范围控制界线（紫线）。

　　（7）地表水体保护和控制的地域界线（蓝线）等。

### 2.5.5　控制性详细规划的编制

　　蝴蝶园的控制性详细规划编制成果由文本、图表、说明书以及各种相关的技术研究资料构成。文本和图表的内容应当一致，并作为规划管理的法定依据。

控制性详细规划文件包括规划文本、规划图册、分图图册，规划说明及基础资料汇编。规划文本中应当包括规划范围内土地使用及建筑管理规定。

控制性详细规划图纸包括现状图、控制性详细规划图。图纸比例为1/2000～1/1000。

## 2.6    蝴蝶园修建性详细规划

### 2.6.1    修建性详细规划的目的

根据国家《城市规划编制办法》第二十五条至第二十七条的规定，对于蝴蝶园当前需要进行建设的区域，还应在其控制性详细规划的基础上编制修建性详细规划，直接对建设项目做出具体的安排和规划设计，并为蝴蝶园的建筑、园林和基础工程设计提供依据，用以指导各项建筑和工程设施的设计和施工。

### 2.6.2    修建性详细规划的编制过程和资格

蝴蝶园修建性详细规划的编制工作及程序与蝴蝶园控制性详细规划的编制过程及程序相似，只是修建性详细规划是针对蝴蝶园的主要建设区域的具体建设项目进行的。建设单位只能委托具有国家颁发的相应资质的专业设计单位或工程咨询单位来承担和完成修建性详细规划的编制工作。

### 2.6.3    修建性详细规划的基本内容

根据建设部《城市规划编制办法》，蝴蝶园的修建性详细规划应当包括下列内容：

(1) 建设条件分析及综合技术经济论证。

(2) 建筑、道路和绿地等的空间布局和景观规划设计。

(3) 道路交通规划设计。

(4) 绿地系统规划设计。

(5) 工程管线规划设计。

(6) 竖向规划设计。

(7) 估算工程量、拆迁量和总造价，分析投资效益。

### 2.6.4    修建性详细规划的基本格式

修建性详细规划的基本格式示例如下。

一、规划说明书

1. 规划地段现状条件分析

2. 规划原则和总体构思

3. 用地布局

4. 空间组织和景观特色要求

5. 道路和绿地系统规划

6. 各项专业工程规划及管网综合

7. 竖向规划

8. 主要技术经济指标，一般应包括以下各项

(1) 总用地面积

(2) 总建筑面积

(3) 住宅建筑总面积，平均层数

(4) 容积率、建筑密度

(5) 绿地率

(6) 工程量及投资估算

二、图纸

1. 规划地段位置图。标明规划地段在城市的位置以及和周围地区的关系

2. 规划地段现状图。图纸比例为1/2000～1/500，标明自然地形地貌、道路、绿化、工程管线及各类用地和建筑的范围、性质、层数、质量等

3. 规划总平面图。比例尺为1/2000～1/500，图上应标明规划建筑、绿地、道路、广场、停车场、河湖水面的位置和范围

4. 道路交通规划图。比例尺1/2000～1/500，图上应标明道路的红线位置、横断面，道路交叉点坐标、标高、停车场用地界线

5. 竖向规划图。比例尺1/2000～1/500，图上标明道路交叉点、变坡点控制高程，室外地坪规划标高

6. 单项或综合工程管网规划图。比例尺1/2000～1/500，图上应标明各类市政公用设施管线的平面位置、管径、主要控制点标高，以及有关设施和构筑物位置

7. 表达规划设计意图的模型或鸟瞰图

## 2.7　蝴蝶园建筑施工图设计

### 2.7.1　建筑施工图设计的目的

蝴蝶园的建筑施工图就是蝴蝶园建筑工程上所使用的，一种能够十分准确表达建筑物的外形轮廓、大小尺寸、结构构造和材料做法的图样。它是蝴蝶园房屋建筑施工的依据。

### 2.7.2　建筑施工图设计的编制资格

蝴蝶园建筑施工图设计的编制工作只能委托具有国家颁发的相应资质的专业设计单位来承担和完成。

### 2.7.3　建筑施工图设计的基本内容

#### 2.7.3.1　说明书

说明书包括蝴蝶园建筑物所处位置、结构中要求确定的设防烈度及风载雪载、

黄海标高（用以计算基础大小及埋深桩顶标高等）、墙体做法、地面做法、楼面做法等。

### 2.7.3.2 建筑平面图

建筑平面图主要就是柱网布置及每层房间功能墙体布置、门窗布置、楼梯位置等，比如柱截面大小、梁高、墙体厚度、轻质墙、门窗尺寸、层面构架等。

### 2.7.3.3 建筑立面图

建筑立面图是对建筑立面的描述，主要是外观上的效果。包括门窗在立面上的标高布置、立面布置以及立面装饰材料及凹凸变化等。通常有线的地方就有面的变化，再就是层高等信息和数据。

### 2.7.3.4 建筑剖面图

建筑剖面图的作用是对无法在平面图及立面图表述清楚的局部剖切，以表述对建筑物内部的处理。在剖面图中可以得到更为准确的建筑信息及局部处理的变化信息。尤其是梁柱，剖面信息直接决定了剖切处梁相对于楼面标高的下沉或抬起，又或是错层梁，或有夹层梁，短柱等。

### 2.7.3.5 节点大样图

为了更为清晰的表述建筑物的各部分做法，需要对构造复杂的结点绘制大样，包括建筑结构、构件尺寸、实现方式、钢筋配置等。

### 2.7.3.6 门窗大样

门窗大样，尤其是造型别致的门窗，必须绘制立面上的过梁布置图，以便于施工人员对这种造形特殊的门窗过梁有一个确定的理解和掌握。

### 2.7.3.7 楼梯大样图

楼梯是每一个多层建筑必不可少的部分，楼梯大样图是进行楼梯相关数据计算的依据。楼梯大样图包括楼梯各层平面图及楼梯剖面图，以及梯梁、梯板厚度及楼梯结构等。

## 2.8 蝴蝶园设计图实例

### 2.8.1 蝴蝶主题公园规划图

（1）云南昆明春城蝴蝶谷总体规划图如图2-1和图2-2所示。

图2-1　云南昆明春城蝴蝶谷鸟瞰图

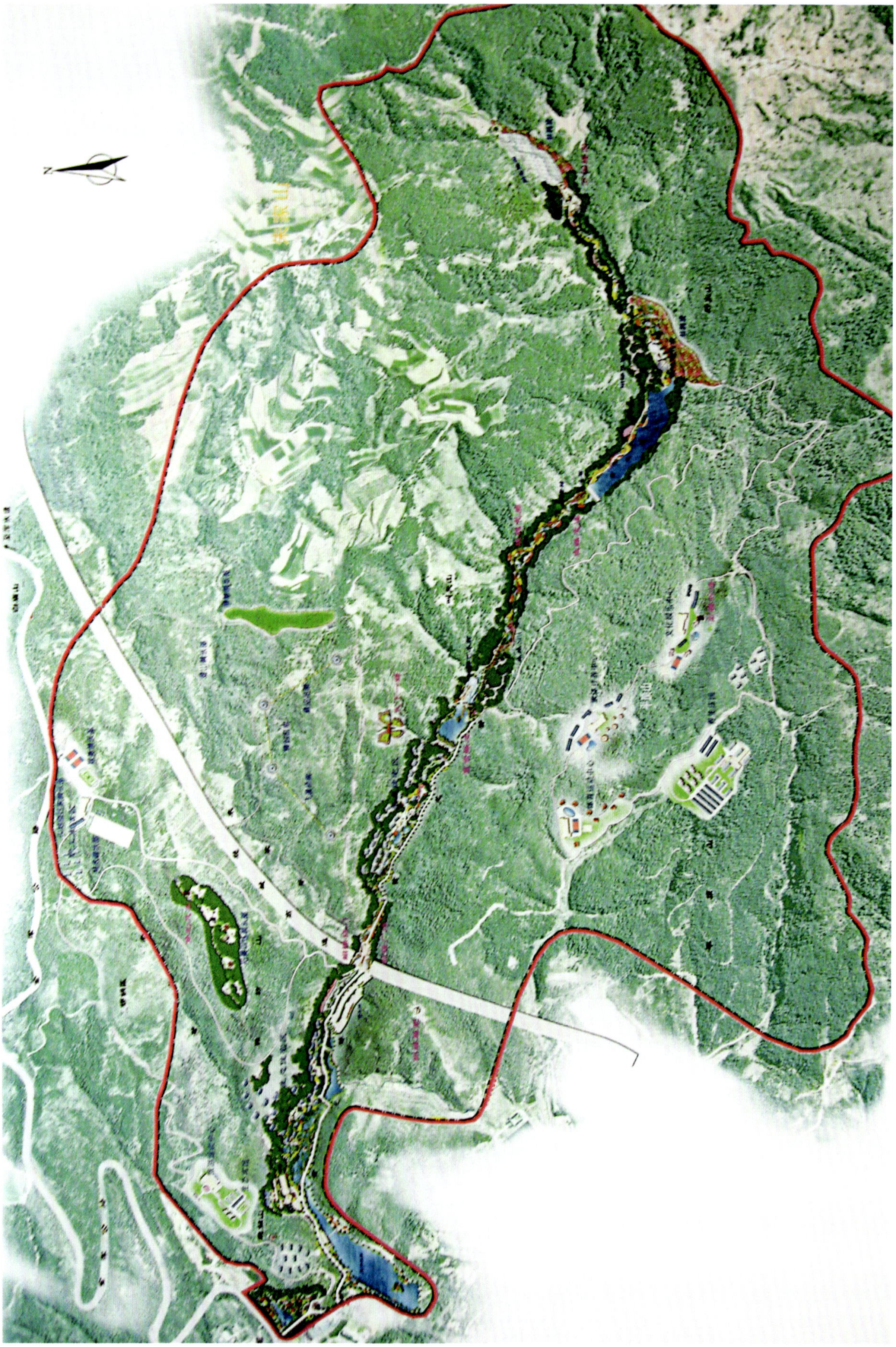

图2-2　云南昆明春城蝴蝶谷总平面图

（2）河南郑州娄河蝴蝶岛总体规划图如图2-3所示。

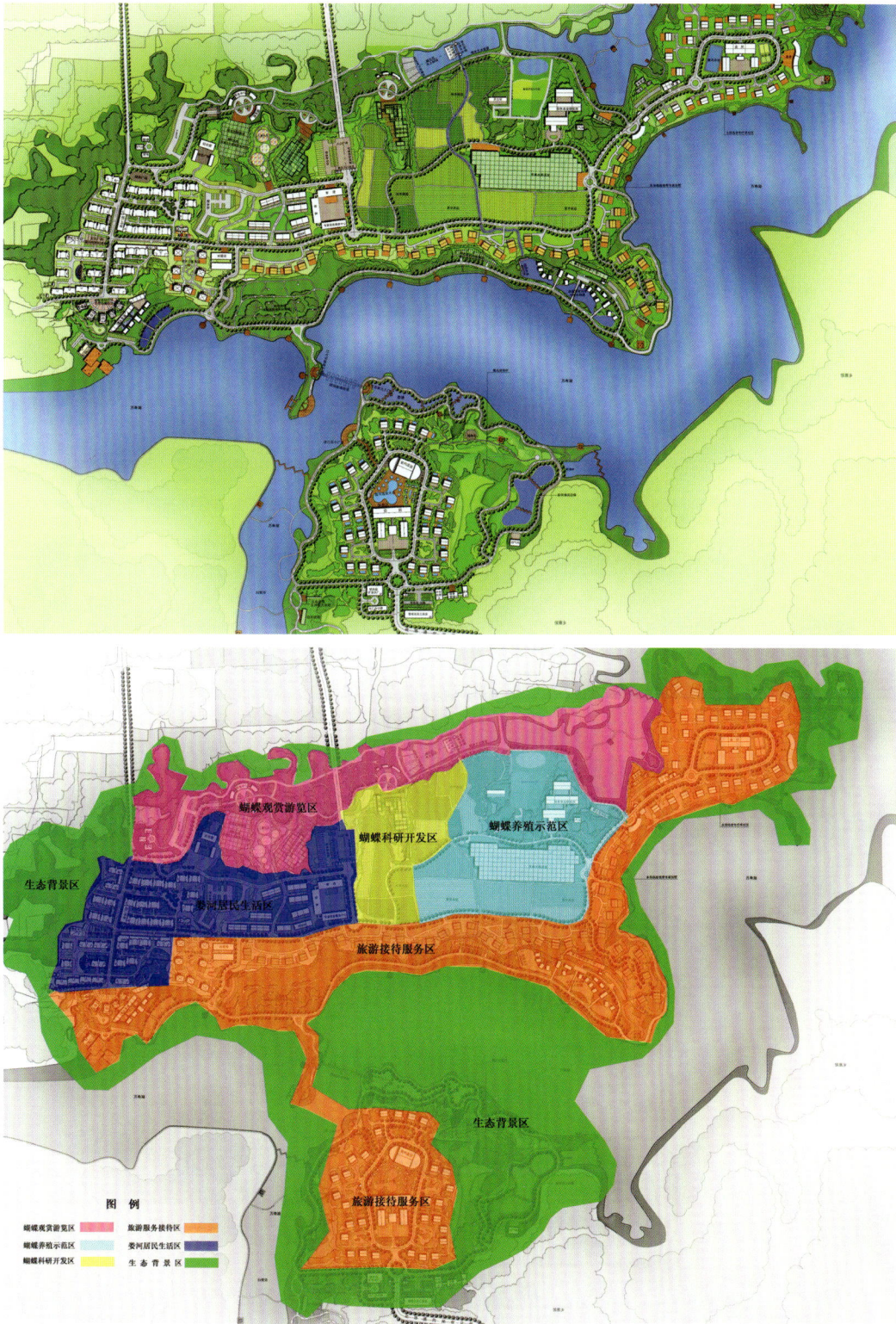

**图2-3** 河南郑州娄河蝴蝶岛
总平面图（上）；功能分区图（下）

（3）四川都江堰蝴蝶岛总体规划图如图2-4所示。

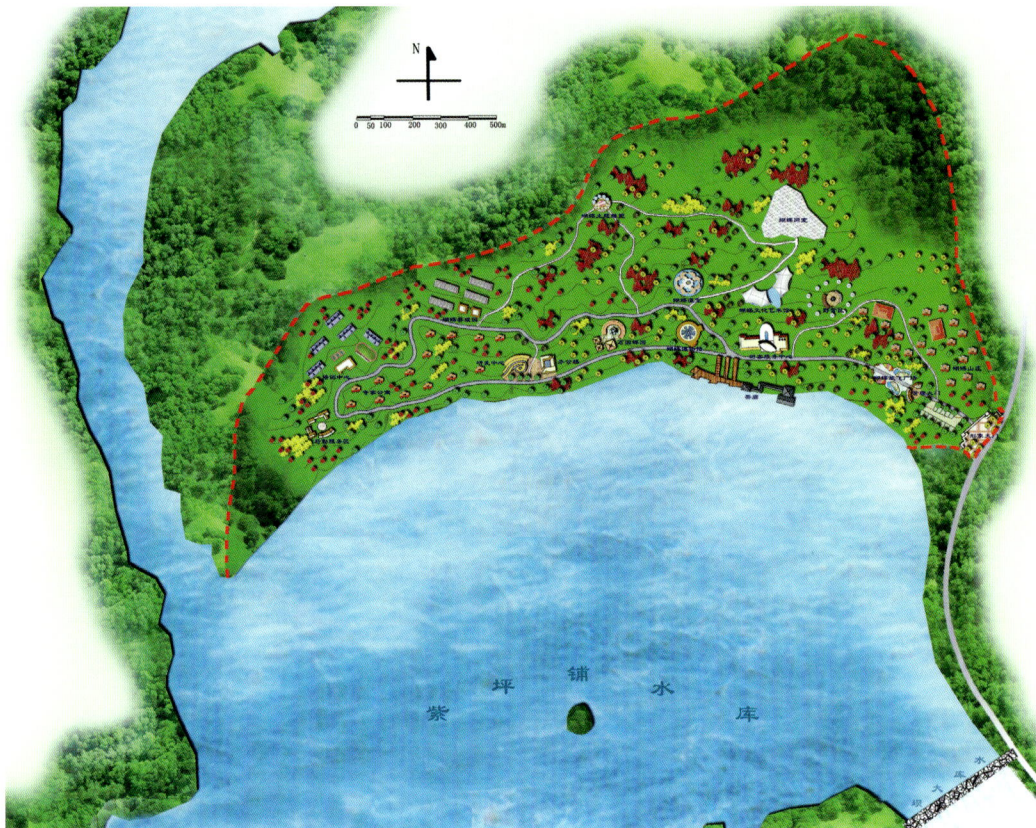

**图2-4**
四川都江堰蝴蝶岛
总体规划图

（4）海南长流蝴蝶园总体规划图如图2-5所示。

**图2-5**
海南长流蝴蝶园
总体规划图

（5）韩国咸平蝴蝶园总体规划图如图2-6所示。

생태습지

**图2-6**
韩国咸平蝴蝶园
总体规划图

### 2.8.2 蝴蝶生态园设计图

（1）北京朝阳公园蝴蝶生态园规划设计图如图2-7所示。

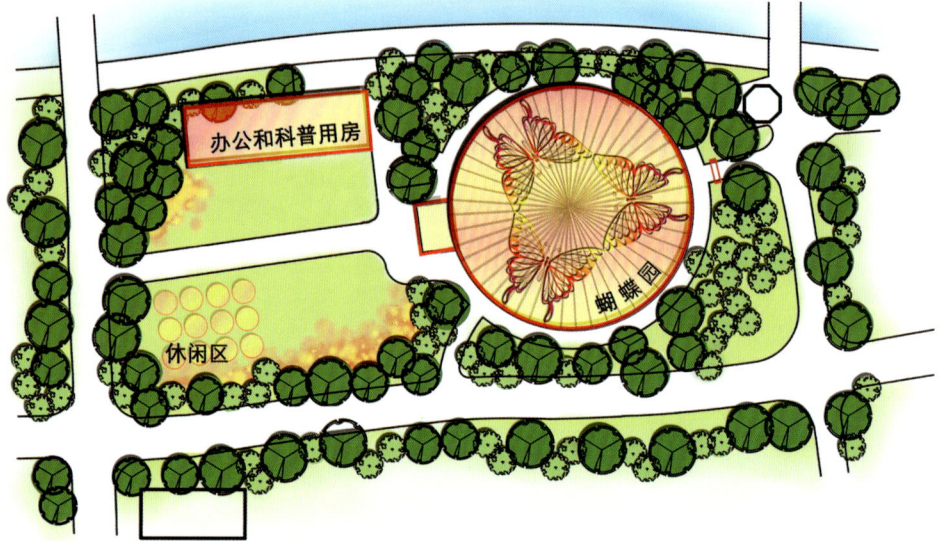

**图2-7** 北京朝阳公园蝴蝶生态园
平面图（上）；鸟瞰图（下）

（2）福建福州蝴蝶生态园规划设计图如图2-8所示。

**图2-8**
福建福州
蝴蝶生态园
平面图（上）；
景观效果图（下）

### 2.8.3  蝴蝶馆设计图

（1）四川成都欢乐谷蝴蝶馆设计图如图2-9～图2-11所示。

**图2-9**  四川成都欢乐谷蝴蝶馆效果图和内部景观
效果图（上）；内部景观（下）

图2-10 四川成都欢乐谷蝴蝶馆景观沙盘

图例
01 出入口蝴蝶标本展示墙
02 微地形
03 沙地景观
04 假山
05 卵石步道
06 滨水沙滩
07 景观水体
08 汀步
09 浅池
10 小涌泉
11 蝴蝶雕塑
12 景观大树
13 灌木组景
14 特色铺地

交通流线分析

01 蝴蝶标本展示牌（分布在步行小道两旁）

02 特色小雕塑　　03 喷水小雕塑

图2-11　四川成都欢乐谷蝴蝶馆平面图和景观意向图
平面图（上）；景观意向图（下）

（2）广东深圳甘坑蝴蝶馆设计图如图2-12所示。

**图2-12**
广东深圳甘坑蝴蝶馆效果图

（3）日本伊丹蝴蝶馆导游图如图2-13所示。

**图2-13**
日本伊丹蝴蝶馆导游图

## 2.8.4　蝴蝶园标志性建筑设计图

（1）主题雕塑设计图如图2-14和图2-15所示。

**图2-14**
蝴蝶园主题雕塑
设计（云南）

**图2-15**
蝴蝶园主题雕塑
设计（福州）

（2）大门设计图如图2-16～图2-18所示。

**图2-16**
云南昆明春城蝴蝶
谷大门设计（一）

**图2-17**
云南昆明春城蝴蝶
谷大门设计（二）

**图2-18**
福建福州蝴蝶园
大门设计

# 第三章 蝴蝶园建设

蝴蝶园建设是将蝴蝶园从设想变为现实的关键环节，是将蝴蝶园的设计理念、设计思想、设计原则以及设计内容付诸实施的具体行动。蝴蝶园的建设质量、建设效率和建设周期，不但直接关系着蝴蝶园以后的管理和经营效果，而且会给蝴蝶园未来的竞争能力和健康发展带来直接影响。

一个完整意义的蝴蝶主题公园，其建设内容应当包括蝴蝶园形象建设、蝴蝶博物馆建设、蝴蝶观赏园建设、蝴蝶科普园建设、蝴蝶养殖园建设、蝴蝶研发中心建设等主体项目建设内容，以及蝴蝶园基础项目和配套项目等建设内容。其他类型蝴蝶园的建设，只需在蝴蝶主题公园的建设框架下，根据建设环境、建设面积和投资规模，适当减少建设项目和建设内容即可。

蝴蝶园主体项目是蝴蝶园的核心建设内容。主体项目建设的水平、质量，甚至规模、数量，直接影响着整个蝴蝶园的建设水平、质量和档次。蝴蝶园的建设标准越高、规模越大，要求主体项目的建设内容越丰富、越系统、越完整、质量越好、水平越高。

## 3.1 蝴蝶园形象建设

### 3.1.1 建设目的

蝴蝶园的形象建设是蝴蝶园的主体建设项目，是蝴蝶园向社会展示的第一面孔，是留给游客的第一印象。蝴蝶园形象的好坏不仅标志着蝴蝶园的建设和管理水平，还将直接影响蝴蝶园的宣传和经营效果。

蝴蝶园形象建设的目的：

（1）渲染蝶园气氛、美化蝶园形象。

（2）扩大社会影响、吸引游客注意。

（3）引导入园游客、方便蝶园管理。

（4）提供典型参照、便于拍照留念。

## 3.1.2　建设内容及要求

### 3.1.2.1　蝴蝶园门景区

（1）大门

大门是蝴蝶园形象建设的核心，是蝴蝶园的门户，是游客接触蝴蝶园的第一印象，也是蝴蝶园的标志性建设项目。无论何种类型的蝴蝶园，根据其大小和人流量的不同，都必须设置一个、两个或多个出入口。蝴蝶园的主大门通常也是蝴蝶园的形象大门，一般设在主出入口。主大门建设要求美观、浪漫、色彩鲜艳、造型独特、引人注目、便于蝴蝶园管理和参观者拍照留影（见图3-1和图3-2）。

**图3-1**
蝴蝶园大门（一）

图3-2　蝴蝶园大门（二）

（2）售票厅

售票厅通常也是蝴蝶园大门建设的重要组成部分，是游客购买蝴蝶园入园门票所必需的服务设施（见图3-3）。

（3）蝴蝶园标志

标志或徽标，英文称logo，是人们在长期的生活和实践中形成的一种视觉化的信息表达方式，是具有特定含义并能使人理解的视觉图形，因而能产生清晰、明确、一目了然的视觉传递效果。蝴蝶园的logo作为一种识别和传达特定蝴蝶园信息的视觉图形，是蝴蝶园实力、风格、个性、文化和精神的经典凝聚和抽象再现，它以其简约、优美的视觉语言，体现着蝴蝶园的品牌特点和实体形象。在蝴蝶园的各种信息传递中，logo是应用最广泛、出现频率最高，同时也是最重要、最关键的信息元素，在经过不断刺激和反复刻画之后，便会深深镌刻在游人的心中，这对扩大蝴蝶园的社会影响，提升蝴蝶园的经济效益意义重大。

蝴蝶园标志通常用精美图形、标牌、石刻或雕塑形式予以表现（见图3-4和图3-5）。

图3-3
韩国咸平蝴蝶园售票厅

图3-4
南宁良凤江蝴蝶园logo

图3-5
韩国咸平蝴蝶园logo

（4）蝴蝶园吉祥物

吉祥物是人们在事物固有的属性和特征上，着意加工、美化，甚至神话，采用转化事物的属性、谐音取意和艺术造型等手艺技法，由原生物演化而成的富于吉庆意味的象征物。吉祥物承载着人们自身的情感和愿望，表现着人们共同珍视的事情和事物。

同国内外许多大型会展活动、体育赛事都有吉祥物一样，蝴蝶园也会创造属于自己的吉祥物。作为蝴蝶园的重要形象代表，蝴蝶园吉祥物无疑是蝴蝶园中最吸引游客，尤其是广大青少年眼球的标志性建设内容，自然也是人们竞相拍照的对象。

蝴蝶园吉祥物通常采用卡通人物造型。比如北京七彩蝶园吉祥物（见图3-6）和韩国咸平蝴蝶园吉祥物（见图3-7）。北京七彩蝶园吉祥物和和（左）、美美（右）和家家（中），分别代表爸爸、妈妈和孩子，是以我国国家二级保护动物中华虎凤蝶、三尾褐凤蝶和一级保护动物金斑喙凤蝶为创作原型，它们手牵手象征着和谐的一家，旨在提示人们关注并保护稀有蝴蝶，共建和谐家园。

图3-6　北京七彩蝶园吉祥物——和和、家家、美美

图3-7　韩国咸平蝴蝶园吉祥物——蝴蝶仙子

### 3.1.2.2　蝴蝶主题广场

（1）主题雕塑

蝴蝶主题雕塑是蝴蝶园形象建设的核心，是蝴蝶园的标志性建设内容，当然也是游客拍照留念的重要背景物。主题雕塑通常具有特别寓意，一般安置在蝴蝶主题广场的中央或主景区。比如韩国咸平蝴蝶园广场中的"相约蝴蝶"（见图3-8）、中国南宁良凤江蝴蝶园中的"升华"（见图3-9）。其他蝴蝶雕塑如图3-10所示。

**图3-8**
咸平蝴蝶园雕塑

**图3-9**
南宁蝴蝶园雕塑

**图3-10　各种风格的蝴蝶雕塑**

（2）主题广场

　　蝴蝶主题广场是蝴蝶园形象建设的重要组成部分，是蝴蝶园举办蝴蝶节开幕式、蝴蝶放飞仪式和进行蝴蝶放飞表演的场所。主题广场要求平坦、开阔、便于组织蝴蝶放飞活动、演艺活动、庆祝活动以及游客集散、疏导和游憩（见图3-11～图3-13）。

**图3-11**
奥地利维也纳蝴蝶园前的花园广场

**图3-12**
泰国芭提雅蝴蝶园前的花园广场

**图3-13**
德国梅瑙蝴蝶园前的花园广场
（下页）

### 3.1.2.3　蝶园围栏

蝶园围墙或围栏，是蝴蝶园的边界，是蝴蝶园与外界的隔离标志，要求功能与美感兼具。好的围墙或围栏，既要便于蝴蝶园管理，有效阻隔非正常入园者，又要巧妙承载与蝴蝶关联的色彩、信息和浪漫情怀，应让游客置身蝶园时，虽园内园外一线之隔却明显有两种氛围、两重世界、内外有别的感觉（见图3-14）。

**图3-14**　形形色色的蝴蝶园围栏

## 3.2 蝴蝶博物馆建设

### 3.2.1 建设目的

蝴蝶博物馆是蝴蝶园的主体建设项目，是蝴蝶知识、蝴蝶文化和蝴蝶艺术的集中展示场所，是蝴蝶园的点睛之笔，是蝴蝶园建设深度、建设质量和建设水平的集中体现。建设蝴蝶博物馆的主要目的，在于全面、系统、生动、具体地向游客展示蝴蝶的自然知识、文化价值和艺术价值的综合魅力（见图3-15～图3-17）。

**图3-15** 日本东京多摩昆虫博物馆（蝴蝶为主）

**图3-16**
云南大理蝴蝶园
博物馆

**图3-17**
海南三亚蝴蝶园
博物馆

## 3.2.2　建设内容及要求

### 3.2.2.1　知识区

（1）蝴蝶普通知识展区

蝴蝶普通知识展区主要展示蝴蝶的分布、蝴蝶的基本特征、蝶与蛾的主要区别、蝴蝶在动物界进化树中的地位、蝴蝶在自然界食物链中的地位、蝴蝶个体发育过程（包括卵、幼虫、蛹和成虫）、蝴蝶种群的有趣自然现象、蝴蝶传粉和蝴蝶的环境指示作用等生态价值以及蝴蝶与人类的关系等（见图3-18和图3-19）。

**图3-18**　蝴蝶普通知识展板

**图3-19** 蝴蝶普通知识展示方式

（2）中国蝴蝶标本展区

中国蝴蝶标本展区主要展示中国鳞翅目蝶亚目各科的蝴蝶标本，并标明蝴蝶中文名、通俗名、商品名、拉丁名、分布、典型特征和重要价值等（见图3-20）。

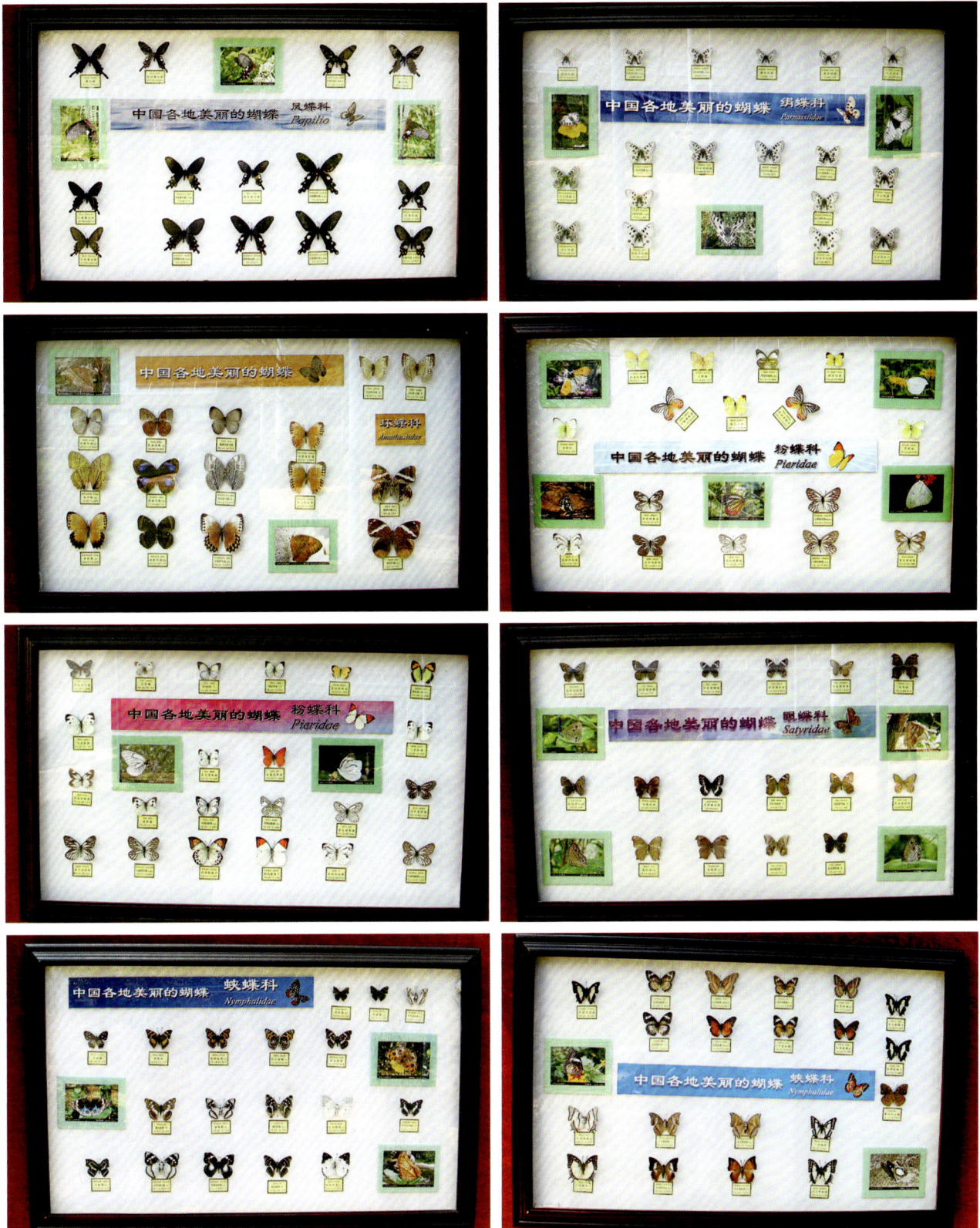

**图3-20**　中国蝴蝶标本展示

（3）世界蝴蝶标本展区

世界蝴蝶标本展区主要展示世界各国名蝶或具有代表性的蝴蝶标本，并标明蝴蝶中文名、通俗名、商品名、拉丁名、分布、典型特征和重要价值等（见图3-21和图3-22）。

**图3-21** 世界蝴蝶标本展示（一）

**图3-22** 世界蝴蝶标本展示（二）

### 3.2.2.2　文化区

（1）蝴蝶诗词展区

蝴蝶诗词展区是以多种形式和风格展示古今中外与蝴蝶相关的诗词、歌赋等（见图3-23）。

（2）蝴蝶绘画展区

蝴蝶绘画展区是以多种形式和风格展示古今中外与蝴蝶相关的绘画作品（见图3-24）。

**图3-23**　诗歌

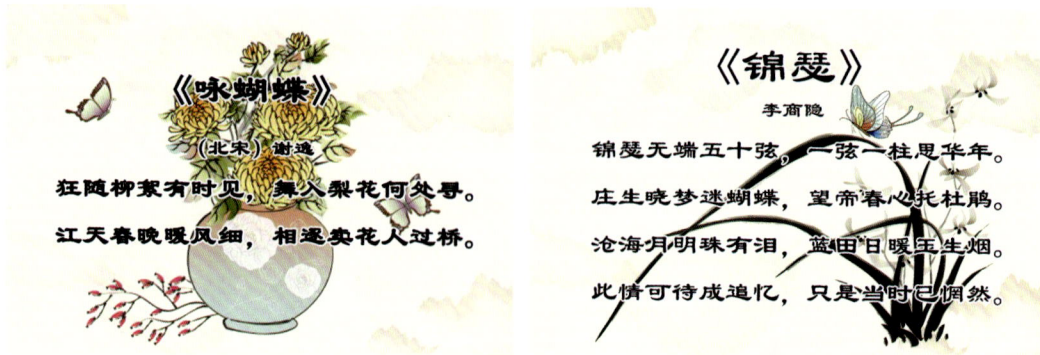

**图3-24**　绘画

（3）蝴蝶剪纸展区

蝴蝶剪纸展区是以多种形式和风格展示中国传统历史上与蝴蝶相关的民间剪纸（见图3-25）。

**图3-25**　剪纸

（4）蝴蝶邮票展区

蝴蝶邮票展区是以多种形式和风格展示中国和世界其他各国历史上发行的与蝴蝶相关的邮票（见图3-26）。

**图3-26**　邮票

（5）蝴蝶摄影展区

蝴蝶摄影展区是以多种形式和风格展示中国和世界其他各国摄影名家和摄影爱好者拍摄的经典蝴蝶生态和蝴蝶艺术照片（见图3-27和图3-28）。

**图3-27** 摄影作品（一）

**图3-28** 摄影作品（二）

（6）蝴蝶音像展区

蝴蝶音像展区主要展示中国和世界其他各国各时期、各类型、各题材的蝴蝶音像制品（见图3-29）。

（7）蝴蝶图书展区

蝴蝶图书展区主要展示中国和世界其他各国各时期、各类型、各题材的蝴蝶图书（见图3-30）。

**图3-29** 音像制品

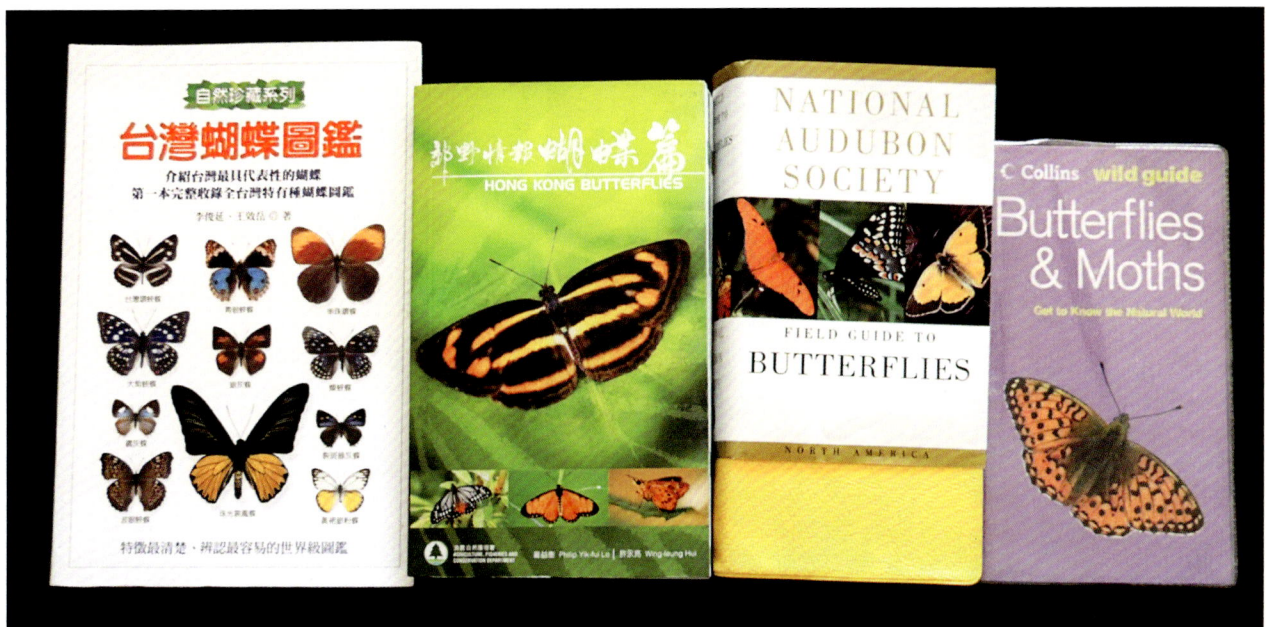

**图3-30** 图书

### 3.2.2.3　艺术区

（1）蝴蝶艺术品展区

蝴蝶艺术品展区是以多种形式和风格展示中国和世界其他各国与蝴蝶相关雕塑艺术、浮雕艺术、金属艺术、刺绣艺术、陶瓷艺术、玻璃艺术、漆器艺术、蜡染艺术、彩绘艺术等（见图3-31～图3-36）。

**图3-31**　雕塑——梁山伯与祝英台（浙江宁波）

**图3-32**　雕塑——蝴蝶之恋（法国巴黎）

**图3-33**　砖雕——耄耋之年（山西太原）

图3-34 金属蝴蝶艺术

图3-35 雕版蝴蝶艺术

图3-36 蝴蝶彩绘艺术

（2）蝴蝶工艺品展区

蝴蝶工艺品展区是以多种形式和风格展示中国和世界其他各国与蝴蝶相关的工艺标本、装饰画、蝶翅画、首饰、装饰和工艺制品等（见图3-37～图3-42）。

**图3-37** 蝴蝶工艺标本（一）

**图3-38**　蝴蝶工艺标本（二）

**图3-39　蝴蝶装饰画A**

**图3-40**
蝴蝶装饰画B

黛玉惜花

贵妃回眸

规格 30*40

规格 30*40

**图3-41**
蝴蝶艺术画

**图3-42**　蝴蝶工艺品

### 3.2.2.4　生活区

（1）蝴蝶食品展区

蝴蝶食品展区是以多种形式和风格展示中国和世界其他各国与蝴蝶相关的蝴蝶及蝴蝶寄主植物提取物制作加工的各种食品，或者用其他食材以蝴蝶形象加工的各种食品。

（2）蝴蝶生活用品展区

蝴蝶生活用品展区是以多种形式和风格展示中国和世界其他各国利用蝴蝶图案或蝴蝶元素加工制作的家具、餐具、茶具、寝具、衣物、饰品，以及其他各种各样与人们生活关系密切的日常用品等（见图3-43～图3-47）。

图3-43　时钟

图3-44　餐具

图3-45　织物

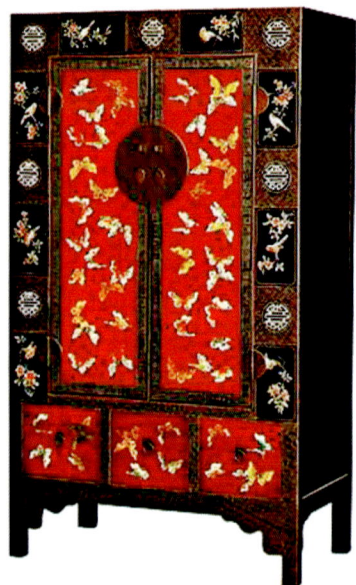

图3-46　首饰

图3-47　家具

### 3.2.2.5 体验区

（1）多媒体互动区

多媒体互动区是采用多媒体技术和3D数码技术模拟蝴蝶实景虚像，这里的蝴蝶和景观，无论静景还是动景，通常都是以影像形式、电子形式、灯光形式展现，让游客透过现代先进的科学技术认知现实中难以触摸的真实蝴蝶行为和景象，甚至人蝶互动，体验蝴蝶的丰姿与华美，增加游客的蝶园体验情趣（见图3-48和图3-49）。

**图3-48** 蝴蝶信息查询（日本）

**图3-49** 电子蝴蝶播放屏（韩国）

（2）蝴蝶生境体验区

蝴蝶生境体验区是模仿蝴蝶在自然界的真实生态环境，营造蝴蝶追逐、交配、产卵、取食、化蛹、羽化、访花、栖息、嬉戏的空间氛围。小空间又称蝴蝶生境箱或蝴蝶景箱，最小可以达到60cm×60cm，人通常站在外面观看、体验和欣赏；大空间又称蝴蝶生境室或蝴蝶生境馆，可达上百平方米或几百平方米，游人可以进入其中观看、体验和欣赏，多角度地体验蝴蝶的生存和生活环境（见图3-50～图3-52）。

**图3-50** 蝴蝶生境体验（日本）

**图3-51** 蝴蝶羽化观察（深圳）

**图3-52** 蝴蝶信息咨询（日本）

#### 3.2.2.6 综合服务区

（1）游客服务部

游客服务部是为进入博物馆的游客提供咨询、导游、饮水和休息服务的建设内容。要求既能满足功能需求，又与环境相协调。

（2）工艺品销售部

工艺品销售部主要用于销售与蝴蝶相关或用蝴蝶元素表达的工艺品和纪念品，包括蝴蝶标本、蝴蝶工艺品、蝴蝶饰品、蝴蝶食品以及用蝴蝶图案装饰的各种生活用品等（见图3-53）。

**图3-53**
蝴蝶工艺品销售部

# 3.3 蝴蝶观赏园建设

## 3.3.1 建设目的

蝴蝶观赏园是蝴蝶园的主体建设项目，就是业内通称的活蝴蝶园或活蝴蝶馆，规模较大的称为园，规模较小的称为馆，是蝴蝶园的封闭型活蝴蝶展示场所，是蝴蝶养殖利用的主要出口，是实现蝴蝶观光旅游的重要形式，也是蝴蝶园吸引游客的关键设施。因此可以说，观赏园是任何一种类型和规模的蝴蝶园的必建项目。从某种程度来讲，没有活蝴蝶观赏园或活蝴蝶馆的蝴蝶园，称不上是真正意义上的蝴蝶园。建设活蝴蝶观赏园的目的，在于生动、具体、活灵活现地向游客展示五彩缤纷的活蝴蝶的综合美感，并通过与蝴蝶的近距离接触，激发人们认识自然、了解自然、接触自然，进而保护自然的热情。同时，蝴蝶观赏园的合理选点、科学建设、严格管理，又是蝴蝶园获得良好经济效益和社会效益的重要保证。

## 3.3.2 建设内容及要求

### 3.3.2.1 温室型蝴蝶园（馆）

温室型蝴蝶园（馆）主要采用玻璃、阳光板或其他透明材料构建，其内部温度、湿度、光照以及通风换气等，均可根据实际需要进行人工或自动控制。通常，应将园

（馆）中温度控制在25～30℃内，相对湿度控制在70%～80%内，光照强度控制在接近晴天自然光照水平，保持园（馆）内通风透气、空气新鲜。同时，根据园（馆）面积大小不同，还要建设一个至多个蝴蝶羽化室，适当建植花草树木，设置水体和沙坑，创造适合蝴蝶生存和活动的景观环境（见图3-54～图3-56）。

该类型蝴蝶园（馆）的最大优势，是其建设和经营不受项目实施地气候的局限和季节变化的影响，建设形象好，可以全年开放，全天候经营，适于在气候相对寒冷、温度相对较低的我国广大北方地区建设和使用；缺点是建设成本高，一次投资量大。

**图3-54**
奥地利维也纳蝴蝶园

图3-55
日本东京多摩
蝴蝶园

图3-56
日本伊丹蝴蝶园

### 3.3.2.2　网室型蝴蝶园（馆）

网室型蝴蝶园（馆）主要采用尼龙网、不锈钢网或其他网状材料构建，其内部温度、湿度、光照等与自然界基本一致，通风换气良好。同时，根据园（馆）面积大小不同，还要建设一个至多个蝴蝶羽化室，适当建植花草树木，设置水体和沙坑，创造适合蝴蝶生存和活动的景观环境（见图3-57和图3-58）。

该类型蝴蝶园（馆）的最大优势，是建设成本低，一次投资量小，适于在气候相对温和、温度相对较高的我国广大南方地区建设和使用；缺点是蝴蝶园（馆）形象相对较差，馆中环境不易人工或自动控制，其建设和经营会受到项目实施地的气候局限，不能全年使用，只能在自然界气温适合蝴蝶活动的季节开放。

**图3-57**
厦门蝴蝶园

**图3-58**
瑞士蝴蝶园

### 3.3.2.3　复合型蝴蝶园（馆）

复合型蝴蝶园（馆）主要采用玻璃、阳光板以及其他透明材料与尼龙网、不锈钢网或其他网状材料相结合的方式进行构建，通常是在大型网室型蝴蝶园中再建设一个小型的温室型蝴蝶馆。同时，根据园（馆）面积大小不同，还要建设一个至多个蝴蝶羽化室，适当建植花草树木，设置水体和沙坑，创造适合蝴蝶生存和活动的景观环境。这样，也就兼顾了温室型和网室型两种蝴蝶园（馆）的优势和功能，既降低了投资成本，又满足了在不同地区、不同气候条件的建设和经营需求（见图3-59）。

该类型蝴蝶园（馆）的优势是可以部分进行人工环境控制，可以全年、全天候开放，全国各地均可建设和使用；缺点是蝴蝶园（馆）形象相对较差。

图3-59　南宁良凤江蝴蝶园

### 3.3.3 观赏园常规放飞蝶种

#### 3.3.3.1 国内蝴蝶园常用蝶种

国内蝴蝶园常用蝶种多属于凤蝶科的裳凤蝶属、凤蝶属、燕凤蝶属、绿凤蝶属、青凤蝶属、珠凤蝶属；粉蝶科的粉蝶属、迁粉蝶属、鹤顶粉蝶属、钩粉蝶属；蛱蝶科的锯蛱蝶属、丽蛱蝶属、枯叶蛱蝶属、麻蛱蝶属、尾蛱蝶属、文蛱蝶属、脉蛱蝶属、斑蛱蝶属；斑蝶科的斑蝶属、青斑蝶属、紫斑蝶属、绢斑蝶属、帛斑蝶属；珍蝶科的珍蝶属；环蝶科的箭环蝶属。

#### 1. 裳凤蝶 *Troides helena* Linnaeus

凤蝶科 Papilionidae 裳凤蝶属 *Troides*。成虫雌雄异性，体颈和胸部有红色鳞毛。雄蝶前翅长为65～72mm，正面漆黑，有光泽，沿翅脉颜色略浅。后翅正面前缘第一个翅室的前约1/3区域为黑色，外缘黑斑边缘清晰。雌蝶前翅长为75～83mm，后翅正面第一个翅室内黑色，仅有时在外缘区有1小黄斑，外缘和亚外缘各有大型黑斑1列，内缘无褶皱，内缘的金黄色斑则延伸至翅基部（见图3-60）。

该蝶分布于云南、广东、广西、香港和海南等地。寄主植物主要有耳叶马兜铃 *Aristolochia tagala* Champ.。

裳凤蝶成虫体型特大型、颜色鲜艳，是中国蝴蝶中观赏价值最高的类群之一，在生态蝴蝶观赏、喜庆放飞、工艺品制作方面均有极高的利用价值。

裳凤蝶属于《濒危野生动植物种进出口贸易公约》中的种类，也是《国家保护的有益的或者有重要经济、科学研究价值的陆生野生动物名录》中列入的种类。

蝴蝶园放飞时间为6～9月。

**图3-60** 裳凤蝶

> **凤蝶属** *Papilio* 的蝴蝶均为大型或中大型种类，观赏价值很高，大多为优良的生态观赏和工艺两用蝶种。成虫喜光多在晴天活动，常往开阔地带急速飞行。以花蜜补充营养，喜访芸香科Rutaceae、忍冬科Caprifoliaceae、马鞭草科Verbenaceae和伞形科Umbelliferae植物的花。

#### 2. 玉带凤蝶 *Papilio polytes* Linnaeus

凤蝶科 Papilionidae 凤蝶属 *Papilio*。成虫属中大型种类，前翅长为46～55mm，后翅有1根尾突，雌雄异型。雄蝶前翅外缘有1列白色斑，展翅后与后翅中域的白斑列相连。雌蝶有三型：白带型，与雄蝶类似；赤斑型，后翅中域无白色斑，也无白色带；白斑型，在后翅中域有齿状白色斑1～5个（见图3-61）。

寄主植物主要有芸香科的双面刺*Zanthoxylum nitidum*（Roxb.）DC、黄皮*Clausena lansium*（Lour.）Skeels、山小橘*Glycosmis citrifolia*（Willd.）Lindl.、飞龙掌血*Toddalia asiatica*（L.）Lam.、勒榄花椒*Zanthoxylum avicennae*（Lam.）DC.、过山香*Clausena excavata* Burm. f.、橘*Citrus reticulata* Blanco、甜橙*Citrus sinensis*（L.）Osbeck、柚*Citrus maxima*（Barm.）Merr.等多种植物。

广泛分布于我国南部地区，是生态观赏的优良蝶种，工艺价值很高，不宜在有柑橘区域的地方开展喜庆放飞。

蝴蝶园放飞时间6～10月。

### 3. 碧凤蝶 *Papilio bianor* Cramer

凤蝶科 Papilionidae 凤蝶属 *Papilio*。成虫前翅长为55～66mm。体翅黑色，覆盖黄绿色或青绿色鳞。后翅正面外缘有数个新月形粉红色斑，反面尤为显著，有尾突一根（见图3-62）。

碧凤蝶寄主广泛，有芸香科的飞龙掌血、臭常山*Orixa japonica* Thunb.、川黄檗*Phellodendron chinense* Schneid、枳*Poncirus trifoliata*（L.）Raf.、双面刺、橘、臭辣吴萸*Evodia fargesii* Dode等植物。

碧凤蝶为我国各地的常见种，除新疆外各地都有分布。该蝶是工艺和生态观赏两用的优良蝶种。

蝴蝶园放飞时间5～11月。

### 4. 达摩凤蝶 *Papilio demoleus* Linnaeus

凤蝶科 Papilionidae 凤蝶属 *Papilio*。成虫前翅长为46～50mm。翅正面黑色至黑褐色，中部至亚外缘散布许多大小不等的黄白色斑。前翅外缘中段向内凹陷，基部有七八根由间断的黄白色短线排列成的弧形细纹。后翅无尾突，近基部1浅黄色宽斜带，

图3-61　玉带凤蝶

图3-62　碧凤蝶

**图3-63　达摩凤蝶**

**图3-64　宽带凤蝶**

**图3-65　玉斑凤蝶**

带外侧靠近前缘有1大型深色眼状纹，臀角外侧有1个红色圆形斑（见图3-63）。

该蝶寄主为芸香科的飞龙掌血、双面刺、橘以及豆科Leguminosae的补骨脂*Psoralea corylifolia* L.等植物。

主要分布于我国南部，是优良的工艺材料和生态观赏蝶，也可用于喜庆放飞。

蝴蝶园放飞时间6～10月。

### 5. 宽带凤蝶 *Papilio nephelus* Boisduval

凤蝶科 Papilionidae 凤蝶属 *Papilio*。该种蝴蝶体大型，成虫体长为60mm，后翅有1根尾突。雄蝶体、翅正面黑色；雌蝶黑褐色，体型略大。后翅中室外有4～5个大型白斑，外缘和臀角处无红斑，背面亚外缘斑列为乳白色至浅黄色（见图3-64）。

广泛分布于我国南方地区，主要寄主为芸香科的飞龙掌血、勒欓花椒、双面刺、橘等植物。

生态观赏和工艺制作的优良蝶种，在北方柑橘区以外可开展室外放飞。

蝴蝶园放飞时间6～10月。

### 6. 玉斑凤蝶 *Papilio helenus* Linnaeus

凤蝶科 Papilionidae 凤蝶属 *Papilio*。该种为大型种类，成虫前翅长为54～60mm，后翅有尾突1根。雄蝶体翅皆黑色，后翅中室外有3个前后相接的白色斑，反面亚外缘有1新月形或"U"形红斑，臀角处有圆形红斑。雌蝶颜色略褐（见图3-65）。

分布于我国南部地区，主要寄主为芸香科的飞龙掌血、勒欓花椒、橘、甜橙、柚等植物。

生态观赏和工艺制作的优良蝶种，在北方柑橘区以外可开展室外放飞。

蝴蝶园放飞时间6～10月。

### 7. 蓝凤蝶 *Papilio protenor* Cramer

凤蝶科 Papilionidae 凤蝶属 *Papilio*。成虫大型种类，前翅长为50～60mm。翅正面蓝黑色，后翅无尾。雄蝶后翅正面前缘有浅黄色长条；雌蝶后翅臀角有圆形红色斑，中域无白斑（见图3-66）。

寄主植物主要有芸香科的双面刺、橘、甜橙、柚等植物。

该蝶分布于长江以南以及陕西、河南等省。适用于生态观赏园，工艺价值略低。

蝴蝶园放飞时间5～12月。

### 8. 柑橘凤蝶 *Papilio xuthus* Linnaeus

凤蝶科 Papilionidae 凤蝶属 *Papilio*。成虫前翅长为36～55mm，翅面黑白相间，后翅有尾突1根，臀角有淡黄色斑（见图3-67）。

寄主主要为芸香科的双面刺、橘、臭辣吴萸、川黄檗等植物。

该种为东亚特有种，广布于全国各地。

工艺和生态观赏两用的优良蝶种。由于幼虫对多种经济林木有害，不宜开展室外放飞。

蝴蝶园放飞时间6～10月。

### 9. 美凤蝶 *Papilio memnon* Linnaeus

凤蝶科 Papilionidae 凤蝶属 *Papilio*。该种为大型种类，成虫前翅长为56～69mm。雄蝶正面蓝黑色，基部暗红色，后翅无尾突，翅膀反面基部橙红色。雌蝶多态，分无尾型和有尾型，前者多见。前翅灰白色，翅脉、翅膀外缘和顶角区黑色，基部橙红色，中域有并列大型白斑4～6个（见图3-68）。

该种广泛分布于我国南方省区，寄主为芸香科柑橘属植物。

生态观赏和工艺品制作的优良蝶种。雌蝶也是喜庆放飞的优良蝶种，但应在柑橘种植区以外。

蝴蝶园放飞时间4～12月。

图3-66　蓝凤蝶

图3-67　柑橘凤蝶

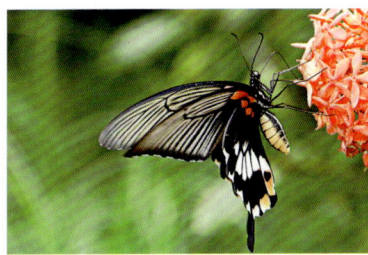

图3-68　美凤蝶

### 10. 金凤蝶 *Papilio machaon* Linnaeus

凤蝶科 Papilionidae 凤蝶属 *Papilio*。该种成虫前翅长为40～48mm，后翅有尾突一根。翅正面淡黄色至深黄色，前翅基部黑褐色，中室内无条纹，后翅臀角有醒目的圆形赭黄色斑（见图3-69）。

该种分布于除我国海南省以外的其他所有省份，寄主植物主要为伞形科的茴香 *Foeniculum vulgare* Mill.、野胡萝卜 *Daucus carota* L.等。

优良的工艺用材蝶种。

蝴蝶园放飞时间5～10月。

### 11. 波绿凤蝶 *Papilio polyctor* Boisduval

凤蝶科 Papilionidae 凤蝶属 *Papilio*。该蝶成虫属大型种类。前翅正面亚外缘的金绿色带清晰、宽大，后翅青蓝色斑显著，边缘较为清晰（见图3-70）。

该蝶仅分布于云南。主要寄主植物为芸香科花椒属、柑橘属和黄皮属的种类，以及飞龙掌血等。

蝴蝶园放飞时间5～10月。

### 12. 燕凤蝶 *Lamproptera curia* Fabricius

凤蝶科 Papilionidae 燕凤蝶属 *Lamproptera*。该种为小型种类，成虫是世界上最小的凤蝶，前翅长为9～11mm。翅室半透明，后翅尾突细长，端部白色，如同燕尾。飞行时似蜻蜓，十分珍奇（见图3-71）。

该蝶分布于四川、云南、广西、广东、海南和香港等地。寄主为莲叶桐科 Hernandiaceae青藤属*Illigera*的植物。

在工艺和生态观赏中均有一定的利用价值。

燕凤蝶是《国家保护的有益的或者有重要经济、科学研究价值的陆生野生动物名录》中列入的种类。

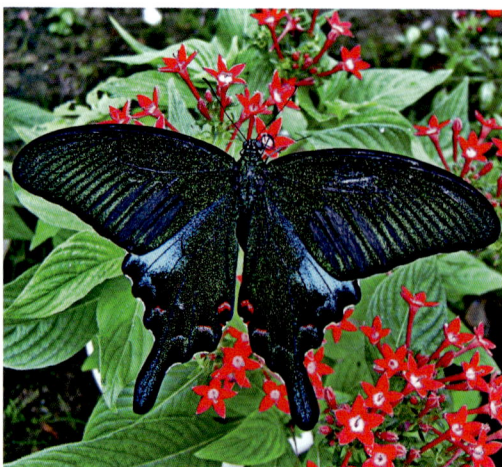

图3-69 金凤蝶　　　　　　图3-70 波绿凤蝶　　　　　　图3-71 燕凤蝶

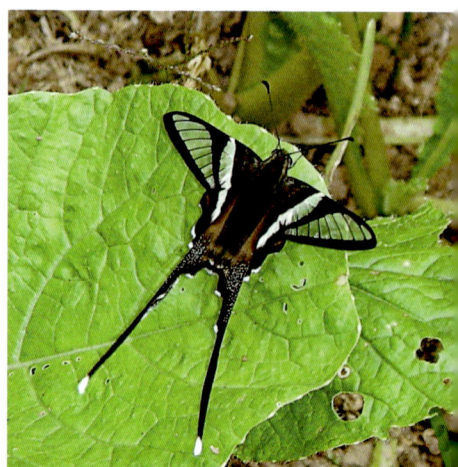

蝴蝶园放飞时间6～10月。

### 13. 红绶绿凤蝶 *Pathysa nomius* Esper

凤蝶科 Papilionidae　绿凤蝶属 *Pathysa*。成虫中大型，前翅长为35～40mm。翅正面亚外缘区黑色带达后角，与外缘区黑带平行。翅中部乳白色至浅青色，有黑色条纹；后翅尾突狭长似剑（见图3-72）。

分布于云南、福建、广东、广西和海南等地。寄主为番荔枝科Annonaceae的番荔枝属*Annona*和暗罗属*Polyalthia*植物。

成虫翅面色彩鲜艳，是优良的工艺品用材蝶种，也用于生态观赏和喜庆放飞。

### 14. 青凤蝶 *Graphium sarpedon* Linnaeus

凤蝶科 Papilionidae　青凤蝶属 *Graphium*。成虫中小型，前翅长为35～40mm。翅面黑色，中域带较宽，由一系列青蓝色矩形斑组成。后翅无尾，反面基部和中外区散布不规则红色斑纹（见图3-73）。

分布于陕西、四川、云南、西藏、湖北、湖南、江西、浙江、福建、广东、香港、广西、台湾和海南。寄主为樟科Lauraceae和番荔枝科的部分植物。

主要用作工艺制作，也用作生态蝴蝶园内，一般不用于喜庆放飞。

### 15. 木兰青凤蝶 *Graphium doson* Felder et Felder

凤蝶科 Papilionidae　青凤蝶属 *Graphium*。成虫中大型，前后翅中域青蓝色斑宽大。后翅中域带仅在中后方处断裂，最前面有1个向外突出。后翅反面有红色线纹（见图3-74）。

国内分布于陕西、四川、云南、江西、浙江、福建、广东、广西、台湾和海南。寄主为木兰科Magnoliaceae和番荔枝科的部分植物。

主要用作工艺制作，也用作生态蝴蝶园内，一般不用于喜庆放飞。

**图3-72**　红绶绿凤蝶　　　　　　**图3-73**　青凤蝶　　　　　　**图3-74**　木兰青凤蝶

### 16. 红珠凤蝶 *Pachliopta aristolochiae* Fabricius

凤蝶科 Papilionidae 珠凤蝶属 *Pachliopta*。成虫中大型种类，前翅长为46～50mm。前翅正面灰褐色，后翅正面中央有小型白色斑3～5个，亚外缘有一列不规则的暗红色斑（见图3-75）。

分布于云南、陕西、江西、浙江、河南、四川、广西、香港和台湾。主要寄主为马兜铃科Aristolochiaceae的部分植物。

### 17. 东方菜粉蝶 *Pieris canidia* Sparrman

粉蝶科 Pieridae 粉蝶属 *Pieris*。东方菜粉蝶属中小型蝶种，成虫翅正面白色，前翅顶区黑色，中域有黑斑2个，后翅外缘翅脉末端有显著的黑斑（见图3-76）。

全国各地均有分布，寄主植物为十字花科Cruciferae许多栽培和野生植物。自有农业历史以来即被视为害虫，因此，只用于工艺品制作和蝴蝶园观赏蝶种。

### 18. 迁粉蝶 *Catopsilia pomona* Fabricius

粉蝶科 Pieridae 迁粉蝶属 *Catopsilia*。迁粉蝶属中小型种类，成虫翅长为25～38mm。体胸部背面密被黄色绒毛，腹部被浅黄色鳞，翅膀正面橙黄色或黄白色，触角暗褐色至褐色。雌雄异型，且有多个变型（见图3-77）。

分布于四川、云南、福建、广东、广西、台湾和海南，寄主为豆科Leguminosae植物，如铁刀木*Cassia siamea* Lam.、望江南*Cassia occidentalis* Linn.、阿勃勒*Cassia fistula* L.、黄槐决明*Cassia surattensis* Burm. f.、决明*Cassia tora* Linn.等。

为世界著名的观赏蝶种。长期以来，大量被用作工艺材料；温顺素雅，是蝴蝶园

**图3-75**　红珠凤蝶

**图3-76**　东方菜粉蝶

和喜庆放飞的优良蝶种，尤其是在温带地区室外放飞没有生态风险。野生资源丰富。

蝴蝶园放飞时间4～12月。

### 19. 鹤顶粉蝶 *Hebomoia glaucippe* Linnaeus

粉蝶科 Pieridae 鹤顶粉蝶属 *Hebomoia*。大型种类，成虫是粉蝶科种类中最大的，前翅长为40～50mm。前翅顶角向外突出，前缘和外缘黑色，亚顶区至中室端外三角形区域红色至橙红色，亚外缘各翅室内有1黑色锥形斑。后翅圆，正面乳白色，反面有枯叶纹理的保护色。雌蝶颜色较暗，后翅正面外缘和亚外缘各有1列黑色锥形斑（见图3-78）。

分布于四川、云南、福建、广东、广西、海南和台湾。寄主为山柑科Capparaceae的广州山柑*Capparis cantoniensis* Lour、树头菜*Grateva unilocularis* Buch.等植物。

生态观赏、工艺品制作和喜庆放飞三用优良蝶种。

### 20. 圆翅钩粉蝶 *Gonepteryx amintha* Blanchard

粉蝶科 Pieridae 钩粉蝶属 *Gonepteryx*。成虫中型，前翅顶角尖出、向后弯曲，后翅近圆形。雄蝶正面黄色，雌蝶白色或浅绿色（见图3-79）。

分布于河南、浙江、四川、台湾、西藏等地。寄主植物主要为鼠李科Rhamnaceae的鼠李属*Rhamnus*植物。

生态观赏、工艺制作和喜庆放飞等三用优良蝶种，尤其是冬季蝴蝶园中难得的色彩艳丽蝶种。

**图3-77** 迁粉蝶

**图3-78** 鹤顶粉蝶

**图3-79** 圆翅钩粉蝶

**锯蛱蝶属** *Cethosia* 是蛱蝶科的中大型种类，成虫翅面颜色鲜艳，属蛱蝶中最美丽的蝶种之一。性情温和，是生态观赏、喜庆放飞和工艺制作三用优良蝶种。

### 21. 红锯蛱蝶 *Cethosia biblis* Drury

蛱蝶科 Nymphalidae 锯蛱蝶属 *Cethosia*。成虫中大型，前翅长为33～38mm。翅膀正面外缘区、前翅区和前缘黑色，前翅反面镶嵌1列"V"形纹。雄蝶翅面红色至橙黄色，雌蝶色暗（见图3-80）。

分布于四川、云南、江西、福建、广东、广西和海南。寄主植物为西番莲科Passifloraceae的蒴莲属 *Adenia* 植物，如三开瓢*Adenia cardiophylla*（Mast.）Engl. in Bot. Jahrb.、滇南蒴莲 *Adenia penangiana* Wall.等。

蝴蝶园放飞时间1～10月。

### 22. 白带锯蛱蝶 *Cethosia cyane* Drury

蛱蝶科 Nymphalidae 锯蛱蝶属 *Cethosia*。成虫中型。雄蝶前翅中后部分及后翅中域橙黄色，亚顶区有1白色宽斜横带。雌蝶前翅中后区及后翅中域灰白色至乳黄色，亚顶区有1白色宽横带，其余区域黑色（见图3-81）。

分布于四川、云南、广西、广东和海南。寄主植物为西番莲科的三开瓢、滇南蒴莲等。

蝴蝶园放飞时间1～10月。

**图3-80** 红锯蛱蝶

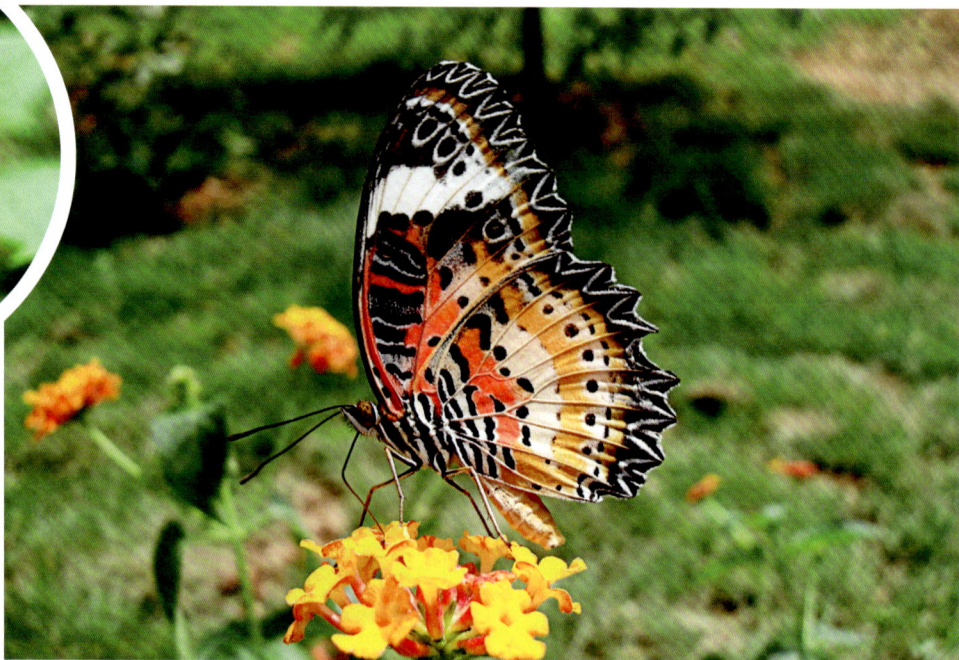

**图3-81** 白带锯蛱蝶

### 23. 丽蛱蝶 *Parthenos sylvia* Cramer

蛱蝶科 Nymphalidae 丽蛱蝶属 *Parthenos*。大型华丽种类，成虫前翅长为45～50mm，翅正面橄榄绿色，前翅有黑色外缘带和亚外缘带，中域有大型白斑1列。后翅外缘波状，外缘带黑色，亚缘有1列三角形黑斑（见图3-82）。

主要分布于云南和海南，寄主为西番莲科的长叶西番莲*Passiflora siamica* Craib。

工艺、生态观赏和喜庆放飞三用优良蝶种。

蝴蝶园放飞时间3～12月。

### 24. 枯叶蛱蝶 *Kallima inachus* Doubleday

蛱蝶科 Nymphalidae 枯叶蛱蝶属 *Kallima*。该蝶为大型种类，成虫前翅长为40～46mm。翅形模拟枯叶的形态，反面具有逼真的枯叶纹理、霉斑等保护色。翅正面蓝黑色，黄色中横带宽、鲜艳。前翅前缘弧形弯曲，顶角突出，后翅有短尾突1根（见图3-83）。

主要分布于秦岭—淮河一线以南各地区，主要产于长江流域，其他各地数量稀少。寄主为爵床科Nelsonioideae马蓝亚族的各种植物。

工艺和生态观赏两用蝶种，尤其是在科普教育上有独特价值。

蝴蝶园放飞时间5～10月。

**图3-82** 丽蛱蝶

### 25. 荨麻蛱蝶 *Aglais urticae* Linnaeus

蛱蝶科 Nymphalidae 麻蛱蝶属 *Aglais*。该蝶为小型美丽种类。成虫翅膀外缘区黑色，中部橙红色至橙黄色（见图3-84）。

**图3-83** 枯叶蛱蝶

图3-84　荨麻蛱蝶

图3-85　二尾蛱蝶

分布于除海南外的大部分地区。寄主植物为荨麻科 Urticaceae 的狭叶荨麻*Uritica angustifolia* Fisch. ex Hornem. 和桑科 Moraceae 的啤酒花 *Humulus lupulus* Linn.。

工艺和生态观赏两用优良蝶种，也用于喜庆场合放飞。

蝴蝶园放飞时间4～10月。

### 26. 二尾蛱蝶 *Polyura narcaea* Hewitson

蛱蝶科 Nymphalidae 尾蛱蝶属 *Polyura*。成虫中型，前翅前缘和外缘黑色，亚外缘区有1黑色横带，在该带与外缘带之间是1列浅绿色斑。中室端脉上有黑色短横带，该脉与$M_3$脉上的黑色带和亚缘带构成"H"形（见图3-85）。

图3-86　针尾蛱蝶

分布于湖北、浙江、江西、福建、四川、广东、广西、海南、贵州、台湾等地。寄主植物为榆科Ulmaceae的异色山黄麻 *Trema orientalis*（L.）Bl. 等。

工艺制作和生态观赏优良蝶种。

### 27. 针尾蛱蝶 *Polyura dolon* Westwood

蛱蝶科 Nymphalidae 尾蛱蝶属 *Polyura*。成虫大型，前翅正面亚外缘有1列白色斑，后翅亚缘有1黑带斑，带中央有1列浅蓝色小斑点（见图3-86）。

分布于云南和四川。寄主植物为豆科的阔荚合欢 *Albizia lebbeck*（Linn.）Benth.。

工艺制作和生态观赏优良蝶种。

### 28. 文蛱蝶 *Vindula erota* Fabricius

蛱蝶科 Nymphalidae 文蛱蝶属 *Vindula*。成虫大型种类，前翅长为44～52mm。雌

图3-87　文蛱蝶

雄异型，雄蝶翅面赭黄色，外缘区和亚外缘有黑色波状条纹；雌蝶青灰色，中域有大片白色区，体型较雄蝶大（见图3-87）。

分布于云南、广东、广西和海南。寄主植物为西番莲科部分植物。

工艺、生态观赏和喜庆放飞三用优良蝶种。

### 29. **黑脉蛱蝶** *Hestina assimilis* Linnaeus

蛱蝶科 Nymphalidae 脉蛱蝶属 *Hestina*。成虫中大型，前翅长为40～46mm。翅脉黑色。翅室白色至浅青色，后翅正面亚外缘自臀角向前分布红色斑4～5个，颇具特色。春季羽化个体翅膀白色，红斑退化（见图3-88）。

分布极广，从黑龙江到云南均有分布。寄主植物为榆科朴属*Celtis*植物。

生态观赏园中的优良蝶种，也常用于工艺制作和喜庆放飞。

图3-88　黑脉蛱蝶

### 30. **金斑蛱蝶** *Hypolimnas missipus* Linnaeus

蛱蝶科 Nymphalidae 斑蛱蝶属 *Hypolimnas*。成虫中大型种类，雌雄异型。雄蝶模拟了紫斑蝶形态，翅正面泛强烈紫色光泽，前翅角顶、中室外和后翅中室附近有大型耀眼的白色斑。雌蝶模拟了金斑蝶形态，前翅亚顶区有大型白色斑1列，基部前缘至顶角、外缘和亚顶区黑色，中后区、基部和后翅大部橙色（见图3-89和图3-90）。

分布于陕西、浙江、福建、广东、台湾等地。寄主植物为马齿苋科Portulacaceae 的马齿苋 *Portulaca oleracea* L.。

生态观赏、工艺制作和喜庆放飞三用优良蝶种。

**图3-89**
金斑蛱蝶（雌）

**图3-90**
金斑蛱蝶（雄）

**斑蝶属** *Danaus* 中大型种类。成虫色彩鲜艳，飞行缓慢、姿势优雅，为生态观赏、工艺制作和喜庆放飞三用优良蝶种。蝴蝶园全年放飞。

### 31. 金斑蝶 *Danaus chrysippus* Linnaeus

斑蝶科 Danaidae 斑蝶属 *Danaus*。成虫前翅长为32～37mm。翅正面橙黄色，前翅前缘、顶角和外缘黑褐色，亚顶区有中小型白斑1列，外缘有1列白点；后翅前缘和外缘黑褐色，有白色小点1列，中室端脉有小黑斑3个。雌蝶在后翅反面下方有黑斑一个（见图3-91）。

分布于我国南方地区，寄主为萝藦科 Asclepiadaceae 的牛角瓜 *Calotropis gigantea* Linn.、白花牛角瓜 *Calotropis procera*（Ait.）Dry. ex Ait.f.、马利筋 *Asclepias curassavica* Linn.、钉头果 *Gomphocarpus fruticosus* Linn.、大花藤 *Raphistemma pulchellum* Roxb.以及无患子科 Sapindaceae 的赤才 *Erioglossum rubiginosum*（Roxb.）Bl. 等植物。

图3-91 金斑蝶

图3-92 虎斑蝶

图3-93 青斑蝶

### 32. 虎斑蝶 *Danaus genutia* Cramer

斑蝶科 Danaidae 斑蝶属 *Danaus*。成虫翅膀红褐色，沿翅面两侧密布黑色鳞，使翅脉显得粗大。前翅前缘、顶区、外缘及后缘黑色，亚顶区并列有5个大型白斑，外缘和亚外缘还有若干小白点；后翅外缘和亚外缘区黑化，有2列白点。雄蝶后翅下方有1耳状性标记（见图3-92）。

主要分布于我国南方省区，寄主为萝藦科兰屿牛皮消 *Cynanchum lanhsuense* Yamazaki、台湾牛皮消 *Cynoctonum formosana* （Maxim.） Hemsl.、萝藦 *Metaplexis japonica* （Thunb.） Makino、马利筋、天星藤 *Graphistemma pictum* （Champ.） Benth. et Hook. f.、蓝叶藤 *Marsdenia tinctoria* R. Br.、假防己 *Marsdenia tomentosa* Morr. et Decne.、大花藤青羊参 *Cynanchum otophyllum* Schneid.、峨眉牛皮消 *Cynanchum giraldii* Schltr.等植物。

### 33. 青斑蝶 *Tirumala limniace* Cramer

斑蝶科 Danaidae 青斑蝶属 *Tirumala*。成虫中大型，翅正面黑褐色，自翅基部发出若干浅青蓝色条斑，中域及以外各翅室内均散布浅蓝色斑。雌蝶后翅反面中部有1个耳状性标记，在翅正面呈现为一小块黑色印记（见图3-93）。

分布于我国南部省份。寄主植物为萝藦科的南山藤 *Dregea volubilis* Linn. f.等植物。

生态观赏、工艺制作和喜庆放飞三用优良蝶种。

> **紫斑蝶属** *Euploea* 中型至大型种类，翅正面黑色，有强弱不等的紫色光泽。蝴蝶生态园的首选蝶种之一，也有较高的工艺价值，一般不用于喜庆放飞。蝴蝶园放飞时间1~10月。

### 34. 幻紫斑蝶 *Euploea core* Cramer

斑蝶科 Danaidae 紫斑蝶属 *Euploea*。成虫中型，前翅长为41~45mm。翅膀正面有微弱紫红色光泽，前翅顶角灰白色至灰黑色，有小型白斑3个，亚外缘有小白斑1列，后角弧形；后翅前缘灰白色。雄蝶前翅正面Cu$_2$室内有短条状的灰白色性标（见图3-94）。

国内分布于云南、广东、广西、台湾和海南等地。寄主为萝摩科的白叶藤*Cryptolepis sinensis* Lour.和古钩藤*Cryptolepis buchananii* Roem. et Schult.、桑科的垂叶榕*Ficus benjamina* Linn.等植物。

**图3-94** 幻紫斑蝶

### 35. 异型紫斑蝶 *Euploea mulciber* Cramer

斑蝶科 Danaidae 紫斑蝶属 *Euploea*。成虫前翅正面泛强烈紫色光泽，散布许多白色小点，基部黑褐色至深色；后翅正面前缘灰白色，向臀角渐次过渡到黑色。雌蝶紫色光泽较弱，后翅多由基部放射状发出的、沿翅脉走向的白色细条纹（见图3-95）。

分布于我国南部及西南部。寄主为桑科的榕属 *Ficus*、夹竹桃科 Apocynaceae 的夹竹桃属 *Nerium*、萝摩科的白叶藤和古钩藤以及桑科的垂叶榕等植物。

**图3-95** 异型紫斑蝶

### 36. 大绢斑蝶 *Parantica sita* Kollar

斑蝶科 Danaidae 绢斑蝶属 *Parantica*。成虫大型,前翅长为45~55mm,雌蝶略大。翅脉黑色,翅室青灰色半透明状;后翅褐色、黑褐色,有半透明斑,雄蝶在反面$Cu_2$、2A、3A脉的臀角处有黑色性标记(香鳞斑)(见图3-96)。

分布于海南、广东、广西、四川、西藏、江西、浙江等地。寄主植物为萝藦科牛奶菜属 *Marsdenia*、鹅绒藤属 *Cynanchum* 和娃儿藤属 *Tylophora* 等属的植物。

生态观赏、工艺制作和喜庆放飞等三用优良蝶种。

图3-96 大绢斑蝶

### 37. 大帛斑蝶 *Idea leuconoe* Erichson

斑蝶科 Danaidae 帛斑蝶属 *Idea*。成虫大型,前翅长为55~75mm,翅正面白色至乳白色。翅脉和翅缘黑色,各翅室内有黑色斑纹(见图3-97)。

仅分布于台湾,云南地区有引种养殖。寄主为夹竹桃科的同心结 *Parsonsia laevigata*(Moon)Alston。

其飞行优雅,停歇时翅膀半张开,是一种生态观赏和工艺价值均极高的蝶种,也可用于喜庆放飞。

蝴蝶园放飞时间1~10月。

图3-97 大帛斑蝶

### 38. 苎麻珍蝶 *Acraea issoria* Hübner

珍蝶科 Acraeidae 珍蝶属 *Acraea*。成虫中小型，前后翅椭圆形，正面浅黄色。前翅正面外缘宽带浅黑色，中室中部、端脉和端外各有1浅黑色横带。雌蝶翅面颜色略深，体型较大（见图3-98）。

主要分布于我国南部，寄主为荨麻科的苎麻 *Boehmeria nivea* L.、长叶水麻 *Debregeasia longifolia*（Burm. f.）Wedd.、圆叶水苎麻 *Boehmeria macrophylla* Hornem 和红雾水葛 *Pouzolzia sanguinea*（Bl.）Merr. 等植物。

成虫访花，飞行缓慢有群集性，非常适合在蝴蝶园中和喜庆放飞时使用，也有较高的工艺价值。

蝴蝶园放飞时间4～12月。

**图3-98** 苎麻珍蝶

### 39. 箭环蝶 *Stichophthalma howqua* Westwood

环蝶科 Amathusiidae 箭环蝶属 *Stichophthalma*。成虫特大型，前翅长为55～65mm，雌蝶体型较大。雌蝶正面黄褐色或土黄色，外缘至亚外缘有1列大型黑色箭头纹；翅反面内区有若干细长的波浪横线，中区外有1列大型眼斑（见图3-99）。

分布于我国南方地区，寄主为禾本科Poaceae竹类。

成虫翅面暗黄色，飞行缓慢，为生态观赏、工艺制作和喜庆放飞三用优良蝶种。

箭环蝶是《国家保护的有益的或者有重要经济、科学研究价值的陆生野生动物名录》中列入的种类。

蝴蝶园放飞时间5～7月。

**图3-99** 箭环蝶

**图3-100** 竹林中的箭环蝶（下页）

### 3.3.3.2　国外蝴蝶园常用蝶种

国外蝴蝶园常用蝶种多属于袖蝶科的袖蝶属、绿袖蝶属、珠袖蝶属；凤蝶科的凤蝶属、丝带凤蝶属；蛱蝶科的枯叶蛱蝶属、维蛱蝶属、帘蛱蝶属、蛤蟆蛱蝶属；斑蝶科的斑蝶属；粉蝶科的菲粉蝶属；闪蝶科的闪蝶属；绡蝶科的黑脉绡蝶属。

**1. 白眉袖蝶** *Heliconius antiochus* Linnaeus

袖蝶科 Heliconiidae　袖蝶属 *Heliconius*。主要分布于哥伦比亚（见图3-101）。

图3-101
白眉袖蝶

**2. 彩页袖蝶** *Heliconius phyllis* Fabricius

袖蝶科 Heliconiidae　袖蝶属 *Heliconius*。主要分布于南美洲北部（见图3-102）。

图3-102
彩页袖蝶

**3. 艺神袖蝶** *Heliconius erato* Linnaeus

袖蝶科 Heliconiidae　袖蝶属 *Heliconius*。分布于巴西、委内瑞拉等地，幼虫寄主植物为西番莲科植物（见图3-103）。

图3-103
艺神袖蝶

**4. 海神袖蝶** *Heliconius doris* Linnaeas

袖蝶科 Heliconiidae　袖蝶属 *Heliconius*。主要分布于厄瓜多尔和巴西等地区，幼虫寄主植物为西番莲科植物（见图3-104）。

**5. 黄条袖蝶** *Heliconius charithonia* Linnaeus

袖蝶科 Heliconiidae　袖蝶属 *Heliconius*。在维尔京群岛有分布（见图3-105）。

**图3-104**　海神袖蝶

**图3-105**　黄条袖蝶

**6. 绿袖蝶** *Philaethria dido* Linnaeus

袖蝶科 Heliconiidae　绿袖蝶属 *Philaethria*。分布于秘鲁和巴西等地，幼虫寄主植物为西番莲科部分植物（见图3-106）。

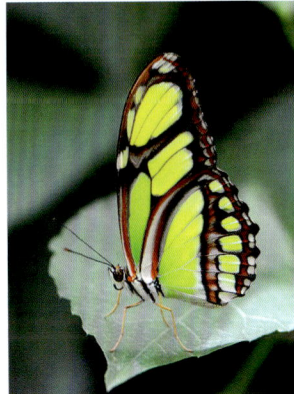

**图3-106**
绿袖蝶

**7. 珠丽袖蝶** *Dryas julia* Fabricius

袖蝶科 Heliconiidae　珠袖蝶属 *Dryas*。又名珠袖蝶，分布于美国南部至西印度群岛，幼虫寄主植物为西番莲科植物（见图3-107）。

**图3-107**
珠丽袖蝶

### 8. 红斑美凤蝶 *Paopilio rumanzovius* Eschscholtz

凤蝶科 Papilionidae 凤蝶属 *Paopilio*。成虫爱访花采蜜。雄蝶飞翔力强，很活泼，多在旷野地方狂飞。雌蝶飞行缓慢，常滑翔式飞行。幼虫取食芸香科的柑橘类、双面刺、食茱萸等植物（见图3-108）。

被列入中国国家林业局令《国家保护的有益的或者有重要经济、科学研究价值的陆生野生动物名录》。国内分布于长江以南各省，国外日本、印度、缅甸、泰国、菲律宾等国也有分布。

### 9. 南亚碧美凤蝶 *Papilio lowii* Druce

凤蝶科 Papilionidae 凤蝶属 *Paopilio*。分布于印度尼西亚、菲律宾等地（见图3-109）。

### 10. 小天使翠凤蝶 *Papilio palinurus* Faricius

凤蝶科 Papilionidae 凤蝶属 *Paopilio*。分布于缅甸、印度尼西亚和印度等地，幼虫寄主植物为芸香科部分植物（见图3-110）。

图3-108　红斑美凤蝶

图3-109　南亚碧美凤蝶

图3-110　小天使翠凤蝶

图3-111　英雄翠凤蝶

### 11. 英雄翠凤蝶 *Papilio ulysses* Linnaeus

凤蝶科 Papilionidae 凤蝶属 *Paopilio*。又名天堂凤蝶、琉璃凤蝶，分布于印度尼西亚苏拉威西岛、帝汶岛和澳大利亚。纯正的蓝色与黑色及优雅的形态令人倾倒，具有较高的收藏和观赏价值（见图3-111）。此蝶为澳大利亚的国蝶。

### 12. 丝带凤蝶 *Sericinus montelea* Gray

凤蝶科 Papilionidae 丝带凤蝶属 *Sericinus*。分布于中国、朝鲜、俄罗斯等地，幼虫寄主植物为马兜铃科部分植物（见图3-112）。

**图3-112**　丝带凤蝶

### 13. 爪哇枯叶蛱蝶 *Kallima paralekta* Hospield

蛱蝶科 Nymphalidae 枯叶蛱蝶属 *Kallima*。分布于印度尼西亚爪哇岛，幼虫寄主植物为西番莲科部分植物（见图3-113）。

### 14. 绿维蛱蝶 *Victorina stelenes* Linneus

蛱蝶科 Nymphalidae 维蛱蝶属 *Victorina*。分布于美国南部至巴西以及西印度群岛（见图3-114）。

**图3-113**
爪哇枯叶蛱蝶

**图3-114**　绿维蛱蝶

### 15. 红端帘蛱蝶 *Siproeta epaphus* Latreille

蛱蝶科 Nymphalidae 帘蛱蝶属 *Siproeta*。主要分布于巴西（见图3-115）。

### 16. 热带蛤蟆蛱蝶 *Hamadryas februa* Hübner

蛱蝶科 Nymphalidae 蛤蟆蛱蝶属 *Hamadryas*。分布于秘鲁（见图3-116）。

图3-115
红端帘蛱蝶

图3-116
热带蛤蟆蛱蝶

### 17. 君主斑蝶 *Danaus plexippus* Linnaeus

斑蝶科 Dannaidae 斑蝶属 *Danaus*。分布于美国、巴西、几内亚、委内瑞拉、哥伦比亚、厄瓜多尔以及秘鲁等国家，幼虫寄主植物为萝摩科部分植物（见图3-117）。该蝶种为美国国蝶。

### 18. 黄纹菲粉蝶 *Phoebis philea* Linnaeus

粉蝶科 Pieridae 菲粉蝶属 *Phoebis*。又名菲丽纯粉蝶，分布于秘鲁等地，幼虫寄主植物为豆科部分植物（见图3-118）。

### 19. 兴族闪蝶 *Morpho potroclus* Felder

闪蝶科 Morphidae 闪蝶属 *Morpho*。分布于巴西、秘鲁等地（见图3-119）。

### 20. 大蓝闪蝶 *Morpho menelaus* Linnaeus

闪蝶科 Morphidae 闪蝶属 *Morpho*。又名蓝月闪蝶，闪蝶科最大的种类，翅膀泛着淡蓝色荧光，是世界著名品种，巴西的国蝶，生活在中美洲和南美洲，包括巴西、哥达加斯加和委内瑞拉（见图3-120和图3-121）。

图3-117 君主斑蝶

图3-118 黄纹菲粉蝶

图3-119 兴族闪蝶

图3-120 大蓝闪蝶（正面）

图3-121 大蓝闪蝶（背面）

### 21. 黑框蓝闪蝶 *Morpho peleides* Kollar

闪蝶科 Morphidae 闪蝶属 *Morpho*。又名蓓蕾闪蝶。分布于墨西哥、中美洲、南美洲北部、巴拉圭及特立尼达。翅膀呈鲜艳的蓝色，翅展较长。以发霉果实的汁液为食物，特别喜欢芒果、荔枝（见图3-122和图3-123）。

图3-122 黑框蓝闪蝶（一）

图3-123 黑框蓝闪蝶（二）

### 22. 宽纹黑脉绡蝶 *Greta oto* Hewitson

绡蝶科 Ithomiidae 黑脉绡蝶属 *Greta*。分布于墨西哥、巴拿马等地（见图3-124）。

图3-124
宽纹黑脉绡蝶

# 3.4　蝴蝶科普园建设

## 3.4.1　建设目的

蝴蝶科普园是主要针对学生游客群体而设置的主体建设项目，是蝴蝶园中游客参与和互动的科普教育场所，也是蝴蝶园吸引游客，特别是广大青少年的重要设施。从某种程度上讲，没有蝴蝶科普园的蝴蝶园是不完善和不够档次的蝴蝶园。建设蝴蝶科普园的目的，在于向来蝴蝶园参观游览的游客群众提供更具科学精神、更富人性化的直接接受蝴蝶知识教育，开展蝴蝶识别，展示蝴蝶变态过程，参与蝴蝶试验养殖、蝴蝶鉴定、标签填写、蝴蝶标本和工艺品制作，观看蝴蝶影视节目等蝴蝶科教实践活动的深度服务（见图3-125）。

**图3-125**　湖南森林植物园蝴蝶科普园

### 3.4.2　建设内容及要求

#### 3.4.2.1　宣传教育区

（1）科普教室

科普教室的建设数量通常为一个至数个，形式和大小与学校普通教室相同，主要用于邀请专家、学者、老师来蝶园向游客讲授蝴蝶及相关自然知识（见图3-126）。

（2）多媒体室

多媒体室的建设数量通常为一个，形式和大小与普通多媒体室近似，主要用于专家、学者、老师采用多媒体方式向游客介绍和展示蝴蝶及相关自然知识。

（3）影视播放厅

影视播放厅的建设数量通常为一个，形式和大小与普通影视播放厅近似，主要用于向来蝴蝶园参观游览的游客群众循环播放蝴蝶及其相关自然知识（见图3-127）。

（4）蝴蝶科普展室

蝴蝶科普展室的建设形式和面积大小，根据蝴蝶园的实际情况确定，比如蝴蝶园的经济情况、资源情况、技术情况等，主要用于向来蝴蝶园参观游览的游客群众展示蝴蝶及其相关内容的科普知识（见图3-128和图3-129）。

**图3-126**　科普教室

**图3-127**
科普放映室

**图3-128**
蝴蝶科普展板（一）

## 蝴蝶生态科普展 序

蝴蝶，多姿多彩，色彩斑斓，在动物界里它最矫艳妖娆，与人类的关系最密切，最受人们的喜爱。它们自由地飞舞穿梭在春山秋林，绿草花丛之间，在访花吸蜜的同时，为植物传授了花粉，使自然界繁花似锦，果实累累，又以其自身的斑斓色彩和图案点缀了大自然，让大自然更加绚丽多彩，充满了诗情画意。同时还维持了大自然的生态平衡。

蝴蝶出没于花木丛中，色彩艳丽，舞姿潇洒，被誉为"会飞的花朵"，同时也被各族人民视为和平、幸福和坚贞爱情的象征！从"彩蝶双飞"中的梁祝到大理的蝴蝶泉，古往今来，围绕着她留下了无数美丽的诗文、画卷和神话传说，脍炙人口，深入人心！当今蝴蝶再也不是人们口头议论、观赏赞美的小话题，它已进入到人们生活的方方面面，成为学习、研究、保护与持续开发利用的一门新的生态学科。

为培养广大青少年学科学、爱科学、了解自然、热爱自然，提高广大人民群众环境保护的意识，做到人与自然的和谐相处，我们特举办蝴蝶生态科普展览。

主办单位：中国林科院昆明资源昆虫研究所

## 保护蝴蝶资源要先保护好生态环境

在一九八九年国家首次公布的重点保护的野生动物名录中，金斑喙凤蝶属于一级保护蝶类，金带喙凤蝶、多尾凤蝶、虎凤蝶、阿波罗绢蝶被列为国家二级保护蝶类。除以上公布的以外，各省各地区均有本地区特有的，而且数量又极少，甚至濒危的珍稀蝶种，它们生存和繁育都与人类从事的生产、生活有直接的联系，特别是森林、矿产资源的非计划开采、烧荒与毁林开荒、大规模地使用除草剂等活动，对珍稀蝴蝶的速成直接的干扰和破坏，威胁着它们的生存和繁育。加之非法的提取捕杀等商业活动，很多珍稀的蝶类将会在地球上消失。一个物种在地球上灭绝了，千年万代也不会再出现，不能诞生了。为了防止这种人为的悲剧，我们要保护珍稀濒危物种，保护生物的多样性，尤其要保护生物的生存环境的多样性。

蝴蝶是大自然的产物，她与自然环境息息相关。当今生态环境的日益破坏，已使许多种类的蝴蝶濒临灭绝。保护蝴蝶资源，就必须保护蝴蝶的栖息地，保护森林，保护草原，保护自然生态环境。我们应提倡持续性发展和合理开发利用，发展珍稀蝶类养殖，唯有这样才能够给后代留下一个色彩斑斓的世界。

人们在欣赏蝴蝶神奇美丽的同时，一定要树立自觉保护环境的意识！

## 蝴蝶的活动与食性

蝴蝶从蛹中羽化出来后，就四处飞舞、取食、交尾和产卵、繁衍后代。由于种类不同，摄食习性也大不相同。多数蝴蝶吸食花蜜，但也有一些蝴蝶喜食烂水果或树上渗出来的汁液，有些蝴蝶吸食富含矿物质的清水或露水；还有些蝴蝶甚至喜食粪便、鸟类、野兽的粪便汁液或吸食腐肉的汁液等。

## 蝴蝶资源的可持续性开发和利用

一、大力发展蝴蝶人工养殖业，是保护和延续濒危物种以及满足蝴蝶产业开发利用的有效措施。

二、建立保护区，加强立法是延续濒危物种、保证蝴蝶产业化合理利用的有效措施。

**图3-129　蝴蝶科普展板（二）**

### 3.4.2.2　科普实践区

（1）养虫室

蝴蝶属于完全变态昆虫，完成其个体发育过程，需要经历卵、幼虫、蛹和成虫四个不同阶段。科普园养虫室或养虫箱，属于试验性蝴蝶养殖设施，主要用于向来蝴蝶园参观游览的游客群众展示蝴蝶各个虫态的形态特征、行为特征和演变过程等。养虫室应配备实验台、供试蝴蝶、养虫箱、寄主植物、蜜源植物、补充营养液、记录本、玻璃试管、广口瓶、放大镜等材料、设备和工具（见图3-130和图3-131）。

图3-130　养虫室

图3-131　养虫箱

卵期：蝴蝶个体发育的第一阶段，也称胚胎期。卵的形状各异，有圆球形、馒头形、扁圆形、梨形和纺锤形等。卵有单个的，也有成片或成堆的，更有叠置成串的。卵壳表面有的非常光滑，能显珠光；有的十分粗糙，且有多种雕刻状纹饰；更有在卵表黏覆鳞毛的……常因虫种而各不相同。卵的色彩则有橙、黄、绿、白等色，并且随着发育阶段和种性的不同而呈显出多种特定纹彩，绚丽多姿，美不胜收。卵期的重点观察内容包括卵的形状、颜色、着卵方式、外部形态、孵化过程等（见图3-132）。

**图3-132**
形形色色的蝴蝶卵
1. 碧凤蝶卵；
2. 柑橘凤蝶卵；
3. 枯叶蛱蝶卵；
4. 金斑蝶卵；
5. 达摩凤蝶卵；
6. 玉带凤蝶卵

幼虫期：蝴蝶个体发育的第二阶段，也称幼虫期。幼虫是蝴蝶从卵过渡到蛹的中间状态，是蝴蝶大量取食、迅速成长的阶段，也是对于人类经济利益造成危害的阶段。幼虫期的主要观察内容包括幼虫形态、虫龄变化（蜕皮）、取食对象及行为、预蛹期、化蛹过程等（见图3-133）。

图3-133　形形色色的蝴蝶幼虫
1. 达摩凤蝶幼虫；
2. 幻紫斑蝶幼虫；
3. 金斑蝶幼虫；
4. 金凤蝶幼虫；
5. 幼虫知识介绍

蛹期：蝴蝶个体发育的第三阶段，也称蛹期。蛹是蝴蝶从幼虫过渡到成虫过程中所必须经过的一个静止虫态。处于蛹发育阶段时，虫体不吃不动，但体内却发生着剧烈的变化，原来幼虫的一些组织和器官被破坏，新的成虫的组织和器官逐渐形成。由于蛹期是个不活动的虫期，缺少防御和躲避敌害的能力，很容易受外界不良环境的影响。因此，老熟幼虫在化蛹前常要寻找适当的蔽护场所（如树皮下、砖石缝内、土壤内、卷叶内、隧道内等），有的则有构造特殊的保护物。蛹是蝴蝶运输和储藏的最佳虫态，蛹期是蝴蝶运输和储藏的最佳时期。蛹期的主要观察内容包括蛹的形态、色彩、羽化过程等（见图3-134）。

成虫期：蝴蝶个体发育的第四阶段。人们通常所说的蝴蝶，正是蝴蝶的成虫期。成虫期的主要观察内容包括成虫的形态、色彩、结构、飞翔、取食、饮水、栖息、求偶、交配和产卵行为等（见图3-135）。

**图3-134**
形形色色的蝴蝶蛹
1. 箭环蝶蛹；
2. 青斑蝶蛹；
3. 枯叶蛱蝶蛹；
4. 艳妇斑粉蝶蛹；
5. 大帛斑蝶蛹

**图3-135**
形形色色的蝴蝶
成虫

1. 达摩凤蝶；
2. 凤尾蛱蝶；
3. 箭环蝶；
4. 白带锯蛱蝶；
5. 金斑蝶
6. 红珠凤蝶
7. 翠蓝眼蛱蝶
8. 蓝点紫斑蝶

全虫态：蝴蝶发育各个阶段的总称，包括蝴蝶的卵、幼虫、蛹和成虫（见图3-136和图3-137）。

**图3-136**
金斑蝶各虫态

1. 金斑蝶卵；
2. 金斑蝶幼虫；
3. 金斑蝶蛹；
4. 金斑蝶成虫

**图3-137**
枯叶蛱蝶各虫态

1. 枯叶蛱蝶卵；
2. 枯叶蛱蝶幼虫；
3. 枯叶蛱蝶蛹；
4. 枯叶蛱蝶成虫

（2）鉴定室

鉴定室是进行蝴蝶识别的场所，主要用于向来蝴蝶园参观游览的游客群众展示中国和外国常见蝴蝶标本，由专业人员讲解主要特征和识别方法，帮助他们学习蝴蝶鉴定知识、掌握蝴蝶鉴定要领、参与蝴蝶鉴定实践。蝴蝶鉴定的关键是掌握蝶与蛾的区别、蝴蝶分科的依据和常见蝴蝶的重要特征。鉴定室应配备实验台、供试蝴蝶标本、蝴蝶相关书籍和资料、放大镜、显微镜等设备和工具（见图3-138～图3-140）。

**图3-138** 鉴定室

**图3-139**
蝴蝶寄主识别

**图3-140**
蝴蝶与其他昆虫
的识别

（3）制作室

制作室是蝴蝶标本和蝴蝶工艺品的制作场所，主要用于向来蝴蝶园参观游览的游客群众讲解、示范蝴蝶标本和蝴蝶工艺品的制作方法，并帮助他们学习和实际动手制作蝴蝶标本和蝴蝶工艺品。制作室应配备实验台、供试蝴蝶标本、软化器、展翅板、昆虫针、透明塑料带、剪刀、镊子、胶水等设备和工具（见图3-141～图3-143）。

图3-141
制作室

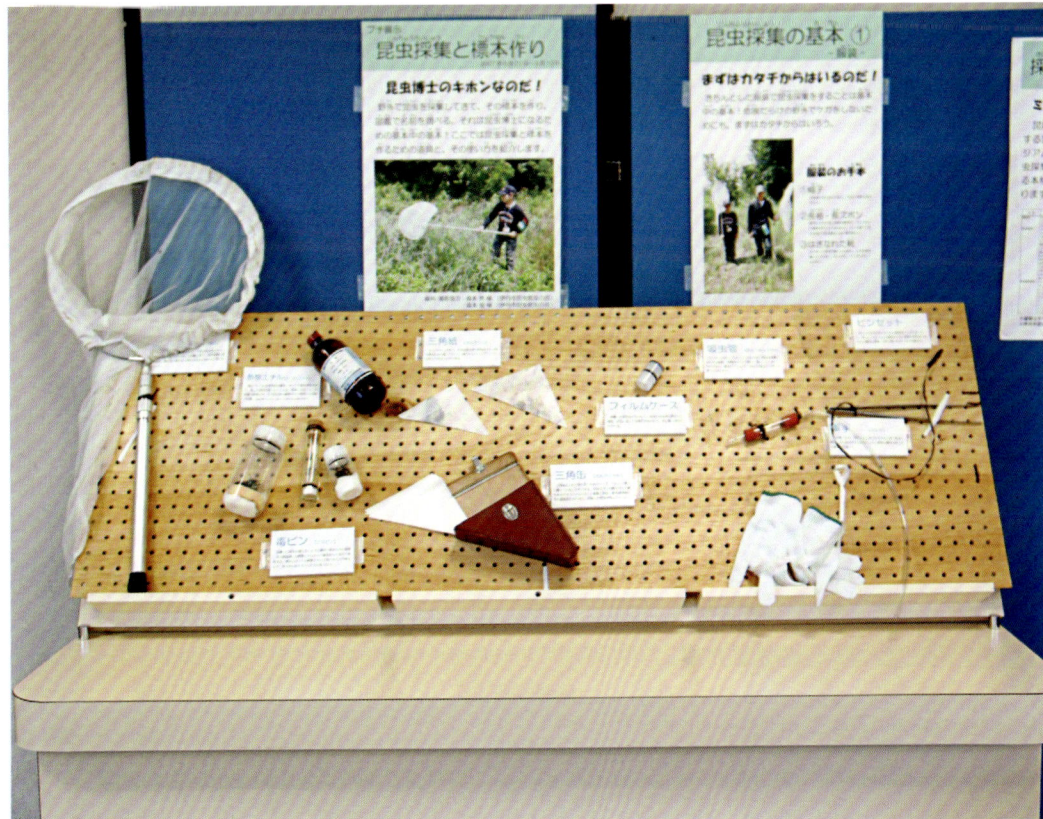

图3-142
采集工具

**图3-143** 制作

### 3.4.2.3 捕蝶放飞区

（1）捕蝶区

捕蝶区是在蝴蝶园中选择适当场所，开辟一定面积的建筑、网室或裸露空间，其中放飞少量活蝴蝶，在专业人员的指导下开展捕蝶游戏，让游客在此过程中体验科学家在野外采集蝴蝶标本、开展科学研究的情趣和快乐（见图3-144）。

**图3-144** 捕蝶

（2）放飞区

放飞区是在蝴蝶园中选择适当场所，开辟一定面积的建筑或网室空间，有条件时可以选择露天放飞。在专业人员的指导下开展放蝶活动，可以让游客在此过程中体验放飞蝴蝶的情趣和放飞梦想的快乐（见图3-145）。

图3-145　放飞

### 3.4.2.4　优秀作品展示区

在蝴蝶科普园中开辟一个专门区域，在来蝴蝶园参观游览的游客和学生亲手制作的蝴蝶标本、蝴蝶工艺品以及蝴蝶摄影作品和蝴蝶试验报告、论文中，选择出优秀的作品进行展示，一方面激励自己，另一方面鼓励来此参观的游人，其意义不言而喻。作品展示区通常又分为：

（1）标本作品展示区：用于展示优秀蝴蝶标本作品，应标明作品名称、评奖级别、制作者、所在学校或组织、制作时间等。

（2）工艺品作品展示区：用于展示优秀蝴蝶工艺品作品，应标明作品名称、评奖级别、制作者、所在学校或组织、制作时间等。

（3）摄影作品展示区：用于展示优秀蝴蝶摄影作品，应标明作品名称、评奖级别、摄影者、所在学校或组织、拍摄时间等。

（4）实验报告和小论文展示区：用于展示优秀蝴蝶实验报告和小论文，应标明作品名称、评奖级别、作者、所在学校或组织、撰写时间等。

## 3.5 蝴蝶养殖园建设

### 3.5.1 建设目的

蝴蝶养殖园是大型蝴蝶园建设的重要组成部分，其目的主要包括以下两个方面。

（1）展示蝴蝶养殖过程：将蝴蝶的养殖行为、养殖程序、养殖设施、养殖材料，甚至养殖场景景观化，让来蝴蝶园参观游览的客人，近距离接触、了解，甚至参与蝴蝶的整个养殖过程，认识蝴蝶养殖对于保护蝴蝶资源、发展蝴蝶产业的意义和作用，从而树立环境保护观念、增强环境保护意识。

（2）降低蝶园经营成本：由于蝴蝶可观赏虫态的生存周期很短，一般仅几天时间。大型蝴蝶园，尤其是蝴蝶主题公园的建设，每年需要大量的活蝴蝶资源，通常是几十万只，甚至上百万只。所以，在有条件的蝴蝶园中建设一定规模的蝴蝶养殖基地，既可就地补充一些种类和数量的本地蝴蝶，又可向社会提供部分富余蝶源，从而大大降低蝴蝶园的运营成本，提高蝴蝶园的经营效益，这对蝴蝶园的健康运作和可持续发展意义重大（见图3-146）。

**图3-146** 蝴蝶养殖园

## 3.5.2 建设内容及要求

### 3.5.2.1 蝴蝶养殖设施

（1）寄主植物园

寄主植物园是蝴蝶养殖园建设的首要条件，是蝴蝶幼虫取食的物质基础。在蝴蝶园中配套开展蝴蝶养殖项目，必须开辟一定面积的区域，用于专门种植蝴蝶寄主植物。由于寄主园的面积有限，不可能每种寄主植物都种，只能选择几种最适合的蝴蝶，有针对性地开展蝴蝶养殖（见图3-147和图3-148）。

**图3-147**
蝴蝶寄主植物园
1. 马兜铃（上）；
2. 西番莲（左下）；
3. 板蓝（右下）

**图3-148**
臭辣吴萸（下页）

（2）蜜源植物园

　　蜜源植物园也是蝴蝶养殖园建设的首要条件，是蝴蝶成虫取食的物质基础。在蝴蝶园中配套开展蝴蝶养殖项目，必须开辟一定面积的区域，用于专门种植蝴蝶蜜源植物。由于蜜源植物园的面积有限，不可能每种蜜源植物都种，只能选择当地最适合的蝴蝶蜜源植物，有针对性地开展种植（见图3-149）。

**图3-149**　蝴蝶蜜源植物园

（3）婚飞园（笼）

　　婚飞园（笼）是蝴蝶养殖过程中第一个环节（蝶卵收集）的必备设施，是蝴蝶交配产卵的场所，温室或网室结构，可自动控制或人工控制温湿度条件。园中通常配置蝴蝶栖息背景植物、受卵植物、蜜源植物和蝴蝶补充营养的饲喂器等，便于蝴蝶婚配、交尾、产卵和蝶卵收集。婚飞园（笼）的建设还要考虑防止鼠、鸟、蜂等各种捕食蝴蝶和寄生性天敌（见图3-150和图3-151）。

**图3-150**
蝴蝶婚飞园（笼）

**图3-151**
蝴蝶卵的收集

（4）养虫室

养虫室是蝴蝶养殖过程中第二个环节（幼虫养殖）的必备设施，是不同龄期蝴蝶幼虫的室内养殖场所，要求温湿度可调、可控，便于采光，便于通风换气，便于环境消毒，便于蝴蝶在人工条件下的饲养。养虫室中通常配置蝶卵孵化装置、幼虫饲养装置、老龄虫挂蛹装置等。养虫室的建设同样需要考虑防止鼠、鸟、蜂等各种捕食蝴蝶和寄生性天敌（见图3-152和图3-153）。

**图3-152**
蝴蝶养虫室（一）

图3-153
蝴蝶养虫室（二）

（5）储蛹室

蝴蝶蛹因其独特的生物学特征，不吃、不动，是唯一适于蝴蝶长距离运输和大批量储存的虫态。蝶蛹的运输、储藏和保存，是蝴蝶资源开发利用和蝴蝶产业发展扩张的关键环节。储蛹室则是蝴蝶养殖过程中第三个环节（蝶蛹储藏）的必备设施，是蝴蝶蛹的储存场所，其重要性不言而喻。储蛹室内同样要求温湿度可调、可控，便于通风换气，便于环境消毒。储蛹室中通常配置温度梯度室、储蛹框等，便于蝶蛹隔离、盛放和发育控制。储蛹室的建设同样需要考虑防止鼠、鸟、蜂等各种捕食蝴蝶和寄生性天敌以及病原物侵害（见图3-154和图3-155）。

**图3-154** 蝴蝶蛹的收集

**图3-155**
蝴蝶储蛹室

（6）羽化室

羽化是蝴蝶个体发育中最为惊心动魄的生命现象，蝴蝶需要集自己积蓄一生的能量，才能完成从毛毛虫到花蝴蝶的升华，从而实现自身美丽的瞬间绽放。这是一个充满神秘感的奇妙过程，通常又被称为蝶变、蜕变。羽化室是蝴蝶养殖过程中第四个环节（收获蝴蝶）的必备设施。羽化室通常为温室结构，室内要求更加严格的温度和湿度控制，便于通风换气，便于环境消毒。室内必须严格消毒，并按照要求制作并安放多个蝴蝶羽化架、蝴蝶停憩设施等。羽化室的建设也需要考虑防止鼠、鸟、蜂等各种捕食蝴蝶和寄生性天敌以及病原物侵害（见图3-156和图3-157）。

**图3-156**
蝴蝶羽化室（一）

**图3-157**
蝴蝶羽化室（二）

（7）成虫园

蝴蝶成虫的收获和利用是整个蝴蝶养殖事业的目的所在，是蝴蝶园经营的物质基础。成虫园是蝴蝶养殖过程中第四个环节（收获蝴蝶）的必备设施，是蝴蝶成虫的收获和暂时存放场所。成虫园通常为温室或网室结构，室内要求空间和温湿度条件适宜蝴蝶的活动，便于通风换气。园中必须按要求安放多个成虫饲喂器，适量种植背景植物，以利于蝴蝶补充营养和停憩休息，从而获得交配和产卵所需的足够能量。同时，成虫园的建设同样需要考虑防止鼠、鸟、蜂等各种捕食蝴蝶和寄生性天敌以及病原物侵害（见图3-158～图3-160）。

**图3-158**
成虫园建设

**图3-159**
蝴蝶成虫园（下页）

图3-160
成虫园蝴蝶饲养场

### 3.5.2.2　常用寄主植物

寄主植物是蝴蝶幼虫的取食对象，是蝴蝶个体发育中幼虫阶段生存的基础和前提条件。也就是说，要进行蝴蝶养殖，首先要种植足够数量的寄主植物；蝴蝶养殖的种类和数量，完全取决于寄主植物的种类和数量。蝴蝶园的寄主植物区建设具有双重功能，既是满足蝴蝶园蝴蝶养殖功能需求的建设项目，也是满足蝴蝶园特色观光旅游功能需求的建设项目。

**1. 臭辣吴萸** *Evodia fargesii* Dode

又名臭辣树、臭吴萸、野吴萸等，芸香科（Rutaceae）吴茱萸属。碧凤蝶、波绿凤蝶和柑橘凤蝶寄主植物（见图3-161）。

野生植株可生长为高达10m的乔木，但在荫蔽林下，常表现为灌木或小乔木。树皮光滑，暗灰色，嫩枝紫褐色，散生小皮孔。小叶5～9片，也有达10片以上的，斜卵形至斜披针形，长8～16cm，宽3～7cm，近叶轴基部的较小，叶正面无毛，背面有浅毛。花序顶生，小花甚多。花期6～8月，9～11月果实成熟。分布于我国秦岭—淮河一线以南，生于海拔450～1600m山谷湿润地带。

半喜阴，不耐高温干旱。喜富含腐殖质的疏松壤土或砂壤土。适应性极强，发枝力强，是一种十分优异的凤蝶属蝴蝶的寄主，同时也是一种优良的蜜源植物。易受蚜虫、叶蜂和刺蛾类危害。

**图3-161**　臭辣吴萸

## 2. 过山香 *Clausena excavata* Burm. f.

又名番仔香、假樟仔、蕃仔香草、龟里椹、臭黄皮、臭麻木、假黄皮、五暑叶等。芸香科黄皮属。玉带凤蝶的寄主植物（见图3-162）。

常绿灌木，高2～3m，具有强烈的荖叶（蒟酱）臭味，故又名"臭黄皮"。枝、叶都有毛。叶互生，单数羽状复叶，叶柄长2～4cm；小叶5～11对，近对生，有短柄，小叶片膜质，卵形至卵状披针形，长3～4cm，宽1～1.5cm，先端渐尖，基部偏斜，边缘有不明显的圆钝齿，具透明油点。夏季开白色小花，圆锥花序顶生，花梗短，花径约4mm。浆果长方卵形，黄绿色，长约1.6cm，先端有小突尖。

生于湿热河谷、山地、杂木林或灌木丛中。尤其在中部丘陵山区最常见。

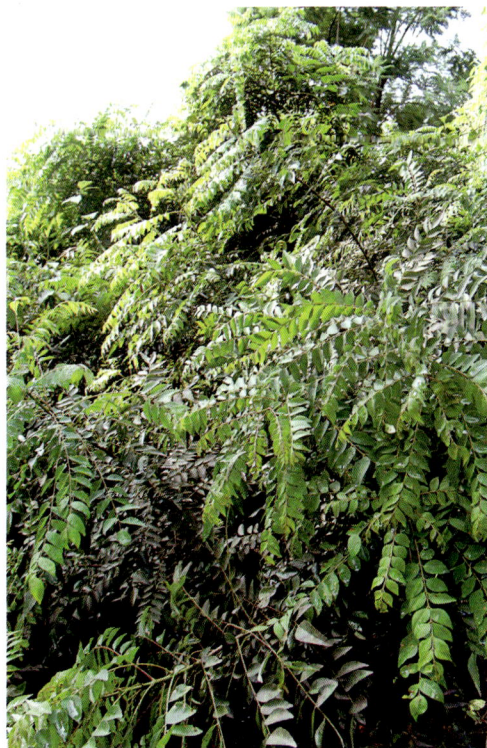

**图3-162** 过山香

### 3. 温州蜜柑 *Citrus reticulata* cv. Unshiu

柑橘，又名宽皮橘、宽皮橘或橘的一个主要栽培品系的统称，根据果实熟期不同又分为十多个品种。玉带凤蝶、玉斑凤蝶和达摩凤蝶等蝶种的寄主植物，美凤蝶、蓝凤蝶、柑橘凤蝶、碧凤蝶、宽带凤蝶等蝶种也取食该种（见图3-163）。

常绿小乔木，高约3m。小枝较细，无刺。叶革质，具有油腺点，长卵形，长5～9.5cm，宽1.5～4cm；叶柄翼退化。果实扁球形，橙黄色，果皮宽松，容易剥落。花期4～5月，果实无核，成熟期8～12月，依品种和地区异。枝叶繁茂，树形优美，在长江流域及其以南地区，栽培极为广泛。耐寒性较强，且抗溃疡病，但受介壳虫危害较重。

柑橘栽培品种分橘和柑两类，极多。传统的、有长刺的红橘等品种不适合用于育虫，但可以作为其他柑橘类寄主种苗繁育的砧木。

**图3-163**　温州蜜柑

## 4. 同心结 *Parsonia laevigata* (Moon) Alston

又名爬森藤，夹竹桃科（Apocynaceae）同心结属攀援灌木。养殖大帛斑蝶和幻紫斑蝶的推荐寄主植物（见图3-164）。

除花序外全株无毛。叶薄纸质，卵圆形或卵圆状长圆形，顶端具短尖头，长4～10cm，宽3～7cm，基部楔形或圆形，聚伞花序伞房状、腋生，着花20～30朵。蓇葖果线状披针形，长7～8cm，直径约1cm。种子被白色绢毛。花期4月，果期9～10月。

图3-164 同心结

### 5. 马齿苋 *Portulaca oleracea* L.

马齿苋科（Portulacaceae）马齿苋属植物，养殖金斑蛱蝶的优良寄主植物。

一年生草本，全株无毛。茎平卧或斜倚，伏地铺散，多分枝，圆柱形，长10～15cm，淡绿色或带暗红色。叶互生，有时近对生，叶片扁平，肥厚，倒卵形，似马齿状，长1～3cm，宽0.6～1.5cm，顶端圆钝或平截，有时微凹，基部楔形，全缘，上面暗绿色，下面淡绿色或带暗红色，中脉微隆起；叶柄短粗。花无梗，直径4～5mm，常3～5朵簇生枝端，午时盛开；苞片2～6，叶状，膜质，近轮生；萼片2，对生，绿色，盔形，左右压扁，长约4mm，顶端急尖，背部具龙骨状凸起，基部合生；花瓣5，稀4，黄色，倒卵形，长3～5mm，顶端微凹，基部合生；雄蕊通常8，或更多，长约12mm，花药黄色；子房无毛，花柱比雄蕊稍长，柱头4～6裂，线形。蒴果卵球形，长约5mm，盖裂；种子细小，多数，偏斜球形，黑褐色，有光泽，直径不及1mm，具小疣状凸起。花期5～8月，果期6～9月（见图3-165和图3-166）。

我国南北各地均产。性喜肥沃土壤，耐旱也耐涝，生活力强，生于菜园、农田、路旁，为田间常见杂草。广布全世界温带和热带地区。

图3-165　马齿苋（一）

图3-166　马齿苋（二）

**6. 马利筋** *Asclepias curassavica* Linn.

又名莲生桂子花、水羊角，萝藦科（Asclepiadaceae）马利筋属草本植物（见图3-167和图3-168）。金斑蝶、虎斑蝶和幻紫斑蝶的优良寄主。

多年生直立草本，灌木状，高可达80cm，全株无毛或有微毛，有白色乳汁。叶膜质，对生，长6～14cm，宽1～4cm。花序顶生或生于叶腋，有小花10～20朵。果实刺刀形，长6～10cm，直径1.5cm；种子卵圆形，顶端具白绢质长达2.5cm的种毛。

原产美洲，我国南北各地常有栽培，在南方有变为野生的。含强心苷，为有毒植物。喜光、喜湿润、喜温暖，不耐寒，耐瘠薄，但喜土壤肥沃疏松。在年平均气温19℃以上、全年日照1300h、年降雨量900mm、无霜期350天左右的气候条件下方能正常生长。在热带和亚热带地区生长迅速，叶片产量大，可兼作蜜源植物。开花结实后叶片营养价值下降，是其主要缺点。此外，该种易受蚜虫危害，必须加强监控与防治。

马利筋开花后叶片营养价值下降，幼虫取食后生长发育不良。花后地上部分死亡，即使不死，萌发力也很低。因此，应不断育苗更新。因为是主要寄主之一，需要量大，有必要建立良种基地，逐年精选培育，为大面积生产提供种子。

图3-167　马利筋（一）

图3-168
马利筋（二）

### 7. 牛角瓜 *Calotropis gigantea* Linn.

又名羊浸树、断肠草，萝摩科牛角瓜属，常呈灌丛状生长（见图3-169和图3-170）。金斑蝶的优良寄主之一。

直立灌木，全株有乳汁。高可达3m，幼嫩部分具灰白色浓毛，叶对生，有短柄、倒卵状长圆形至椭圆状长圆形，长8～20cm，宽3.5～9.5cm，两面有毛，成熟后渐脱落。果实膨大，端部外弯似牛角；种子顶端有白绢质、长达约2.5cm的种毛。

分布于广东、广西、四川和云南，生于低海拔向阳山坡、旷野，在农田周围和道路两旁较为常见。对土质要求低；喜光，极耐旱；不耐寒，不耐阴，不耐积涝。抗病力强，但蚜虫在春季和秋季可造成严重危害。

图3-169 牛角瓜的叶（上）和花（下）

图3-170 成片生长的牛角瓜

**8. 南山藤** *Dregea volubilis* Linn. f.

又名假夜来香,萝藦科南山藤属攀援藤本植物(见图3-171和图3-172)。青斑蝶的优良寄主。

木质大藤本,茎有皮孔,枝条灰褐色,有小瘤状凸起。叶片对生,宽卵形或近圆形,长7~15cm,宽5~12cm,顶端急尖或短渐尖,基部截形或浅心形,无毛或几无毛;侧脉每边约4条;叶柄长2.5~6cm。伞形状聚伞花序腋生,倒垂,着花多朵;花序梗长2~4cm,被微毛;花梗长2~2.5cm;萼片外面被柔毛,内有腺体;花冠黄绿色,有香气,冠片广卵形,长8mm,宽6mm;副花冠裂片肉质膨胀,内角延伸呈角状;花粉块长圆状,直立;子房被疏柔毛,花柱短,柱头顶端圆锥状凸起。蓇葖果披针状圆柱形,长12cm,直径约3cm,外果皮披白粉,有具多皱棱翅或纵肋;种子广卵形,长1.2cm,宽6mm,扁平,有薄边,棕黄色,顶端种毛长4.5cm。花期4~9月,果期7~12月。

分布于云南、贵州、广东、广西和台湾,自然生长于海拔500m以下山林内,偶有栽培作食用,喜光、喜热、耐旱、耐瘠薄。生长迅速,叶片产量高,质优。尚未发现毁灭性病害,但蚜虫可造成严重危害。

**图3-171**
南山藤的枝条(上)和叶片(下)

**图3-172**　成片种植的南山藤

### 9. 树头菜 *Grateva unilocularis* Buch.

山柑科（Capparaceae），鹤顶粉蝶的优良寄主。

树头菜的花像一团团的花球聚生于枝条末端，初时白色，之后转为淡黄色（见图3-173）。每朵花有很多细长的暗红色红蕊伸展出花朵外面。除作为观赏树之外，它还有很多用途。

分布在尼泊尔、缅甸、老挝、柬埔寨、印度、越南以及我国的广西、云南、广东等地，生长于海拔1500m的地区，常生长在湿润地区。

图3-173　树头菜植株（右）和叶片（左）

**10. 板蓝** *Baphicacanthus cusia* (Nees) Bremek.

又名马蓝、马兰、南板蓝根、大青叶、蓝靛，爵床科（Acanthaceae）马蓝属，枯叶蛱蝶的推荐使用寄主（见图3-174）。

灌木状草本，茎基部木质化，多分枝，高达1m以上。叶卵形至椭圆状矩圆形，长7~20cm，宽3~5cm，边有浅锯齿。从前栽培，以根叶提取染料或作药用。喜阴植物，怕日灼和霜冻。

分布于西南、华南至台湾等地。自然条件下多生长于低海拔的山沟河谷地带，而以半阴、富含腐殖质、不积水的林缘最多，长势最好，叶大而色浓绿。在贫瘠土壤和暴露在日光下时，植株矮小、发黄。喜土壤肥沃疏松、土层深厚、排水良好。叶产量高。个别植株在秋季和冬季开花，使其使用价值降低。

蚜虫是主要害虫，侵染嫩梢，严重时可造成寄主停止生长甚至死亡。苗期除杂草很重要，必须人工铲除或拔除。幼苗长高封行后，杂草基本不再构成威胁。

**图3-174**
人工栽培的板蓝植株和板蓝的花

### 11. 西番莲 *Passiflora edulis* Linn.

西番莲科（Passifloraceae），白带锯蛱蝶和红锯蛱蝶的优良寄主。

多年生常绿攀缘木质藤本植物。有卷须，单叶互生，具叶柄，其上通常具2枚腺体，聚伞花序，有时退化仅存1～2枚花。花两性、单性，偶有杂性，萼片5，常呈花瓣状，其背顶端常具1角状附属器；花瓣5，有时无；花冠与雄蕊之间具一至数轮丝状或鳞片状副花冠，有时无；内花冠各异；雄蕊通常5枚；雌蕊由3～5枚心皮组成；子房上位，生于雌雄蕊柄上，1室，具数枚倒生胚珠。夏季开花，花大，淡红色，微香。果为蒴果，室背开裂或为肉质浆果（见图3-175）。

**图3-175**
西番莲的植株（下）、叶片（上右）和花（上左）

**12. 补骨脂** *Psoralea corylifolia* L.

又名胡韭子、婆固脂、破故纸、补骨鸱、黑故子、胡故子、吉固子、黑故子等。豆科（Leguminosae）补骨脂属。达摩凤蝶的寄主植物之一。

补骨脂一年生草本，高60～150cm。枝坚硬，具纵棱；全株被白色柔毛和黑褐色腺点。单叶互生，有时枝端侧生有长约1cm的小叶；叶柄长2～4cm，被白色绒毛；托叶成对，三角状披针形，长约1cm，膜质；叶片阔卵形，长5～9cm，宽3～6cm，先端钝或圆，基部心形或圆形，边缘具粗锯齿，两面均具黑色腺点。花多数密集成穗状的总状花序，腋生；花梗长6～10cm；花萼钟状，基部连合成管状，先端5裂，被黑色腺毛；花冠蝶形，淡紫色或黄色，旗瓣倒阔卵形，翼瓣阔线形，龙骨瓣长圆形，先端钝，稍内弯；雄蕊10，花药小；雌蕊1，子房上位，倒卵形或线形，花柱丝状。荚果椭圆形，长约5mm，不开裂，果皮黑色，与种子粘贴。种子1粒，有香气。花期7～8月，果期9～10月（见图3-176）。

产于云南（西双版纳）、四川金沙江河谷。常生长于山坡、溪边、田边。喜温暖湿润气候，宜向阳平坦、日光充足的环境。苗期虽喜欢潮湿，但忌水淹。喜肥，基肥充足，土壤肥沃则生长茂盛。对土壤要求不严，一般土地都可种植，但以富含腐殖质的砂质壤土为最好，黏土较差。

图3-176　补骨脂植株（右）、叶片（左上）和花（左下）

### 13. 铁刀木 *Cassia siamea* Lam.

又名泰国山扁豆、孟买黑檀、孟买蔷薇木、黑心树等。豆科决明属常绿乔木（见图3-177）。养殖迁粉蝶、檗黄粉蝶*Eurema blanda*（Boisduval）的推荐寄主植物。

树高可达20m。树皮深灰色，近光滑，小枝粗壮，稍具棱，疏被短柔毛。偶数羽状复叶，小叶6～11对，薄革质，长椭圆形，长3.5～7cm，宽1.5～2cm，顶端圆钝，微凹陷而有短尖头，基部近圆形，叶背稍被脱落性的短柔毛；托叶早落。花为伞房状总状花序，腋生或顶生，排成圆锥状，花序轴被灰黄色短柔毛；萼片5，深裂；花径约2.5cm；花瓣5，黄色；雄蕊10枚，7枚发育，3枚不发育，子房无柄。荚果条状，扁平，两端渐尖，长15～30cm，宽1～1.5cm。有种子10～20粒，近圆形，扁平。

我国福建、台湾、广东、海南、广西、云南都有种植，其中以云南景洪的薪炭林栽培历史较长。喜光、不耐荫蔽。又喜温，凡有霜冻、寒害的地方均不能生长，在年平均气温21～24℃，极端最低气温在2℃以上的热带地区，生长最为适宜；在年平均气温19.5℃的南亚热带，极端最低温在0℃以上的地区尚能生长。

**图3-177**　铁刀木植株和花（右下）

### 14. 马鞭草 *Verbena officinalis* L.

马鞭草科（Verbenaceae），翠蓝眼蛱蝶的优良寄主植物。

多年生草本，高30～120cm；茎四方形，上部方形，老后下部近圆形，棱和节上被短硬毛。单叶对生，卵形至长卵形，长2～8cm，宽1.5～5cm，3～5深裂，裂片不规则的羽状分裂或不分裂而具粗齿，两面被硬毛，下面脉上的毛尤密。花夏秋开放，蓝紫色，无柄，排成细长、顶生或腋生的穗状花序；花萼膜质，筒状，顶端5裂；花冠长约4mm，微呈二唇形，5裂；雄蕊4枚，着生于冠筒中部，花丝极短；子房无毛，花柱短，顶端浅2裂。果包藏于萼内，长约2mm，成熟时裂开成4个小坚果，喜肥，喜湿润，怕涝，不耐干旱，一般的土壤均可生长，但以土层深厚、肥沃的壤土及沙壤土长势健壮，低洼易涝地不宜种植（见图3-178）。

图3-178　马鞭草植株（上）和花序（下）

### 15. 苎麻 *Boehmeria nivea* L.

又名白叶苎麻。苎麻科（Urticaceae）苎麻属多年生草本（见图3-179）。苎麻珍蝶、散纹盛蛱蝶 *Symbrenthia lilaea*（Hewitson）、大红蛱蝶 *Vanessa indica*（Herbst）的寄主植物。

苎麻属半灌木，高1～2m；茎、花序和叶柄密生短或长柔毛。叶互生，宽卵形或近圆形，表面粗糙，背面密生交织的白色柔毛。花雌雄同株，团伞花序集成圆锥状，雌花序位于雄花序之上；雄花花被片4，雄蕊4；雌花花被管状，被细毛。瘦果椭圆形，长约1.5mm。花果期7～10月。

苎麻适宜种植在温带及亚热带地区，土壤以土层深厚、疏松、有机质含量高、保水、保肥、排水性好、pH在5.5～6.5为宜。苎麻原产热带、亚热带，为喜温作物。实生苗不耐低温，温度降至0℃即冻死。苎麻对土壤的适应性较强，平原、湖区、丘陵区、山区的各种土壤，都可种植苎麻。最适宜的土壤是沙质壤土、黏质壤土和腐殖质壤土。

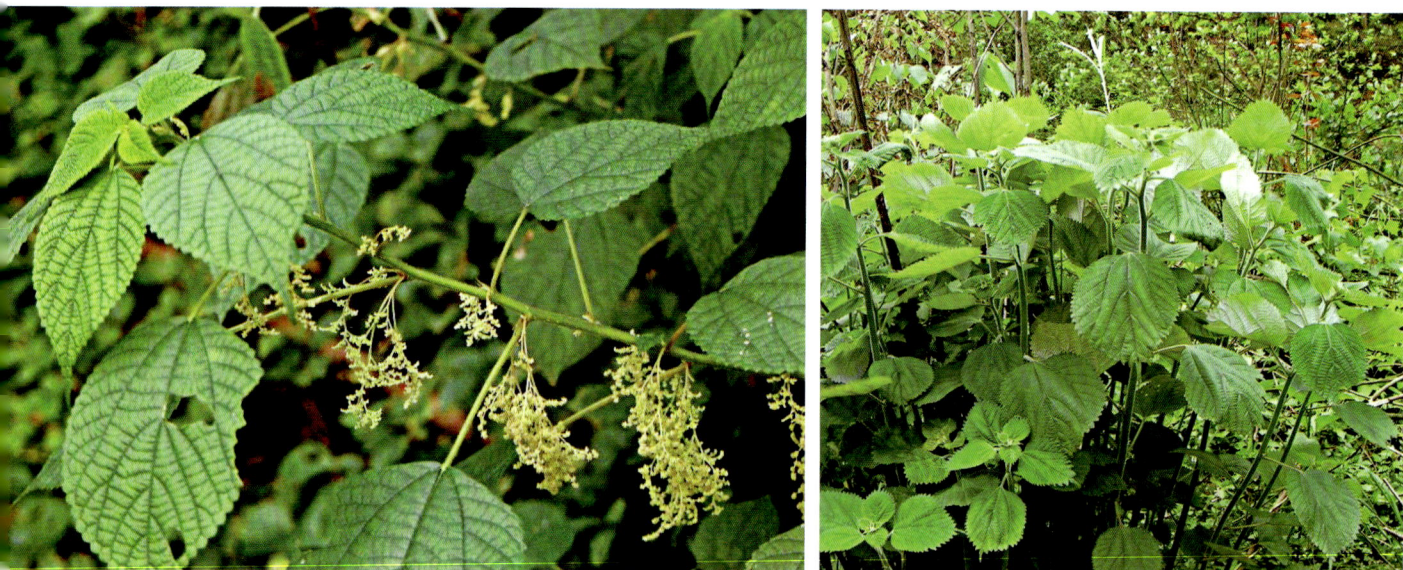

**图3-179**　苎麻的花序（左）和植株（右）

### 16. 马兜铃 *Aristolochia debilis* Sieb. et Zucc.

马兜铃为多年生的缠绕性草本植物，马兜铃科（Aristolochiaceae）。金裳凤蝶和裳凤蝶的优良寄主植物（见图3-180）。

草质藤本。根圆柱形。茎柔弱，无毛。叶互生；叶柄长1～2cm，柔弱；叶片卵状三角形、长圆状卵形或戟形，长3～6cm，基部宽1.5～3.5cm，先端钝圆或短渐尖，基部心形，两侧裂片圆形，下垂或稍扩展；基出脉5～7条，各级叶脉在两面均明显。花单生或2朵聚生于叶腋；花梗长1～1.5cm；小苞片三角形，易脱落；花被长3～5.5cm，基部膨大呈球形，向上收狭成一长管，管口扩大成漏斗状，黄绿色，口部有紫斑，内面有腺体状毛；檐部一侧极短，另一侧渐延伸成舌片；舌片卵状披针形，顶端钝；花药贴生于合蕊柱近基部；子房圆柱形，6棱；合蕊柱先端6裂，稍具乳头状凸起，裂片先端钝，向下延伸形成波状圆环。蒴果近球形，先端圆形而微凹，具6棱，成熟时由基部向上沿空间6瓣开裂；果梗长2.5～5cm，常撕裂成6条。种子扁平，钝三角形，边线具白色膜质宽翅。花期7～8月，果期9～10月。

　　喜光，稍耐阴，喜沙质黄壤土，耐寒，适应性强。

图3-180 马兜铃

### 3.5.2.3 常用蜜源植物

蜜源植物是蝴蝶成虫补充营养的取食对象，是蝴蝶个体发育中成虫阶段生存的基础和前提条件。也就是说，要进行蝴蝶养殖，也必须种植足够品种和数量的蜜源植物。由于蝴蝶蜜源植物大多为观赏花卉植物，其大规模种植，一方面是为了满足蝴蝶园蝴蝶养殖功能的需求，另一方面其形态各异、五彩缤纷、花香四溢的各种花卉，相比之下，比蝴蝶寄主植物更有利于对蝴蝶园形象的整体提升和氛围营造，因而也就更有利于吸引游客的目光和注意。实践证明，大量种植蝴蝶蜜源植物，在蝴蝶园建设实践中，已经成为蝴蝶园突出特色，是美化环境的一种独特方式。

蜜源植物花中有蜜腺，能分泌花蜜供蝴蝶成虫采食的显花植物，被称为蜜源植物。这其中也包括一些重要的寄主植物，如臭辣吴萸既是碧凤蝶、波绿凤蝶和柑橘凤蝶等的优良寄主，同时也是这些蝴蝶以及许多其他蝴蝶成虫喜访的蜜源植物。蝴蝶在幼虫期取食这些植物的叶片，影响了它们的生长，但到成虫期，访花则能为蜜源植物传递花粉，提高其结实率和杂交优势。一般说来，蝴蝶对蜜源植物有一定的选择性，如波绿凤蝶喜访白色的花，而美凤蝶偏爱红色或粉红色花。每一种蜜源植物都有固定的花期，因此对于多化性蝴蝶而言，同一蝶种成虫的蜜源植物常随地区和季节而变化。

### 1. 八宝景天 *Sedum spectabile* Boreau

又称蝎子草、华丽景天、长药景天等，景天科（Crassulaceae），主要分布于我国东北地区以及河北、河南、安徽、山东等地，多年生肉质草本植物（图3-181）。

株高30～50cm。地下茎肥厚，地上茎簇生，粗壮而直立，全株略被白粉，呈灰绿色。叶轮生或对生，倒卵形，肉质，具波状齿。伞房花序密集如平头状，花序径10～13cm，花淡粉红色，常见栽培的尚有白色、紫红色、玫红色品种。花期7～10月，宿根花卉类。

性喜强光和干燥、通风良好的环境，能耐低温；喜排水良好的土壤，耐贫瘠和干旱，忌雨涝积水。植株强健，管理粗放。

**图3-181**
八宝景天

**2. 藿香** *Agastache rugosa* (Fisch. et Mey.) O. Ktze.

藿香为多年生草本植物，唇形科（Lamiaceae）。分布较广，常见栽培（见图3-182）。喜温暖湿润和阳光充足环境，宜疏松肥沃和排水良好的沙壤土。其全草入药有止呕吐、治霍乱腹痛、驱逐肠胃充气、清暑等效；果可作香料；叶及茎均富含挥发性芳香油，有浓郁的香味，为芳香油原料；花是较好的蜜源。此外，藿香还可用作园林或庭院栽植美化环境。

**图3-182** 藿香

### 3. 彩叶草 *Coleus blumei* Benth

多年生草本植物，唇形科，观叶类花卉。株高50～80cm，栽培苗多控制在30cm以下。全株有毛，茎为四棱，基部木质化，单叶对生，卵圆形，先端长渐尖，缘具钝齿牙，叶可长15cm，叶面绿色，有淡黄、桃红、朱红、紫等色彩鲜艳的斑纹。顶生总状花序，花小，浅蓝色或浅紫色。小坚果平滑有光泽（见图3-183）。

图3-183 彩叶草

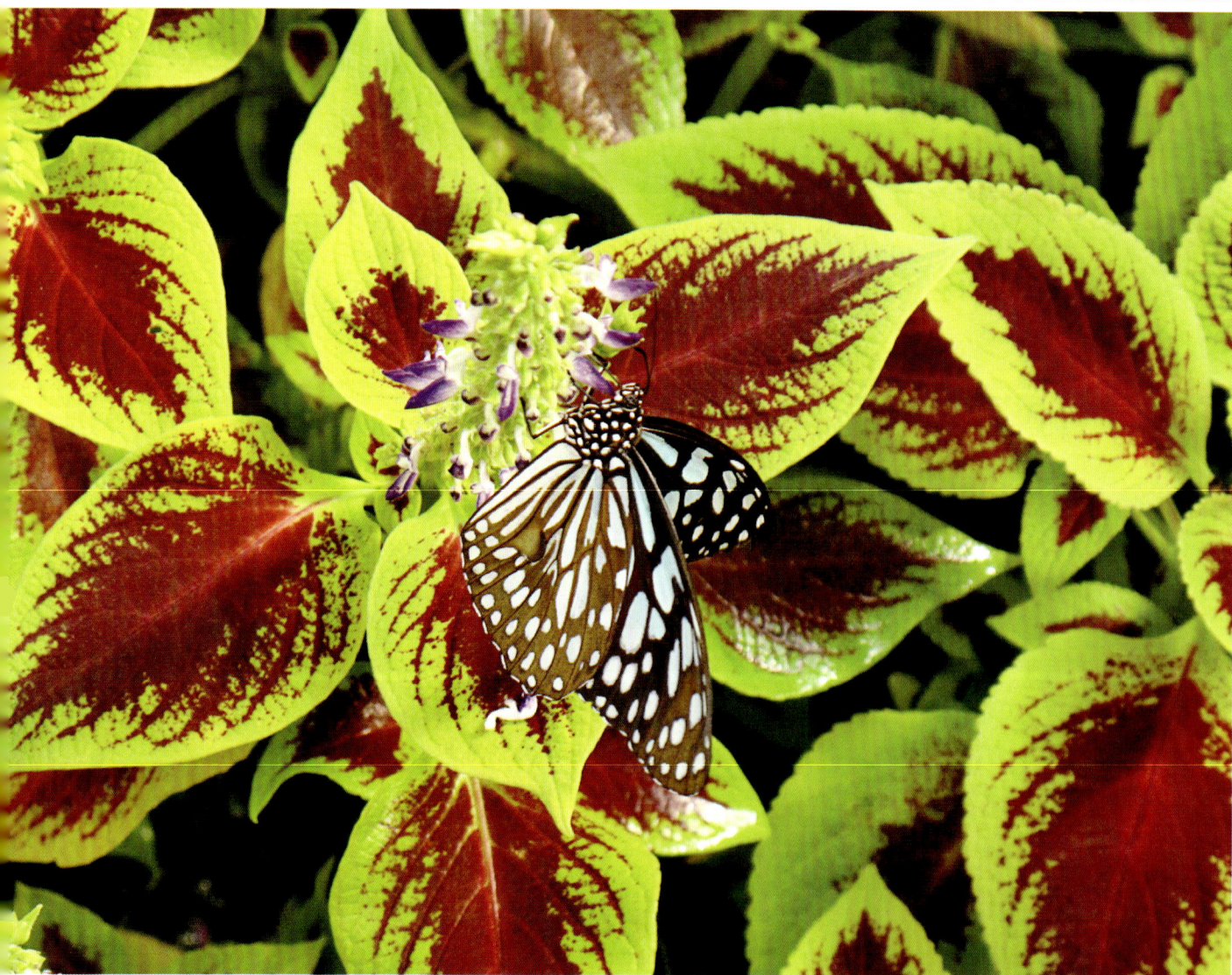

### 4. 大叶醉鱼草 *Buddleja davidii* Franch

马钱科（Loganiaceae），落叶灌木，高3～5m，单叶对生，叶椭圆状披针形，叶色灰绿；小枝四棱形，枝条长，斜生；叶背面密被白色棉毛和星状毛。花多，多数小聚伞花序集成穗状圆锥花序，从夏到秋一直盛开，花色丰富，有紫、红、暗红、白色等品种，芳香；花期6～9月（见图3-184）。

主要生长于长江流域。性喜阳，喜温暖气候，喜欢生长于排水好的地方。植株萌发力强，耐修剪，性强健，耐寒、耐旱、耐贫瘠，粗放管理，喜光照。

**图3-184**
大叶醉鱼草

### 5. 萼距花 *Cuphea hookeriana* Walp.

千屈菜科（Lythraceae），萼距花由于枝繁叶茂，叶色浓绿，四季常青，且具有光泽，花美丽而常年开花不断，易成形，耐修剪，有较强的绿化功能和观赏价值（见图3-185）。

现在我国广东、广西、云南、福建等省份已引种栽培，并广泛应用于园林绿化中。适于庭园石块旁作矮绿篱；花丛、花坛边缘种植；空间开阔的地方宜群植、丛植或列植，绿色丛中，繁星点缀，十分怡人。栽培在乔木下，或与常绿灌木或其他花卉配置均能形成优美景观；也可作地被栽植，可阻挡杂草的蔓延和滋生，还可作盆栽观赏。

**图3-185**　萼距花

### 6. **百日草** *Zinnia elegans* Jacq.

菊科（Asteraceae），直立性一年生草本，株高40～120cm，茎秆有毛。侧枝呈杈状分枝。叶对生、无柄、卵圆形，夏秋开花，头状花序单生枝顶，花径约10cm，花瓣颜色多样，花期长，花型变化多端，基本上都是重瓣种。性强健、耐干旱、喜阳光，喜肥沃深厚的土壤，忌酷暑。在夏季阴雨、排水不良的情况下生长不良。阿拉伯联合酋长国国花。花大色艳，开花早，花期长，株型美观，是常见的花坛、花境材料，矮生种可盆栽（见图3-186和图3-187）。

**图3-186**　百日草（一）

**图3-187**　百日草（二）（下页）

### 7. 孔雀草 *Tagetes patula* L.

菊科，生于海拔750～1600m的山坡草地、林中，或在庭园栽培（见图3-188）。分布于四川、贵州、云南等地。

株高30～40cm；羽状复叶，小叶披针形；花梗自叶腋抽出，头状花序顶生，单瓣或重瓣，花色有红褐色、黄褐色、淡黄色、紫红色斑点等。开花时，在矮墩墩多分枝的棵儿上，黄橙橙的花朵布满梢头，显得绚丽可爱。孔雀草有很好的观赏价值，适宜盆栽、地栽和做切花。叶对生，羽状分裂，裂片披针形，叶缘有明显的油腺点。头状花序顶生，花外轮为暗红色，内部为黄色，故又名红黄草。因为种间反复杂交，除红黄色外，还培育出纯黄色、橙色等品种，还有单瓣、复瓣等品种。

**图3-188** 孔雀草

### 8. 松果菊 *Echinacea purpurea* Moench

菊科，多年生草本植物，株高60～150cm，全株具粗毛，茎直立；基生叶卵形或三角形，茎生叶卵状披针形，叶柄基部稍抱茎；头状花序单生于枝顶，或数多聚生，花径达10cm，舌状花紫红色，管状花橙黄色。花期6～7月（见图3-189）。

**图3-189**　松果菊

### 9. 情人菊 *Argyranthemum frutescens* Golden Queen

菊科，园艺观赏用，株高20～40cm，花茎细长，腋生，叶互生，羽状裂叶，深绿色，几乎一年四季不断开花，花冠黄色，单瓣，花期长约一个月，瘦果（见图3-190）。

以扦插法繁殖，春秋季为适期，土质以沙质壤土最佳，日照排水需良好，施肥每一至两个月一次，喜温暖至高温，生育适温20～28℃，老化的情人菊可用修剪的方式促进新枝叶的萌蘖。

图3-190　情人菊

**10. 金鸡菊** *Coreopsis drummondii* Torr. et Gray

　　菊科，多年生宿根草本，叶片多对生，稀互生、全缘、浅裂或切裂。花单生或疏
圆锥花序，总苞两列，每列3枚，基部合生。舌状花1列，宽舌状，呈黄色、棕色或粉
色。管状花黄色至褐色（见图3-191）。

**图3-191**　　金鸡菊

## 11. 太阳花 *Portulaca grandiflora* Hook.

一年生或多年生肉质草本,马齿苋科(Portulacaceae),株高15～20cm。茎细而圆,茎叶肉质,平卧或斜生,节上有丛毛。叶散生或略集生,圆柱形,长1～2.5cm。花顶生,直径2.5～5.5cm,基部有叶状苞片,花瓣颜色鲜艳,有白、黄、红、紫等色。蒴果成熟时盖裂,种子小巧玲珑,银灰色。园艺品种很多,有单瓣、半重瓣、重瓣之分(见图3-192)。

**图3-192** 太阳花

### 12. 射干 *Belamcanda chinensis* (L.) Redouté

多年生直立草本。鸢尾科（Iridaceae），根状茎为不规则的块状。茎直立，实心。叶剑形，扁平，互生，嵌叠状2列，花柱圆柱形，柱头3浅裂，子房下位，3室，中轴胎座，胚珠多数。蒴果倒卵形，黄绿色，成熟时3瓣裂；种子球形，黑紫色，有光泽，着生在果实的中轴上（见图3-193和图3-194）。

**图3-193** 射干（一）

**图3-194** 射干（二）（下页）

### 13. 马缨丹 *Lantana camara* L.

马缨丹，又名五色梅，马鞭草科（Verbenaceae），蔓生灌木，野生植株高可达2m。主茎和分枝具明显的四棱，有短的倒钩状刺。叶片揉碎后有强烈气味。在热带地区四季开花，果实球形，直径约4mm，成熟后紫黑色。花色美丽、多型，常随花期而变化，是南方各地广泛栽培的园艺植物，也有野生者。在海南、云南、广西和广东等地区南部全年可以开花，在北京的花期为7～8月。喜温暖、湿润和阳光，适应性强，耐旱不耐寒。在干热地区开花繁茂，在中亚热带湿润地区生长旺盛，开花少而花期短。扦插或播种繁殖（见图3-195）。

**图3-195**　马缨丹

### 14. 柳叶马鞭草 *Verbena bonariensis* L.

柳叶马鞭草又称紫花美人樱，为马鞭草科多年生草本植物，原产于南美洲的巴西、阿根廷等地。株高100～150cm，直立，叶暗绿色，丛生于基部。茎直立，细长而坚韧。聚伞花序，小筒状花着生于花茎顶部，紫红色或淡紫色，花微小，蓝紫色，冠径60cm，花期6～10月。叶为柳叶形，十字对生，初期叶为椭圆形边缘略有缺刻，花茎抽高后的叶转为细长型如柳叶状边缘仍有尖缺刻，茎为正方形，全株有纤毛（见图3-196）。

柳叶马鞭草性喜温暖气候，生长适温为20～30℃，不耐寒，10℃以下生长较迟缓，在全日照的环境下生长为佳，对土壤选择不苛，排水良好即可，耐旱能力强，需水量中等。

柳叶马鞭草除营造壮观的花海外，因其摇曳的身姿、娇艳的花色、繁茂而长久的观赏期、开花植株可高达1.5m、花莛虽高却不倒伏、花色柔和，尤其适合与其他植物配置，作花境的背景材料。

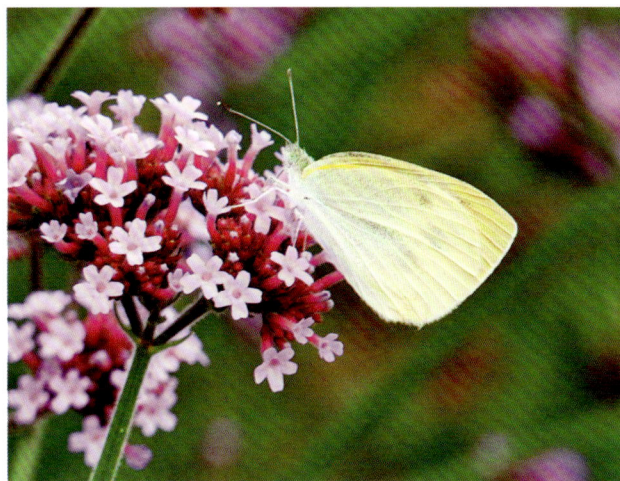

**图3-196** 柳叶马鞭草

### 15. 小叶女贞 *Ligustrum quihoui* Carr.

木犀科女贞属的小灌木。木犀科（Oleaceae），叶薄革质；花白色，香，无梗；花冠筒和花冠裂片等长；花药超出花冠裂片。核果宽椭圆形，黑色（见图3-197）。

小叶女贞产于我国中部、东部和西南部。

小叶女贞喜光照，稍耐阴，较耐寒，华北地区可露地栽培；对二氧化硫、氯等毒气有较好的抗性。性强健，耐修剪，萌发力强。生沟边、路旁或河边灌丛中，或山坡，海拔100～2500m。

图3-197　小叶女贞

### 16. 萝卜 *Raphanus sativus* L.

一二年生草本。十字花科（Cruciferae），根肉质，长圆形、球形或圆锥形，根皮红色、绿色、白色、粉红色或紫色。茎直立，粗壮，圆柱形，中空，自基部分枝。基生叶及茎下部叶有长柄，通常大头羽状分裂，被粗毛，侧裂片1～3对，边缘有锯齿或缺刻；茎中上部叶长圆形至披针形，向上渐变小，不裂或稍分裂，不抱茎。总状花序，顶生及腋生。花淡粉红色或白色。长角果，不开裂，近圆锥形，直或稍弯，种子间缢缩成串珠状，先端具长喙，喙长2.5～5cm，果壁海绵质。种子1～6粒，红褐色，圆形，有细网纹（见图3-198）。

**图3-198**　萝卜

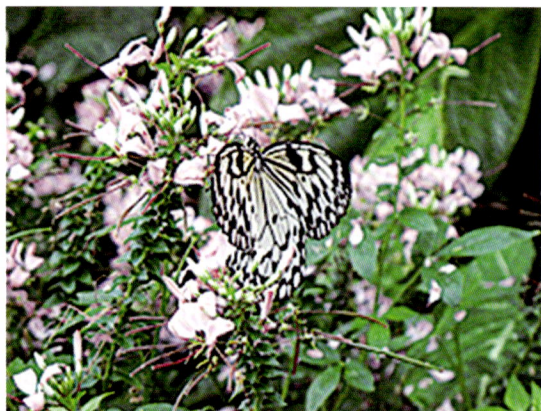

### 17. 醉蝶花 *Cleome spinosa* Jacp.

一二年生草本。山柑科（Capparaceae），其茎直立，株高60～120cm，掌状复叶，有小叶5～7片，全缘，长椭圆披针形，小叶短柄，花梗长而壮实，花瓣四片，总状花序顶生形成一个丰茂的花球，色彩红白相映，浓淡适宜。花由底部向上层层开放，花瓣披针形向外反卷，花苞红色，花瓣呈白色、紫色、粉红色、玫瑰色等，雄蕊特长，花期6～9月（见图3-199）。

**图3-199** 醉蝶花

**18. 九里香** *Murraya exotica* L.

常绿灌木，芸香科（Rutaceae）。有时可长成小乔木样，株姿优美，枝叶秀丽，花香浓郁（见图3-200）。

九里香产于云南、贵州、湖南、广东、广西、福建、海南、台湾等地，以及亚洲其他一些热带及亚热带地区。

**图3-200** 九里香

### 19. **玉叶金花** *Mussaenda pubescens* Ait. f.

藤状小灌木。茜草科（Rubiaceae），小枝蔓延，初时被柔毛，成长后脱落。单叶对生，有短柄，卵状矩圆形或椭圆状披针形，长5～8cm，宽2～3.5cm，先端渐尖，基部钝尖，边全缘，上面无毛或被疏毛，下面被柔毛；托叶2深裂，裂片条形，被柔毛。夏季开花，聚伞房花序，密集多花，着生枝顶（见图3-201）。

生于较阴的山坡、沟谷、溪旁及灌丛中。

**图3-201**　玉叶金花

# 3.6 蝴蝶研发中心

## 3.6.1 建设目的

蝴蝶研发中心也是大型蝴蝶园建设的组成部分，是蝴蝶园建设深度和建设品质的重要标志。其目的主要包括以下三个方面：

（1）蝴蝶园建设和管理的科技核心。蝴蝶研发中心既是蝴蝶园主体建设的重要内容，也是蝴蝶园坚持科学发展观、打造和培养自身核心竞争力的重要手段。由于蝴蝶研发中心是蝴蝶园建设和管理的一系列活动和产品的策划、创造和参与者，其人才构成和科研水平，必将直接影响蝴蝶园建设和管理的进程、效率、质量和水平。

（2）蝴蝶园与外部联络的技术纽带。限于蝴蝶园资金、成本、地域和发展的考虑，不可能也没有必要拥有和保持大量的科研技术人员，但它完全可以通过授权，作为一个技术权威部门，代表蝴蝶园与其外部各科研院所、大专院校发生联系，并就共同关心的问题开展科学研究和技术合作，本着资源共享、互利双赢的原则，积极推动蝴蝶园的建设和发展。

（3）蝴蝶园旅游体验的神秘环节。蝴蝶研发中心的科研环境、科研设备、设施、材料、各种研发产品、科研成果等，本身就是来蝴蝶园参观游览的游客群众，尤其是广大在校青少年学生特别感兴趣的内容。一些蝴蝶园的研发机构在确保自身科研秘密和不影响正常工作的情况下，将部分科研设备、设施、研发产品、科研成果等，直接向游人展示，从而增加他们旅游体验的神秘感、激发他们的科学热情和参与冲动，以达到让更多人关注蝴蝶问题、自然问题、环保问题的目的。

## 3.6.2 建设内容及要求

### 3.6.2.1 办公区

蝴蝶研发中心办公区的建设内容主要包括办公室、接待室、大小会议室、多媒体室、档案室、专家休息室等，要求安全、整洁、方便，尽可能满足科研技术人员的办公和交流需要（见图3-202）。

### 3.6.2.2 实验区

蝴蝶研发中心实验区的建设内容主要包括研究室、实验室、标本室、资料室、蝴蝶引种驯化试验区和蝴蝶寄主引种繁殖试验区等，要求安全、整洁、方便，尽可能满足科研技术人员的科研和开发需要（见图3-203和图3-204）。

### 3.6.2.3 后勤区

蝴蝶研发中心后勤区的建设内容主要包括专家公寓、餐饮厅、娱乐厅、健身厅和简易户外运动场所等，要求安全、方便、舒适，尽可能满足科研技术人员的生活需要。

图3-202 韩国咸平蝴蝶研究所

图3-203 韩国咸平蝴蝶养殖实验研究基地

图3-204 云南蝴蝶养殖实验研究基地

# 3.7　基础项目建设

## 3.7.1　建设目的

　　蝴蝶园基础项目是指确保蝴蝶园正常运行以及管理和维护所必需的交通、通信、给排水、供电、环保等基础性建设内容。进行蝴蝶园基础项目建设的目的是夯实蝶园基础、完善蝶园建设、保障蝶园运行、提升蝶园形象，从而更好地引导游客、保护游客、关心游客、服务游客。基础项目建设的完善程度、建设品质和建设效果，同样关系到来蝴蝶园旅游观光的每一个人的切身感受，关系到蝴蝶园的经营效率和经营效果，关系到蝴蝶园的最终经济利益。

## 3.7.2　建设内容及要求

### 3.7.2.1　道路交通系统建设

（1）道路系统

　　道路系统是蝴蝶园建设的基本骨架，是蝴蝶园开展旅游的必备条件。道路系统通常分为主游道、次游道和游步道。主游道是蝴蝶园游人集散和疏导的主动脉，要求采用水泥或沥青铺装，可供各种车辆和行人通过；次游道是蝴蝶园游人集散和疏导的次动脉，只是宽度小于主游道，通常也要求采用水泥或沥青铺装，仅供观光车辆和行人通过；游步道是蝴蝶园游人疏导和游览的最小游道单位，宽度通常在80～160cm，一般要求采用石料、防滑瓷砖或防腐木铺装，由于局部路段设有阶梯，车辆无法通过，仅供行人通过（见图3-205～图3-208）。

图3-205
郑州娄河蝴蝶岛路网规划图

**图3-206**
南宁良凤江蝴蝶
园游道

**图3-207**
湖南森林植物园
蝴蝶谷游道

**图3-208**
福州蝴蝶园园区
道路

（2）车站

车站是蝴蝶园内外交通的交汇点，是游客进出蝴蝶园终到站和起始点。车站建设的位置、方式、方便程度，往往成为游客感受蝴蝶园人性化服务的关键环节。车站建设要求游客出入方便、安全，便于车辆停靠、游客上下等。

（3）停车场

停车场通常作为园外交通工具的集中停放场所。要求生态，便于车辆停放和疏导。

（4）园内交通工具

由于蝴蝶园管理和生态环保的要求，园内通常不允许外部车辆进入，一般采用电瓶车等绿色环保交通代步工具（见图3-209）。

**图3-209**
南宁蝴蝶园中的四轮代步车

### 3.7.2.2 给排水系统建设

（1）给水系统

给水系统是蝴蝶园给水的取水、输水、水质处理和配水等设施以一定的方式组合成的总体，是指通过管道及辅助设备，分别按照建筑物和用户的生产、生活和消防的需要有组织地输送到用水地点的网络。建设给水系统的目的是保证连续可靠地向蝴蝶园各用水点供水。

（2）排水系统

排水系统是蝴蝶园排水的收集、输送、水质处理和排放等设施以一定方式组合成的总体，包括用以除涝、防渍、防污的各级排水沟（管）道及建筑物的总称。它主要由各级排水沟、排水闸、抽排泵站和排水容泄区等组成。建设排水系统的目的是保证连续可靠地向蝴蝶园外排放多余的雨水、积水、废水、污水等（见图3-210）。

**图3-210**
窨井和排水沟

### 3.7.2.3 能源系统建设

（1）供电系统

供电系统是由电源系统和输配电系统组成的产生电能并供应和输送给蝴蝶园用电设备的系统。

确定供电系统的原则：一是供电可靠，也就是供电系统不间断供电的可靠程度；二是操作方便，运行安全灵活；三是经济合理，即接线方式在满足生产要求和保证供电质量的前提下应力求简单，以减少投资和运行费用，并应提高供电安全性；四是具有发展的可能性，应确保利于蝴蝶园的未来发展，同时能适应分期建设的需要。

（2）供气系统

供气系统又称中央供气系统，主要由气源、切换装置、调压装置、终端用气点、监控及报警装置组成。简而言之，供气系统就是将中央储气设备中的气体经切换装置并调压后通过管路系统输送到蝴蝶园各个分散的终端用气点。

（3）新能源利用

在有条件的蝴蝶园，提倡利用新能源，如太阳能、地热能、风能、生物质能等，用以解决或部分解决蝴蝶园的户外照明、标牌装饰等。

### 3.7.2.4　通信系统建设

通信系统包括电话、电视、广播、邮政、网络等的建设，目的在于提供蝴蝶园与外部的信息传递方式和信息交流手段，使游客感到方便、舒适。

### 3.7.2.5　环保系统建设

蝴蝶园的环保体系建设，主要是做好生态保护体系、污水处理体系、公厕建设和各种垃圾处理工作。

（1）生态保护体系，包括地形地貌保护、植被保护、动物保护、水源保护、湿地保护、空气保护等级区划、分类保护措施、保护宣传体系建设等。

（2）污水处理体系，包括雨污分流管网、污水处理站、再生水利用等的设施、设备建设。

（3）公厕建设。蝴蝶园应采用固定和移动相结合的方式，本着实用、方便、美观、牢固、便于维护和管理的原则，尽量应用新技术、新材料、新方法，努力建设生态型、友好型、节约型、和谐型和创新型的新式公厕体系，不仅满足功能性需要，更应成为景区一道靓丽的风景（见图3-211）。

（4）垃圾处理。蝴蝶园垃圾处理体系建设应努力做到：

1）能分类的垃圾分类回收。

2）能重复利用的运送到相应的加工厂，不能直接重复利用的则按有机物送沼气处理场，用于沼气发电、沼渣堆肥。

3）无机物垃圾集中送焚烧场处理。

4）实现垃圾无填埋、少焚烧，争取全部循环利用。

5）合理配置垃圾箱（见图3-212）、垃圾车。

6）建立常规保洁队伍，完善园区保洁制度，确保执行。

**图3-211**
公共厕所

**图3-212**　垃圾箱

### 3.7.2.6　园林及植被建设

蝴蝶园的园林及植被建设主要包括硬质景观、园林植物、植被恢复三大内容（见图3-213和图3-214）。

（1）硬质景观

硬质景观是指蝴蝶园园林景观中的硬化建设内容，包括园路、铺地、亭廊、水体、假山、观景台等。要求安全、美观、适用、协调。

（2）园林植物

园林植物是指蝴蝶园内部和外部园林景观中的植被建设内容，包括乔木、灌木、花卉、地被植物等。要求和谐、美观、自我修复能力强、便于管理（见图3-215和图3-216）。

（3）植被恢复

蝴蝶园的植被恢复是指运用生态学原理，采取保护现有植被或营造人工林、灌木林、地被植物等措施，修复或重建园中被毁坏或被破坏的森林植被和自然生态系统，恢复其生物多样性及其生态系统功能，恢复植被合理稳定的结构、高效的功能与和谐的关系（见图3-217）。

图3-213　成都蝴蝶园水体景观

图3-214　湖南森林植物园蝴蝶园水体景观

图3-215
德国梅瑙蝴蝶园
外部环境景观
（一）（下页）

**图3-216**  德国梅瑙蝴蝶园外部环境景观（二）

**图3-217**　法国巴黎蝴蝶园外部植被景观

### 3.7.2.7　标牌系统建设

蝴蝶园的标牌系统建设主要包括标牌型导游图以及各种各样的指路牌、宣传牌、警示牌等。

（1）导游图

导游图通常设置在蝴蝶园的主路口或交叉路口处，便于游客随时了解蝴蝶园整体道路情况和自己所在位置（见图3-218）。要求简明扼要、清晰美观、辨析方便。

（2）指路牌

路牌通常设置在蝴蝶园的主路口、交叉路口、道路转弯或景点所在位置附近，便于游客随时了解蝴蝶园的景点名称、方向和位置（见图3-219）。要求名实相符，指示准确。

图3-218　导游图

图3-219　指路牌

（3）宣传牌

宣传牌是蝴蝶园中文化建设的重要内容，也是蝴蝶园形象的标志之一。例如，蝴蝶园形象宣传、蝴蝶园纪念性项目宣传以及各种文明标语，如"尊重自然、保护环境"，"只带走照片、仅留下脚印"，"护林防火、人人有责"等（见图3-220）。

（4）警示牌

警示牌通常设置在蝴蝶园中需要提醒游客注意的地方，如保护蝴蝶、注意滑坡和落石、野生动物出没地带以及其他易发生危险地带等（见图3-221）。

图3-220 宣传牌

图3-221 警示牌

# 3.8　配套项目建设

## 3.8.1　建设目的

蝴蝶园配套项目是指蝴蝶园中与旅游接待和旅游服务相关的建筑、设施、设备等。进行蝴蝶园配套项目建设的目的是关心游客、服务游客。主体项目建设的主要关注对象是蝶，并通过对蝶的关注再关注人；配套项目建设的直接关注对象就是人。配套项目的建设规模、建设品质和建设效果，直接关系到来蝴蝶园旅游观光的每一个人的切身感受，同样关系到蝴蝶园的经营效率和经营效果，关系到蝴蝶园的最终经济利益。

## 3.8.2　建设内容及要求

### 3.8.2.1　游客服务设施

凡是具有一定规模的蝴蝶主题公园，都要配套建设相应的游客接待服务设施。蝴蝶园的规模越大，配套的游客接待服务设施越复杂；管理水平越高，配套的游客接待服务设施越完善（见图3-222）。

**图3-222**
厦门蝴蝶园游客服务中心

（1）导游中心

如同其他风景区的导游中心一样，蝴蝶园的导游中心也是直接向游客提供导游服务的专业旅游接待场所。导游中心要求选址科学、造型别致、引人瞩目、建筑风格与环境相协调，投入使用时，要让导游和游客均感到方便。导游中心的建设规模和建设风格，要根据蝴蝶园的设计要求来确定。

（2）咨询中心

蝴蝶园的咨询中心，也是直接向游客提供咨询服务的专业旅游接待场所。咨询中心在多数情况下是与导游中心一起建设和使用的。投入使用时，也同样要让开展蝶园旅游咨询的工作人员和游客均感到方便。

（3）宾馆

宾馆是蝴蝶园向游客提供住宿和休息服务的旅游接待场所。宾馆建设要求选址科学、造型美观，建筑风格与当地传统建筑、传统文化以及环境相协调。投入使用时，要便于管理，让游客感到舒适，有宾至如归的感觉（见图3-223）。

（4）商店

商店是蝴蝶园向游客提供购物服务的旅游接待场所。商店建设既可与宾馆相结合，也可独立建设。商店建设要求使用方便、造型美观、建筑风格与环境相协调（见图3-224）。

（5）饭店

饭店是蝴蝶园向游客提供餐饮服务的旅游接待场所。饭店建设既可与宾馆相结

**图3-223**
大理蝴蝶园边的
蝴蝶泉宾馆

**图3-224**
韩国咸平蝴蝶园中的商店和商品陈列室

合，也可独立建设。饭店建设要求使用方便、造型美观、建筑风格与环境相协调（见图3-225和图3-226）。

**图3-225**
韩国咸平蝴蝶园边的蝴蝶餐厅

**图3-226**
南宁良凤江蝴蝶园中的水晶茶廊

（6）商务中心

商务中心是蝴蝶园向游客提供上网、传真、复印、订票等商务服务的专门接待场所。商务中心的建设通常与宾馆相结合。商务中心要求装修别致、便于寻找、便于使用。

（7）医务中心

医务中心是蝴蝶园向游客提供医疗服务的专门旅游接待场所。医务中心的建设通常与宾馆相结合，也可独立建设，要求其建设、装修和内部设施及设备安装等，必须符合国家医疗卫生的相关要求，便于寻找、便于使用。

（8）娱乐中心

娱乐中心是蝴蝶园向游客提供棋牌、洗浴、卡拉OK、室内运动等娱乐服务的专门旅游接待场所（见图3-227）。娱乐中心的建设通常与宾馆相结合，也可独立建设，要求其建设和装修必须符合国家安全和娱乐服务的相关法律、法规要求，便于管理、便于使用。

**图3-227**
韩国咸平蝴蝶园中的儿童游乐园

#### 3.8.2.2　万国蝶苑

万国蝶苑也是蝴蝶园配套建设的特色组成部分。通常选择蝴蝶园中视野相对开阔、景观比较丰富的区域，如山坡、湖边、河岸、林地或草坪等，用大小不等的中外名蝶仿真模型，因地制宜、错落有致地安置在地面、水面、草丛、树上或空中，以形成适度夸张的仿真蝴蝶景观，从而营造蝴蝶园的个性环境，烘托蝴蝶园的独特氛围（见图3-228）。

万国蝶苑中可设国内区和国际区。

（1）国内区：主要布置我国最具代表性的名贵蝴蝶的仿真模型。

（2）国际区：主要布置世界各国最具代表性的名贵蝴蝶的仿真模型。

**图3-228**
昆明春城蝴蝶谷万国蝶苑设计草图

#### 3.8.2.3　婚庆园

在大型蝴蝶主题公园建设中，婚庆园通常也作为蝴蝶园的重要配套建设项目，其服务对象是新婚伉俪及其家人、亲友。目的是充分利用蝴蝶园资源，深化蝴蝶园经营层次，增加蝴蝶园经营收入。

（1）婚庆服务中心

婚庆服务中心是专门为新婚夫妇举办婚礼或婚庆活动提供服务的机构、工作人员及其配套的设备、设施和场地。条件较好的蝴蝶园，还可以分别建设中式婚礼服务区和西式婚礼服务区。

1）中式婚礼服务区：区内着意营造符合中国传统习惯的婚礼习俗氛围，通常象征性地配备中式洞房、花轿、鞭炮、婚礼服饰等。

2）西式婚礼服务区：区内着意营造符合西方传统习惯的婚礼习俗氛围，通常配备西式教堂、鲜花、婚礼服饰等。

（2）婚礼外景地

婚礼外景地与影视外景地有类似之处，只是婚庆外景地的建设内容应与爱情、婚礼、婚庆相关，更适合拍摄婚纱照片、录像等，因而其建设方式、建设布局、建设风格等，应该更具喜庆气氛、更具浪漫色彩、更具纪念意义（见图3-229和图3-230）。

**图3-229**
婚礼外景地（一）

**图3-230**　婚礼外景地（二）（下页）

### 3.8.2.4 爱情文化园

由于蝴蝶的自然属性，总是出双入对、比翼双飞、忠贞不渝、生死相依，因而在中华民族的传统文化中，蝴蝶总是与甜蜜的爱情、美好的事物联系在一起，因此，蝴蝶文化从本质上讲，就是爱情文化，是中华传统文化不可分割的重要组成部分（见图3-231和图3-232）。在有条件的蝴蝶园中，选择风景优美的环境，开辟一定区域，建设一个爱情文化园，将中外著名爱情故事，包括中国的梁山伯与祝英台的爱情故事、外国的罗密欧与朱丽叶的爱情故事等，以及各种各样与爱情相关的事件，以适当表现形式布局在园中，供想往美好爱情、想往幸福生活的人们瞻仰、凭吊。这样的建设内容，不仅与蝴蝶园的主体建设不冲突，而且有利于提升蝴蝶园的品质、丰富蝴蝶园的内涵、扩大蝴蝶园的影响。比如浙江宁波梁祝文化园中的"梁山伯与祝英台"、"罗密欧与朱丽叶"；还有湖南森林植物园中建设的"爱墙"。其实真正的爱墙坐落在法国巴黎市北蒙马特高地的一个小公园内，墙面约40cm，由511块深蓝色的长方形彩瓷砖组成，上面用311种语言和笔迹写满了同一句话："我爱你"。这可以说是一个极具意味的爱情文化创意（见图3-233）。

**图3-231** 蝴蝶之爱（一）

**图3-232** 蝴蝶之爱（二）（下页）

爱墙—时光留下爱与浪漫

爱墙坐落在巴黎市北蒙马特高地平
方米上的一个街头小公园里。墙前一排
长边是一个儿童乐园。墙面面
方米。由511块深蓝色的长方砖瓷
成。上面用311种语言和笔迹书写满了
一句话"我爱你"。

爱墙的倡议者是法国一位名叫巴隆
的爱情歌曲的音乐家。他邀请研月
书法和东方绘画的法国女艺术家古
这堵墙作了艺术设计。在爱墙瓷
的字里行间。数年着不同民求收
集。据说这寓意着破碎的心。作者
纯洁和美好的爱来重新组合这颗
心。

代社会。人与人之间的关系日益
要打破冰冷、误解、分歧的高墙。
需要一句简单的"我爱你"!

图3-233    爱之故事

### 3.8.2.5 快乐儿童村

　　根据对目前世界各地蝴蝶园的经营情况调查，在来蝴蝶园的主要游客群体中，有60%以上是少年儿童，他们才是蝴蝶园最忠实、最活跃的光顾者、支持者。尤其是五彩缤纷的活蝴蝶，仿佛精灵一般，是他们最感兴趣的事物。少年儿童的大量到来，一方面是学习知识、了解自然；另一方面则是体验生活、丰富阅历。能否给他们的人生留下更加深刻、更加值得回忆的印象，是每一个蝴蝶园建设者所应努力追求的重要目标。如果条件允许，在蝴蝶园中配套建设一个快乐儿童村项目，并结合青少年的性格和特点，巧妙增设一些少年儿童喜闻乐见的游乐内容，让他们在游览蝴蝶园主要项目之余，满怀兴致地参与、尝试和体验一些新的游乐项目，一定会大有裨益。比如：美国库克雷尔蝴蝶中心（The Cockrell Butterfly Center）开展的蝴蝶领养项目（见图3-234）；美国魔翼蝴蝶园（Magic Wings Butterfly Conservatory & Garden）开展的与蝴蝶亲密接触项目（见图3-235）；日本伊丹蝴蝶园开展的蝴蝶识别和手工制作项目（见图3-236）；德国梅瑙蝴蝶园边的快乐儿童村项目等（见图3-237）。

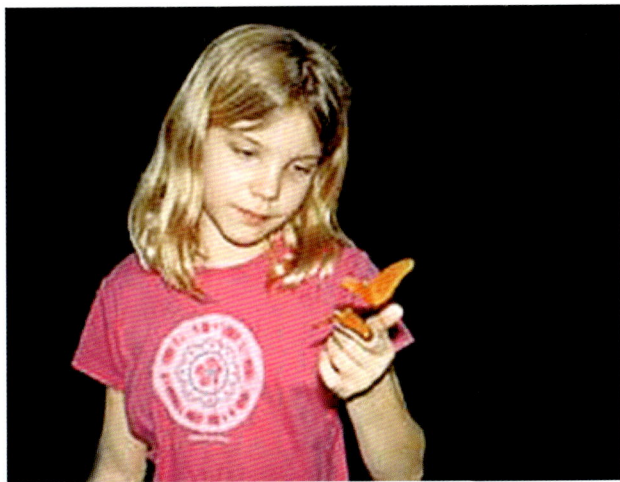

图3-234　美国库克雷尔蝴蝶中心的蝴蝶领养项目

图3-235　美国魔翼蝴蝶园的与蝴蝶亲密接触项目

图3-236 日本伊丹蝴蝶园的蝴蝶识别和手工制作项目

**图3-237** 德国梅瑙蝴蝶园边的快乐儿童村项目

# 第四章 蝴蝶园管理

蝴蝶园管理是实现蝴蝶园经济利益和社会利益的重要手段，其管理方式、管理水平和管理效果关系着蝴蝶园的前途和命运。蝴蝶园的规模越大，管理的难度也会越大，需要考虑的因素也就越多、越复杂，但如果管理得当，其市场竞争能力和规模效益将远远大于那些小规模的蝴蝶园，所带来的综合效益自然也是其他类型蝴蝶园无法比拟的。

从目前国内外蝴蝶园的管理实践来看，按照市场经济的规律和要求，按照现代企业管理的制度和方法，蝴蝶园的管理内容大致可以归结为蝴蝶园管理机构的设置、蝴蝶园的行政管理、财务管理、人事管理、技术管理、营销管理和后勤管理等七个方面。在实际操作中则可以根据蝴蝶园的具体情况，如蝴蝶园的地理位置、蝴蝶园的建设和投资规模、蝴蝶园的管理体制、蝴蝶园的管理归属以及蝴蝶园的总体布局和规划设计等，对管理内容进行调整、增减或合并。

在蝴蝶园管理的各项内容中，蝴蝶园的技术管理是本章的主要讨论对象，尤其是蝴蝶观赏园和蝴蝶养殖园的技术管理。

## 4.1 组织结构设置

一个符合市场经济规律和社会发展需要的蝴蝶园，应当是顺应时代潮流的、按照股份制形式设立和现代企业制度管理的蝴蝶园，其组织系统一般应包括如下功能机构。

### 4.1.1 股东大会

股东大会是股份制蝴蝶园的最高权力机构，它由全体股东组成，对蝴蝶园重大事项进行决策，有权选任和解除董事，并对蝴蝶园的经营管理有广泛的决定权。股东大会既是一种定期或临时举行的由全体股东出席的会议，又是一种非常设的由全体股东所组成的蝴蝶园的最高权力机关。它是股东作为蝴蝶园财产的所有者，对蝴蝶园行使财产管理权的组织。蝴蝶园的一切重大人事任免和重大经营决策，一般都需经过股东大会认可和批准方才有效。行政事业单位和个体投资性质的蝴蝶园无股东大会设置。

### 4.1.1.1 股东大会的类型

股东大会一般分为三种。

（1）法定股东大会

如果蝴蝶园属于公开招股的股份公司，从它开始营业之日算起，一般规定在最短不少于1个月，最长不超过3个月的时期内举行一次公司全体股东大会。会议主要任务是审查公司董事在开会之前14天向公司各股东提出的法定报告。目的在于能让所有股东了解和掌握蝴蝶园的全部概况以及评估重要业务是否具有牢固的基础。

（2）年度股东大会

蝴蝶园股东大会定期会议又称蝴蝶园股东大会年会，一般每年召开一次，通常是在每一会计年度终结的6个月内召开。

年度大会内容包括选举蝴蝶园公司董事、变更蝴蝶园公司章程、宣布蝴蝶园公司股息、讨论增加或者减少蝴蝶园公司资本、审查董事会提出的营业报告等。

（3）临时股东大会

临时股东大会通常是由于发生了涉及蝴蝶园及股东利益的重大事项，无法等到股东大会年会召开而临时召集的股东会议。临时股东大会仅限于讨论蝴蝶园临时的紧迫问题。

关于临时股东大会的召集条件，《公司法》第101条有明确规定。据此，有以下情形之一时，应当在两个月内召开蝴蝶园股东大会：

1）董事人数不足法定规定人数或者蝴蝶园章程所定人数的三分之二时。

2）蝴蝶园未弥补的亏损达实收股本总额三分之一时。

3）单独或者合计持有蝴蝶园公司百分之十以上股份的股东请求时。

4）蝴蝶园董事会认为必要时。

5）蝴蝶园监事会提议召开时。

6）蝴蝶园章程规定的其他情形。

### 4.1.1.2 股东大会的性质

蝴蝶园股东大会的性质，主要体现在以下两个方面。

（1）体现股东意志

蝴蝶园股东大会是由蝴蝶园全体股东组成的权力机关，它是全体股东参加的全会，而不应是股东代表大会。因此，股东不能亲自到会的，应委托他人代为出席投票，以体现全体股东的意志。

（2）蝴蝶园最高权力机关

股东大会是蝴蝶园经营管理和股东利益的最高决策机关，不仅要选举或任免董事会和监事会成员，而且蝴蝶园的重大经营决策和股东的利益分配等都要得到股东大会的批准。但股东大会并不具体和直接介入蝴蝶园的经营管理，它既不对外代表蝴蝶园与任何单位发生关系，也不对内执行具体业务，本身不能成为蝴蝶园法人代表。

### 4.1.1.3　股东大会的职权

股东大会行使下列职权：

（1）决定蝴蝶园的经营方针和投资计划。

（2）选举和更换蝴蝶园董事，决定有关董事的报酬，审议批准董事会的报告。

（3）选举和更换蝴蝶园监事，决定有关监事的报酬，审议批准监事会的报告。

（4）审议批推蝴蝶园的年度财务预算方案、决算方案。

（5）审议批准蝴蝶园的利润分配方案和弥补亏损方案。

（6）对蝴蝶园公司增加或者减少注册资本做出决议。

（7）对蝴蝶园股东向股东以外的人转让出资做出决议。

（8）对蝴蝶园公司合并、分立、解散和清算等事项做出决议。

（9）修改蝴蝶园公司章程，以及公司章程规定需由股东大会决定的事项。

### 4.1.1.4　股东大会行使职权的方式

蝴蝶园股东大会由董事会依照《公司法》规定负责召集，由董事长主持。董事长因特殊原因不能履行职务时，由董事长指定的副董事长或者其他董事主持。一般要求：

（1）召开蝴蝶园股东大会，应当将会议审议的事项于会议召开三十日以前通知各股东。

（2）蝴蝶园临时股东大会不得对通知中未列明的事项作出决议。

（3）蝴蝶园股东大会作出决议，必须经出席会议的股东所持表决权的半数以上通过。

（4）股东大会对蝴蝶园公司合并、分立或者解散作出决议，必须经出席会议的股东所持表决权的三分之二以上通过。

（5）修改蝴蝶园公司章程必须经出席股东大会的股东所持表决权的三分之二以上通过。

（6）蝴蝶园股东大会应当将对所议事项的决定作成会议记录，由出席会议的董事签名。会议记录应当与出席股东的签名册及代理出席的委托书一并保存。

（7）蝴蝶园股东有权查阅蝴蝶园公司章程、股东大会会议记录和财务会计报告，对蝴蝶园的经营提出建议或者质询；股东大会、董事会的决议违反法律、行政法规，侵犯股东合法权益的，股东有权向人民法院提起要求停止该违法行为和侵害行为的诉讼。

（8）蝴蝶园股东大会一般是一年召开一次，且应在每个会计年度终结之后六个月期限内召开；必要时，也可以召开临时股东会议。

（9）蝴蝶园股东大会原则上由公司董事会召集；股东大会的会议通知书以书面形式在会议召开前的充分时间内传送给每位有表决权的股东。

（10）蝴蝶园股东大会的出席人一般应是股东本人；股东也可以委托其代理人出

席股东大会，委托时应出具委托书，代理人应当向董事会提交股东授权委托书，并在授权范围内行使表决权；股东以委托代理人出席股东大会，一个股东只能委托一个代理人，但一个代理人可以同时接受多个委托人的委托，代他们行使权力。

（11）蝴蝶园股东大会的表决可以采用会议表决方式，但表决时要求：第一，出席会议的股东所代表的股份总数占股份总数的一半以上；第二，同意的表决权数占出席会议的表决权总数的一半以上；第三，股东表决的基础是股权数量，即每单位股权一票，而不是每个股东一票。

## 4.1.2　董事会

董事会是依照有关法律、行政法规、政策和蝴蝶园公司章程规定设立的，是股东大会这一权力机关的业务执行机关，是股份制蝴蝶园最重要的决策和管理机构。蝴蝶园的一切事务和业务均在董事会的领导下进行，并由董事会选出的董事长、常务董事具体执行。行政事业单位和个体投资性质的蝴蝶园无董事会设置。

### 4.1.2.1　董事会的构成和要求

（1）董事会由蝴蝶园全体董事组成。董事由股东大会选举产生，可以是股东，也可以不是股东。

（2）蝴蝶园董事可以是法人或自然人。如果法人充当董事，则应指定一名具有法定行为能力的自然人作为其代理人。

（3）国家公务人员、律师、公证员、军人不能作为蝴蝶园董事。

（4）董事人数不得少于蝴蝶园章程规定的法定最低限额，且一般为奇数。《公司法》第45条规定，董事会成员应为3～13人。根据《公司法》第51条规定，当蝴蝶园为有限责任公司且股东人数较少或规模较小时，可以设1名执行董事，不设董事会。根据《公司法》第109条规定，当蝴蝶园为股份有限公司时，必须设立董事会，其成员为5～19人。

（5）蝴蝶园董事会根据工作需要，可设董事长一位、副董事长数位、董事若干。董事长和副董事长由董事会成员过半数选举产生，罢免程序亦同。

（6）在蝴蝶园董事会中，董事长具有最高权力。

### 4.1.2.2　董事会的职责

（1）负责召集蝴蝶园股东大会，执行股东大会决议并向股东大会报告工作。

（2）在蝴蝶园股东会休会期间，代表股东会行使权力。

（3）审批蝴蝶园经营计划和投资方案。

（4）决定蝴蝶园内部管理机构的设置。

（5）审批蝴蝶园基本管理制度。

（6）听取蝴蝶园总经理的工作报告并作出决议。

（7）制定蝴蝶园财务预决算方案，以及利润分配方案、亏损弥补方案。

（8）决定蝴蝶园公司增加或减少注册资本、分立、合并、终止、清算等重大事项。

（9）聘任或解聘蝴蝶园总经理、副总经理、财务负责人，并决定其奖惩。

### 4.1.2.3　董事会与股东大会关系

蝴蝶园董事会和股东大会在职权上的关系是：

（1）股东大会行使蝴蝶园所拥有的全部职权，但董事会需要由股东大会授予其决策权和管理权。

（2）蝴蝶园董事会所作的决议必须符合股东大会决议，如有冲突，要以股东大会决议为准；股东大会可以否决董事会决议，直至改组、解散董事会。

（3）蝴蝶园董事会是由蝴蝶园股东大会选举产生的；董事会按照《公司法》和《蝴蝶园章程》行使权力，执行股东大会决议；董事会是股东大会的代理机构，代表股东大会行使蝴蝶园管理权。

### 4.1.2.4　董事长的权力

（1）召集和主持蝴蝶园股东大会，并对蝴蝶园重大事项做出决定。

（2）召集和主持蝴蝶园董事会会议，并对蝴蝶园重要事项做出决定。

（3）主持蝴蝶园领导工作；签署董事会文件。

（4）检查董事会决议的实施情况，并向董事会报告。

（5）根据需要，提议召开临时董事会会议。

（6）由董事会授权董事长在董事会闭会期间行使董事会的部分职权。

（7）除蝴蝶园章程规定必须由股东大会和董事会决定的事项外，董事长有权对蝴蝶园重大业务和行政事项做出最后决定。

## 4.1.3　监事会

监事会是蝴蝶园股东大会领导下的常设监察机构，执行蝴蝶园监督职能。监事会由蝴蝶园全体监事组成，是蝴蝶园公司法定的必备监督机关，是在股东大会领导下，与董事会并列设置，对董事会和总经理行政管理系统，以及蝴蝶园业务活动及会计事务等行使监督的内部组织。蝴蝶园领导应采取措施保障监事的知情权，及时向监事提供必要的信息和资料，以便监事会对公司状况和经营管理情况进行有效监督、检查和评价。行政事业单位和个体投资性质的蝴蝶园无监事会设置。

### 4.1.3.1　监事会的构成和要求

（1）蝴蝶园为有限责任公司时，设监事会，其成员不得少于三人。股东人数较少或者规模较小的蝴蝶园，可以设一至二名监事，不设监事会。

（2）监事会应当包括股东代表和适当比例的蝴蝶园职工代表，其中职工代表的比例不得低于三分之一，具体比例由蝴蝶园公司章程规定。

（3）监事会中的职工代表由蝴蝶园职工通过职工代表大会、职工大会或者其他形式民主选举产生。

（4）监事会设主席一人，由全体监事过半数选举产生。监事会主席召集和主持监事会工作；监事会主席不能履行职务或者不履行职务的，由半数以上监事共同推举一名监事召集和主持监事会工作。

（5）监事的任期每届为三年。监事任期届满，连选可以连任；监事任期届满未及时改选，或者监事在任期内辞职导致监事会成员低于法定人数的，在改选出的监事就任前，原监事仍应当依照法律、行政法规和公司章程的规定，履行监事职责。

（6）蝴蝶园每年度至少召开一次监事会会议，监事可以提议召开临时监事会会议，监事会决议应当经半数以上监事通过，将对所议事项的决定作成会议记录，出席会议的监事应当在会议记录上签名。

（7）监事行使职权所必需的费用，由公司承担。

（8）为保证监事会或监事的独立性，监事不得兼任董事和经理；同理，董事、高级管理人员也不得兼任监事。

### 4.1.3.2　监事会的职能

（1）代表股东大会独立行使对董事会、总经理、高级职员及整个蝴蝶园管理的监督权，维护蝴蝶园及股东的合法权益。

（2）保证蝴蝶园决策正确和领导层正确执行公务，防止滥用职权，危及公司、股东及第三人的利益。

（3）当董事、高级管理人员的行为损害公司的利益时，提醒并要求董事、高级管理人员予以纠正。

（4）对违反法律、行政法规、公司章程或者股东会决议的董事、高级管理人员提出罢免建议或依法提起诉讼。

（5）对蝴蝶园领导干部的任免提出建议。

（6）对蝴蝶园的异常业务状况、财务情况开展独立调查和审查，必要时，可以聘请会计师事务所等协助其工作，费用由公司承担；并将调查结果及时报告股东大会或董事会。

（7）提议召开蝴蝶园临时股东会会议，或在董事会不履行法定的召集和主持股东会会议职责时，召集和主持股东会会议。

（8）向股东会会议提出提案。

（9）列席董事会会议，对所议事项提出质询和建议。

## 4.1.4　经理会

经理会受董事会的直接控制，是股份制蝴蝶园董事会领导下的常设执行机构，是蝴蝶园管理中最重要的组织形式。经理会承担着组织蝴蝶园建设、管理和经营的具体任务，蝴蝶园的人员团队、物资设备和财富流动，都是经理会的运作对象。经理会的运作方式和市场执行力，与蝴蝶园的兴衰息息相关。在行政事业单位和个体投资性质的蝴蝶园中一般不设经理会，而以园务会代之，总经理则由园长代之，园务会与经理会功能相当。

### 4.1.4.1 经理会的构成和要求

（1）蝴蝶园经理会对董事会负责，在董事会的授权下，执行董事会的战略决策，实现董事会制定的经营目标。

（2）经理会由蝴蝶园总经理、副总经理组成，规模较大的蝴蝶园可以增设财务总监、技术总监、人事总监等。

（3）蝴蝶园总经理由董事长提名，董事会聘任；副总经理由总经理提名，董事会聘任。

（4）经理会实行总经理负责制，总经理在经理会中拥有最高权力。

（5）总经理负责主持蝴蝶园日常工作，并代表蝴蝶园签署文件、签订协议、进行法律诉讼等。

（6）以下人员不能担任蝴蝶园总经理：

1）无民事行为能力或者限制民事行为能力者。

2）因犯有贪污、贿赂、侵占财产、挪用财产罪或者破坏社会经济秩序罪，被判处刑罚，执行期满未逾五年，或者因犯罪被剥夺政治权利，执行期满未逾五年者。

3）担任因经营不善破产清算的公司、企业的董事或者厂长、经理，并对该公司、企业的破产负有个人责任的，自该公司、企业破产清算完结之日起未逾三年者。

4）担任因违法被吊销营业执照的公司、企业的法定代表人，并负有个人责任的，自该公司、企业被吊销营业执照之日起未逾三年者。

5）个人所负数额较大的债务到期未清偿者。

6）国家公务人员、军人不能担任蝴蝶园经理。

### 4.1.4.2 经理会的职能

（1）对蝴蝶园董事会负责，并在董事会的授权下，执行董事会的战略决策，实现董事会制定的经营目标。

（2）组织实施经蝴蝶园董事会批准的公司年度工作计划和财务预算报告及利润分配、使用方案。

（3）通过组建必要的职能部门，组聘管理人员，形成一个以总经理为中心的组织、管理、领导体系，实施对蝴蝶园的有效管理。

（4）审查蝴蝶园年度计划内的经营、投资、改造、基建项目和流动资金贷款、使用、担保的可行性报告。

（5）组织实施经蝴蝶园董事会批准的新上项目。

（6）健全蝴蝶园财务管理制度，严格财经纪律，搞好增收节支和开源节流工作，确保现有资产的保值和增值。

（7）组织蝴蝶园文化建设，搞好社会公共关系，树立蝴蝶园的良好社会形象。

（8）抓好蝴蝶园的廉正建设，搞好精神文明建设。

### 4.1.4.3　总经理的岗位职责

蝴蝶园总经理，习惯上又称蝴蝶园园长，其岗位职责如下：

（1）执行董事会决议，主持蝴蝶园全面工作，保证蝴蝶园经营目标的实现，及时、足额地完成董事会下达的利润指标。

（2）组织指挥蝴蝶园的全面经营管理工作，在董事会委托权限内，代表蝴蝶园签署有关协议、合同、合约和处理有关事宜。

（3）决定蝴蝶园组织体制和人事编制，提出副总经理、财务总监、技术总监、人事总监、总经理助理及部门经理等高级职员的人事任免、报酬、奖惩等，并报董事会批准。

（4）坚持民主集中制的原则，充分发挥蝴蝶园"领导一班人"的作用，激发和调动全体员工的积极性和创造性。

（5）定期向董事会汇报工作，提交蝴蝶园年度报告及各种报表、计划、方案，包括经营计划、利润分配方案、弥补亏损方案等。

（6）根据生产经营需要，聘请专职或兼职法律、经营管理、技术等顾问，并决定其报酬。

（7）决定对蝴蝶园成绩显著的员工予以奖励、调资和晋级，对违纪员工的处分，直至辞退。

（8）主抓蝴蝶园员工的思想政治工作，加强员工队伍的建设，建立一支作风优良、纪律严明、训练有素的员工队伍。

（9）积极完成蝴蝶园董事会交办的其他工作任务。

### 4.1.4.4　常务副总经理的岗位职责

蝴蝶园常务副总经理，习惯上又称蝴蝶园常务副园长，其岗位职责如下：

（1）负责蝴蝶园的日常运营管理，协助总经理完成蝴蝶园各项计划的制定、实施和检查。

（2）主抓蝴蝶园组织机构、人事制度、各部门日常操作规程以及各项规章制度的落实。

（3）向总经理建议蝴蝶园部门经理及中层管理人员的人选和任免。

（4）掌握控制及处理蝴蝶园各种紧急情况的方法及步骤，妥善处理各种突发性事件。

（5）主持蝴蝶园的人事培训工作，督导和考核部门的服务质量。

（6）了解和掌握蝴蝶园营业情况及各种收费标准。

（7）根据总经理的意向指导、协调各部门工作，定期召开相关会议。

（8）当总经理外出，受总经理委托，代理行使总经理权力。

### 4.1.4.5　财务总监的岗位职责

蝴蝶园财务总监，习惯上又称蝴蝶园经管副园长，其岗位职责如下：

（1）在董事会和总经理领导下，利用财务核算与会计管理原理为蝴蝶园经营决策提供依据，协助总经理制定蝴蝶园发展战略，并主持蝴蝶园财务战略规划的制定。

（2）协助总经理主持蝴蝶园财务工作，建立和完善蝴蝶园的财务管理体系，建立科学、系统、符合蝴蝶园实际的财务核算和财务监控体系。

（3）主持制定蝴蝶园利润计划、投资计划、财务计划、销售计划、开支预算和成本控制计划；建立健全蝴蝶园内部核算的组织、指导和数据管理体系，以及核算和财务管理的规章制度。

（4）筹集蝴蝶园运营所需资金，保证其战略发展的资金需求；并对蝴蝶园投资活动所需要的资金筹措方式进行成本计算，推荐最为经济的筹资方式。

（5）主持蝴蝶园对重大投资项目和经营活动的风险评估、指导、跟踪和财务风险控制。

（6）审批蝴蝶园重大资金流向，监督资金管理和预、决算报告。

（7）参与蝴蝶园重要事项的分析和决策，为蝴蝶园的生产经营、业务发展及对外投资等事项提供财务方面的分析和决策依据。

（8）组织蝴蝶园有关部门开展经济活动分析，组织编制财务计划、成本计划、努力降低成本、增收节支、提高效益；审核财务报表，提交财务管理工作报告。

（9）协调蝴蝶园同银行、工商、税务等政府部门的关系，维护本单位利益。

（10）制定和管理蝴蝶园税收政策方案及程序。

（11）监督蝴蝶园遵守国家财经法令、纪律以及董事会决议。

（12）完成蝴蝶园总经理临时交办的其他任务。

#### 4.1.4.6　技术总监的岗位职责

蝴蝶园技术总监，习惯上又称蝴蝶园技术副园长，其岗位职责如下：

（1）直接对总经理负责，全面负责蝴蝶园的技术管理工作，组织制订并实施蝴蝶园技术系统规章制度和实施细则。

（2）参与蝴蝶园发展战略和计划的制定，主持制订并组织实施技术系统工作目标和工作计划。

（3）负责蝴蝶园技术队伍的建设和管理。

（4）负责蝴蝶园的新技术、新产品开发。

（5）负责建立并实施蝴蝶园质量管理体系；定期进行技术分析和质量分析工作，制定预防和纠正措施；开展对不合格品的审理工作。

（6）协调蝴蝶园技术力量，为蝴蝶园发展及各部门工作提供技术支持。

（7）负责蝴蝶园重要技术设施、设备、仪器的管理。

（8）负责蝴蝶园计算机使用管理和网络安全管理；负责技术系统文件等资料的整理和保管。

（9）负责蝴蝶园技术保密管理。

（10）积极完成总经理交办的其他临时性工作。

## 4.1.5　主要职能部门

### 4.1.5.1　办公室

办公室是担负蝴蝶园综合管理和协调的职能部门，是蝴蝶园领导的"第一助理"。对外是蝴蝶园的"门面"、蝴蝶园的"窗口"；对内是蝴蝶园的"总办"、扮演着蝴蝶园各部门"协调人"的角色，其工作质量和工作效率关系到整个蝴蝶园的工作质量和工作效率。办公室管理工作的基本特点如下：

（1）事无巨细。办公室工作事无巨细，几乎任何人都知道办公室工作的重要。办公室要负责相关规章制度的起草编写、一般性文书的整理汇编、资料信息收集编撰等文字工作；负责文书管理、图书管理、办公用品管理、会议管理、清洁卫生管理等工作，保证各项事务有序开展。也就是说，办公室工作大到相关政策制度的制定、修订和执行，小到节假信息的发布、文件资料的印制、处理等，工作面大、工作范围广、工作任务多，但又非常琐碎，很难总结梳理。好像蝴蝶园大大小小的事务，似乎都与办公室有着或多或少的联系。常常是一年下来，别的部门成绩赫然，而办公室的工作亮点却很少。

（2）上传下达。办公室需要收集各部门反馈信息和相关资讯，上传下达各种指令，及时做出整理，当好领导参谋。由于蝴蝶园的行政管理通常是用命令、指示、通知等形式来调整蝴蝶园行政事务的通盘管理，故其手段和方式直接具体，而且具有较强的针对性，同时又配以对违抗管理的惩罚措施，因而能迅速发挥作用。办公室是承办者和执行者，因此，在具体操作时，尤其要注意方式方法。

（3）左右逢源。办公室要协调和处理蝴蝶园各部门之间的行政关系，为各部门工作的开展提供相应的服务。这就要求办公室既要坚持原则，又要左右逢源、与蝴蝶园其他各部门之间保持和谐、默契的部门关系。否则，办公室工作将无法顺利开展。

（4）内外兼顾。办公室要负责蝴蝶园对内、对外各种关系的协调和改善，做好来往客人的接待和蝴蝶园的文化宣传等工作，并通过自身的行为规范，有意识、有目的地影响整个蝴蝶园人际关系的变化与发展方向，达到让各方满意的目的。

（5）灵活变通。办公室管理往往要根据蝴蝶园的实际发展需要经常进行变革和变通，因而必须具有很强的灵活性，才能比较圆满地完成领导交办的各项任务。

### 4.1.5.2　财务部

财务部是负责蝴蝶园常规财务管理、资产购置（投资）、资本融通（筹资）、经营中现金流量（营运资金）和利润分配管理的职能部门。几乎任何一家企业的财务部门，都毫不例外的是这家企业的核心部门。财务部门的负责人大多也是企业领导的主要成员。蝴蝶园也一样，财务部的工作质量和工作效率，将对蝴蝶园的建设、管理和经营造成重大影响，其重要意义不言而喻。财务部的工作目标是：

（1）从财务角度确保蝴蝶园合法利润的最大化。

（2）从财务角度确保蝴蝶园管理收益的最大化。

（3）从财务角度确保蝴蝶园整体财富（价值）的最大化。

（4）从财务角度确保蝴蝶园社会效益的最大化。

### 4.1.5.3　人事部

蝴蝶园的人事部，有些也称人力资源部，是将蝴蝶园中的各类人员，作为人力资源进行科学开发、合理使用、有效管理的职能部门。概括地说，人事部的任务就是选人（招聘与甄选最适合岗位要求的人才）、育人（通过培训教育不断提升员工的专业技能和综合素质）、用人（把合适的人放在合适的职位上并发挥出最大的潜能）、留人（把真正有价值并能带来良好效益的核心与骨干员工留住）、汰人（淘汰不具备任职资格条件和不能适应职位工作客观要求的人员）。人事部的工作目标是：

（1）确保蝴蝶园人力资源开发的科学性。

（2）确保蝴蝶园人力资源管理的合理性。

（3）为蝴蝶园各类人才的健康成长创造有利条件。

（4）确保蝴蝶园发展的人才供给。

### 4.1.5.4　技术部

技术部是对蝴蝶园进行技术管理的职能部门。技术管理是蝴蝶园管理中最具特色的管理内容，是蝴蝶园实现科学化、正规化、现代化的基础和保证。技术管理水平的高低，决定着蝴蝶园的设计、建设和管理水平的高低。因此，蝴蝶园领导对技术问题的认识、了解、关注以及对技术部门的支持程度，将直接影响整个蝴蝶园的建设、管理和经营成效。技术部的工作目标是：

（1）从技术角度确保蝴蝶园设计、建设、管理和经营的科学性。

（2）及时解决蝴蝶园正常运行过程中的技术问题。

（3）有计划、有目的地发现、引进和培养蝴蝶园所急需的技术人才。

（4）确保蝴蝶园科技水平与时俱进，从技术层面为蝴蝶园健康发展保驾护航。

### 4.1.5.5　营销部

营销部是蝴蝶园中负责营销策划、营销组织和营销实践的职能部门。营销部承担着蝴蝶园的市场营销任务，对蝴蝶园产品价值实现过程中各销售环节提供管理、监督、协调和售后服务。营销部业绩的好坏直接影响到蝴蝶园的经济收益。一般来说，蝴蝶园对营销部负责人的人选要求都比较高、选择都比较严格。通常要求有较好的沟通能力、市场开发和分析能力、管理能力、应变能力、责任心强、有凝聚力、熟悉营销模式、具有业务开拓渠道、有良好的营销管理策略及经验等。营销部工作目标是：

（1）确保蝴蝶园整体营销计划和方案的科学性。

（2）确保蝴蝶园市场营销系统和营销网络的安全性及正常运行。

（3）造就一支符合市场需要的蝴蝶园营销管理伍队。

（4）确保蝴蝶园营销目标责任的实现。

### 4.1.5.6 后勤部

后勤部是以蝴蝶园后勤保障为主要工作的职能部门,是为蝴蝶园其他各部门职能能够顺利实现提供物质服务的一个部门。后勤部直接作用于蝴蝶园内部其他部门,对其他部门的正常运作具有至关重要的作用,对实现蝴蝶园的整体目标任务意义重大。后勤部的工作目标是:

(1)确保蝴蝶园整体后勤计划和方案的科学性。

(2)确保蝴蝶园各部门安全、保卫、防火、卫生等工作的正常运行。

(3)造就一支符合市场需要的蝴蝶园后勤管理队伍。

(4)确保蝴蝶园后勤目标责任的实现。

# 4.2 行政管理

广义的行政管理,就是通过设置合理的机构、配备适当的人员、采用一定的程序和方法,把计划、组织、指挥、控制、协调等管理活动有机结合起来,应用系统工程的思想和方法来组织各项行政活动,以保证蝴蝶园整体工作的正常运行。本节所讨论的行政管理是指普通意义上的蝴蝶园内部的行政事务管理,也称办公室管理。办公室是蝴蝶园专司办理一般行政事务的办事机构,是设在蝴蝶园领导身边、直接为领导服务的综合部门。办公室管理具有以下基本属性:

(1)管理属性:办公室工作涉及蝴蝶园的经营理念、管理策略、企业精神、企业文化、用人政策等重大问题,并在实际工作中要对各项工作的贯彻落实进行统一监督管理。办公室是协助蝴蝶园领导工作,而不是简单地传达领导的命令、完成领导交办的任务,更不能凭借自己在蝴蝶园的独特地位对其他部门、员工发号施令、指手画脚。

(2)协调属性:办公室应主动做好上与下、左与右、里与外的沟通和信息传达,使下级充分领会上级的意图,使各个部门之间良好沟通,在充分沟通的基础上做好协调,这样才能使整个蝴蝶园气氛和谐,团结一致。

(3)服务属性:办公室管理的根本就是为蝴蝶园的各项工作能够顺利进行提供支持和服务。因此,与其他部门相比,行政部门应更加注重为这些友邻部门积极做好服务,这也是行政管理的重要属性和关键所在。

## 4.2.1 办公室组织

办公室是代表蝴蝶园对其行政事务工作进行规划、协调、监督和管理的职能部门。根据蝴蝶园行政管理工作的需要,通常设主任、副主任、小车队长、秘书、文印员、档案管理员、普通办事员和司机等职位,或在此基础上增减与合并(见表4-1)。

表4-1　办公室岗位设置与要求

| 岗位 | 人数 | 岗位要求 |
|---|---|---|
| （1）办公室主任 | 1名 | 受蝴蝶园领导委托，全面负责蝴蝶园的办公室工作。其岗位要求是：<br>① 本科以上学历，行政管理或经济管理专业毕业者优先。<br>② 30~45岁，3年以上相关工作经验。<br>③ 熟悉国家及地方有关行政管理方面的相关法律法规。<br>④ 熟悉行政管理的程序、方法和重点，具有良好的组织、管理、协调和文案能力。<br>⑤ 善于公关，并与政府、社区、单位、企业保持有效沟通。<br>⑥ 坚持原则，顾全大局、处事灵活。 |
| （2）办公室副主任 | 1名至多名 | 在主任领导下，协助主任负责所分管的办公室工作。其岗位要求是：<br>① 专科或相当学历，行政管理或相关专业毕业者优先。<br>② 30~40岁，2年以上相关工作经验。<br>③ 熟悉国家及地方有关行政管理方面的相关法律法规。<br>④ 具有组织、协调能力，善于沟通、外联、公关。<br>⑤ 善于合作，顾全大局。<br>⑥ 坚持原则，处事灵活。 |
| （3）小车队长 | 1名 | 一般由副主任兼任，在主任领导下，专职负责蝴蝶园的小车管理和调配。其岗位要求是：<br>① 专科或相当学历，汽车或管理专业毕业者优先。<br>② 30~50岁，5年以上相关工作经验。<br>③ 熟悉国家交通道路法规及相关政策、法律、规定。<br>④ 熟悉汽车运行规律，具有丰富的汽车管理、调度、驾驶、维修经验。<br>⑤ 善于合作、沟通，处事灵活。 |
| （4）秘书 | 1名至多名 | 在主任领导下，专职负责蝴蝶园文秘工作。其岗位要求是：<br>① 本科或相当学历，行政或秘书专业毕业者优先。<br>② 26~40岁，3年以上相关工作经验。<br>③ 具备秘书方面的专业知识。<br>④ 具有较强的逻辑思维和文字表达能力。<br>⑤ 组织观念强，具有良好的保密意识。 |
| （5）文印员 | 1名至多名 | 在主任领导下，专职负责蝴蝶园文件资料的打印、装订工作。其岗位要求是：<br>① 大专或相当学历，行政或秘书专业毕业者优先。<br>② 20~40岁，2年以上相关工作经验。<br>③ 熟悉计算机及打印、复印、装订等相关设备和专业知识。<br>④ 具有较强的文字表达和文字识别能力。<br>⑤ 组织观念强，具有良好的保密意识。 |
| （6）档案管理员 | 1名 | 在主任领导下，专职负责蝴蝶园的档案管理工作。其岗位要求是：<br>① 大专或相当学历，行政或档案专业毕业者优先。<br>② 20~45岁，3年以上相关工作经验。<br>③ 熟悉计算机，具备档案管理方面的专业知识。<br>④ 具有较强的信息采集、整理、分类和保存能力。<br>⑤ 组织观念强，具有良好的保密意识。 |

续表

| 岗位 | 人数 | 岗位要求 |
|------|------|----------|
| （7）普通办事员 | 1名至多名 | 在主任领导下，负责完成主任或副主任指派的各项工作。其岗位要求是：<br>① 高中以上学历。<br>② 遵纪守法，有正义感。<br>③ 服从安排，听从指挥。<br>④ 爱岗敬业，好学上进。<br>⑤ 尊老爱幼，身体健康。 |
| （8）司机 | 1名至多名 | 在主任领导下，负责按照小车队长的统一调配，完成蝴蝶园领导及各部门的公务出车任务。其岗位要求是：<br>① 20～50岁，身体健康。<br>② 具有正式汽车驾照和1年以上驾驶经验。<br>③ 熟悉国家交通道路法规及相关规定。<br>④ 服从安排，听从指挥。<br>⑤ 爱岗敬业，有较强的安全意识。 |

### 4.2.2　办公室的主要职能

（1）负责蝴蝶园领导与部门、部门与部门、蝴蝶园与友邻单位之间的协调和沟通。

（2）负责蝴蝶园组织召开的各种有关会议准备和场所布置。

（3）负责对蝴蝶园信件、报纸、杂志、上级来文来电的收发和信息反馈落实。

（4）负责蝴蝶园各种文件、制度、资料的印制、发放、存档，以及机密文件的档案保存管理。

（5）负责蝴蝶园上级部门、检查机关、友邻单位来人、来访、来客的接待、招待工作。

（6）负责蝴蝶园内部电话、办公用品设施、车辆、招待费的管理。

（7）负责蝴蝶园各种办公用品的购置、节日福利和救援物质的及时发放工作。

（8）负责组织蝴蝶园卫生检查、整改的落实，以及相关工作的管理和协调。

（9）负责蝴蝶园公章等印鉴的保管、使用和登记。

（10）完成蝴蝶园领导授权或交办的其他工作。

### 4.2.3　办公室的保密规定

（1）严格执行蝴蝶园的各项保密规定。

（2）不该说的话，绝对不说；不该问的机密，绝对不问。

（3）不在公共场所谈论机密；不该看的机密文件，绝对不看。

（4）不该记录的机密，绝对不记录；不在非保密本上记录机密。

（5）不在公用电话、明码电报和普通私人邮信中涉及和办理机要事项。

（6）不在不利于保密的地方存放机密文件和机密资料。

（7）不携带机密材料游览、参观、探亲访友和出入公众场所。

### 4.2.4　办公室人员的岗位职责

#### 4.2.4.1　主任的岗位职责

（1）直接对总经理负责，主持蝴蝶园的办公室管理工作，组织制订并实施蝴蝶园行政管理的规章制度和实施细则。

（2）参与蝴蝶园发展战略和计划的制定，并主持制订和组织实施办公室工作目标和工作计划。

（3）传达召集各类办公会议，并做好会议记录；负责会议场所的安排与布置；负责会议相关活动的安排；负责会议决议督办事项的落实。

（4）参加蝴蝶园行政管理会议，参与重大事项的调研工作，拟定调研报告，及时掌握蝴蝶园主要工作的进展情况。

（5）负责与蝴蝶园领导、各部门领导，以及普通员工的联络与沟通。

（6）负责制定、执行和监督蝴蝶园的考勤制度。

（7）负责蝴蝶园各类通知、文件、信函和规章制度的印发、整理和保管；做好上情下达、下情上报工作。

（8）负责蝴蝶园的接待工作及政府关系、公共关系的建立、维护及保持。

（9）负责蝴蝶园办公用品的采购、发放与管理工作。

（10）负责蝴蝶园总部车辆的调度。

（11）负责蝴蝶园通信、交通、招待、办公费用的审核和标准管理。

（12）负责蝴蝶园的档案收集、管理和保密工作。

（13）完成总经理交办的其他工作。

#### 4.2.4.2　副主任的岗位职责

（1）协助主任做好办公室职责范围内所分管的日常管理工作。

（2）协助主任负责办公室人事工作，考勤考核以及其他日常行政工作。

（3）协助主任负责信息工作，组织和参与调查研究，向领导传递综合信息，反馈各方面的动态，为领导决策和指导工作提供依据。

（4）协助主任负责办公室的公文处理工作，审核以上级名义印发的各种文稿，做好上级文件以及重要来信、来电的拟办工作，做好日常保密工作。

（5）协助主任负责公务接待及各项活动的安排工作。

（6）协助主任负责办公环境建设和管理工作、印信管理和蝴蝶园宣传工作。

（7）协助主任负责车辆管理、调配工作。

（8）协助主任做好上级部门决策执行情况的督查和综合协调。

（9）协助主任负责来信来访，协调解决信访工作中的问题。

（10）协助主任负责有关会议的组织安排工作，组织起草会议纪要，检查落实会议决议执行情况。

（11）协助主任负责蝴蝶园年鉴、大事记和统计资料的编纂工作。

（12）承办主任交办的其他工作。

### 4.2.4.3　秘书的岗位职责

（1）在办公室主任领导下，做好蝴蝶园日常文秘工作。

（2）负责按规定管理和使用好蝴蝶园印章。

（3）负责蝴蝶园各种文件的起草、装订和传递工作。

（4）撰写公文，编写简报，负责做会议记录，起草会议纪要。

（5）负责文书收发、登记、运转、催办、拟办、校对及文书立卷，归档等工作。

（6）协助主任了解情况，研究政策，提出建议。

（7）协助主任做好办公室其他日常工作。

### 4.2.4.4　文印员的岗位职责

（1）负责打印以蝴蝶园单位名义并经领导签字同意印制的各类文件和各种材料。

（2）对所打印文件材料要按单位、文号、标题、印制份数进行登记。

（3）确保所打印的文字、数据准确无误，并对文件内容严格保密。

（4）爱护文印设备，发现故障及时进行维修。

（5）禁止闲杂人员进入文印室。

（6）协助主任做好办公室其他日常工作。

### 4.2.4.5　档案员的岗位职责

（1）贯彻执行国家和单位有关档案工作的方针政策、法律法规和规章制度。

（2）负责蝴蝶园档案资料的收集、整理和保管，确保档案资料的完整性。

（3）负责按保密规定做好档案、文件以及有关资料的保密工作。

（4）积极推动蝴蝶园档案管理的科学化、现代化建设。

（5）协助主任做好办公室其他日常工作。

### 4.2.4.6　小车司机的岗位职责

（1）遵守国家交通法规，确保行车安全。

（2）遵守单位规章制度，服从安排，随时根据需要执行出车任务。

（3）负责车辆的日常维护和保养，保证车辆状况良好和清洁。

（4）坚持车辆入库制度，保证车辆和车上物品安全。

（5）做好行车记录，严禁公车私用。

## 4.2.5　办公室管理的基本方式

蝴蝶园办公室管理的基本方式，可以参考风景区办公室管理的基本方式，但要根据蝴蝶园自身的实际情况进行相应调整。

#### 4.2.5.1 日常管理

日常管理内容见表4-2。

表4-2 日常管理内容

| 序号 | 管理项目 | 工作内容描述 |
| --- | --- | --- |
| 1 | 日程管理 | 日程管理就是将每天的工作和事务安排在日期中，并做一个有效的记录，方便管理日常的工作和事务，达到工作备忘的目的。同时也具有对员工日常工作进行指导、监督的作用。内容包括查看日历、月历、农历，安排待办事项，提醒备忘事项，对员工工作进行监督等。 |
| 2 | 日志管理 | 包括日志的撰写、整理、保管和归档。其中的关键是日志的撰写，通常要求指定专门人员每天根据事件发生的先后顺序、客观真实地记录下办公室的主要工作，包括时间、内容、任务、过程、方法、结果等。 |
| 3 | 接待管理 | 来客接待是行政事务的重要组成部分，为使接待工作规范有序，维护蝴蝶园的良好形象，对接待工作要求如下：<br>① 以主动、热情、礼貌为原则，对来宾以礼相待。<br>② 按照接待等级、范围、对象制订接待方案，做到言行、礼仪规范。<br>③ 接待人员应问清来者意图，引领其见所需约见的人员，并奉上茶水，做好后续工作。<br>④ 送客，整理客人走后清洁。 |
| 4 | 预约见面 | 通常是指根据领导指示，由办公室负责预先联系，约定在适当时间和地点、与相关人物会面，并就事先约定的事项进行交流、商量、讨论或研究的活动。 |
| 5 | 信息联络 | ① 联络人：包括负责与蝴蝶园领导联络的人员、负责与各部门领导联络的人员、负责蝴蝶园与外单位联络的人员等。<br>② 联络方式：包括电话簿、E-mail地址、QQ号等。 |
| 6 | 旅行安排 | 旅行安排也是办公室工作的一项重要内容。包括蝴蝶园领导、部门领导以及接受指派的专门人员外出开会、访问、考察、调研、交流、学习等，都需要事先做好安排，办公室要直接指导或协助办理相关手续，帮助相关人员做好准备。有必要时，旅行结束后，督促参加者将旅行结果整理并报告。 |
| 7 | 报刊收发 | ① 按照蝴蝶园实际需要订阅报刊，做出计划预算，负责办理订阅的有关手续。<br>② 每日收取报纸并按要求进行整理、分发。<br>③ 公用刊物、报纸应由专人清理，放置资料架上供阅览。<br>④ 任何人不得随意拿走刊物或挪为他用。<br>⑤ 定期对刊物、报纸进行清理。 |
| 8 | 文宣管理 | ① 关注国家大事，掌握政策走向，及时宣传报道。<br>② 配合蝴蝶园中心工作，采用简报、板报、标语、标牌等多种形式，开展行之有效的宣传活动。<br>③ 保持与新闻媒体的沟通和联系，利用各种媒体渠道及时做好蝴蝶园的宣传工作，树立蝴蝶园的良好社会形象。 |
| 9 | 其他事务 | ① 名片制作、收发传真等。<br>② 文件、资料的打印复印等。 |

## 4.2.5.2　会议管理

会议管理内容见表4-3。

表4-3　会议管理内容

| 序号 | 管理项目 | 工作内容描述 |
| --- | --- | --- |
| 会议分类 | 常规会议 | ① 全体会议。通常由蝴蝶园最高领导主持召开，比如蝴蝶园全体员工大会、蝴蝶园全体股东大会。<br>② 专门会议。通常由蝴蝶园主管领导主持召开，比如蝴蝶园董事会、监事会、汇报会、总结会、表彰会、专门议题研究会、中心工作会议等。<br>③ 专业会议。通常由蝴蝶园分管领导主持召开，比如财务工作会议、安全工作会议、经营工作会议、导游工作会议、后勤工作会议等。<br>④ 部门会议。通常由蝴蝶园各部门负责人主持召开，比如办公室会议、市场部会议、技术部会议等。<br>⑤ 班组会议。通常由蝴蝶园各部门班组长主持召开。 |
| | 例行会议 | ① 行政会议。行政会议通常按照规定的时间、规定的地点、规定的程序、规定的内容组织召开。比如领导办公会议、中层干部会议、年终总结大会等。<br>② 代表大会。代表大会通常按照规定的级别、规定的对象、规定的范围、规定的时间、规定的程序和内容组织召开。比如蝴蝶园员工代表大会、党员代表大会、工会代表大会、股东代表大会等。 |
| | 临时会议 | 通常不按照规定的级别、规定的对象、规定的范围、规定的时间、规定的程序和内容，临时组织召开。比如碰头会、务虚会、通报会等。 |
| 办会程序 | 会议计划 | 根据蝴蝶园管理需要，统筹计划一年中除临时会议以外应当召开的各种会议，明确会议召开的时间、地点、召集人、召集单位、主题、规模、内容、参会人员、经费等。 |
| | 会议准备 | ① 拟好会议议程。<br>② 准备会议文件，如领导讲话、发言提纲、提案、工作计划、汇报、总结、会议决议草案等。<br>③ 落实会场和会场布置。<br>④ 提前通知与会人员。 |
| | 会议要求 | ① 明确要求相关人员准时到会。<br>② 严格执行会场纪律。<br>③ 严格按照会议议程和内容推动会议进程。<br>④ 确保会议目标的实现。 |
| | 会议落实 | ① 检查会议贯彻情况。<br>② 评估会议贯彻成效。<br>③ 考核会议贯彻结果。<br>④ 通报及奖惩。 |

### 4.2.5.3　文件管理

（1）管理对象

1）文件：上级下发的文件，蝴蝶园上报、下发或横传的文件，以及相关单位横传的文件等。

2）函电：上级下发的各种类型和内容的信函、电报、通知，蝴蝶园上报、下发或横传的信函、电报、通知，以及相关单位横传的信函、电报、通知等。

3）资料：与蝴蝶园设计、建设与管理相关的各种类型和内容的人事、技术、财务、市场情况、经济分析等文字、图纸、统计表、音像、数据盘等。

（2）收文处理

1）公文签收：凡来蝴蝶园的公文，均应先由办公室收发员签收登记，然后交指定机要秘书拆封。注意在拆封时，收发员和机要秘书要检查封口和邮戳。对于先前被拆口、有拆痕或存疑的公文，应查明原因或拒绝签收。对上级来文、来信、来电的信封、文号、机要编号要一一核对，一旦发现问题也应立即查明原因，并报告上级。

2）公文存档：办公室机要秘书将上级文件拆封后，要及时附上《文件处理传阅单》，并分类登记编号。需要蝴蝶园承办或领导亲启的文件，交领导或相关部门办理后，应收回按正常程序归档保管。外出开会人员带回的公文、文件或资料，也应交办公室统一登记、编号、归档，不得私自保管。

3）公文批阅：凡正式文件均应由办公室主任根据文件内容和性质阅签后，再由机要秘书送交承办领导或部门阅办。一般函件可由机要秘书直接分转处理。涉及几个单位合办的文件，应同各主办单位联系后再分转处理。

4）文件传阅与催办：文件传阅应严格遵守传阅范围和保密规定，不得将有密级的文件私自带回家或公共场所，不得擅自将文件转借他人阅看，不得在文件未正式传达前泄露文件内容。批阅文件一般不应超过两天，急件时间更短。传阅者阅后应签名以示负责。阅文者不得擅自抄录、取走文件内容或附件，不得横传文件，以防丢失或泄密。办公室应根据规定，及时催办、检查、督促，提高文件阅办效率。

### 4.2.5.4　档案管理

蝴蝶园档案是指蝴蝶园在各项活动中形成的全部档案的总和。包括科学技术、计划统计、经营销售、物资供应、财务管理、劳动工资、教育卫生和党、政、工、团工作等方面的全部档案。档案管理是蝴蝶园管理基础工作的组成部分，是维护蝴蝶园经济利益、合法权益和历史真实面貌的一项重要工作。档案工作要坚持集中统一的管理原则。

蝴蝶园文件材料的形成、积累、整理和归档工作要列入技术、经营等各项管理程序，列入科研、生产、基建和经营等各项活动的工作计划，列入有关部门的职责范围和有关人员的岗位责任。

（1）文件材料的形成与归档

蝴蝶园要根据国家有关政策和规定，制定文件材料形成、积累、整理和归档的制度。文件材料的运转要遵循文书处理的程序。

蝴蝶园建设和经营活动中形成的科技文件材料（含缩微胶片、照片、录音、录像和磁带等，以下同），由项目负责人指定有关人员负责积累、整理后归档。

蝴蝶园各项管理工作中形成的文件材料，由各职能部门按其业务范围，指定专门人员负责积累、整理后归档。

（2）文件材料归档的基本要求

1）归档的文件材料必须完整。

2）归档的文件材料必须准确反映蝴蝶园科研、基建和经营管理等各项活动的真实内容和历史过程。

3）归档的文件材料必须层次分明，符合其形成规律。

4）各类文件材料一般归档一式一份，比较重要的和利用频繁的文件材料要适当增加归档份数。

（3）文件材料的归档范围

1）技术管理方面：包括质量管理、技术引进、技术改造和标准、计量、能源、环保、科技情报、科技档案等管理中形成的各种文件材料。

2）计划统计方面：包括各种计划、统计报表和计划管理、统计分析活动中形成的各种文件材料。

3）经营销售方面：包括蝴蝶园经营决策和营销管理的各种记录、文件、合同、协议、市场信息调查、广告宣传和用户服务等工作中形成的文件材料。

4）财务管理方面：包括财务管理中的各种账册、报表、凭证和文件等。

5）劳动工资方面：包括定额、定员和劳动调配以及劳动工资、劳动保护等工作中形成的各种文件材料。

6）教育培训方面：包括干部、职工教育和技术培训的文件、资料等；工作人员因公外出参观学习、考察和参加各种会议收集获得的文件材料，要按照归档范围的规定，及时提交档案部门归档管理。

7）物资供应方面：包括物资、原材料采购，库存保管、供应和工具管理中形成的各种文件材料等。

8）设备仪器方面：包括设备仪器的图样和技术文件，设备仪器安装、调试和验收过程中的技术性、凭证性文件材料，设备仪器的运行、维修记录，设备改进、改装和报废的文件材料等。

9）产品生产方面：包括产品设计、工艺、工装的图样和技术文件，原材料检验、产品生产过程和生产调度工作中形成的各种文件材料等。

10）其他方面：如党、政、工、团工作及组织、宣传、人事、保卫工作中的各种文件材料等。

（4）文件材料的归档时间

课题研究、基建工程或其他技术项目，在任务完成后或告一段落时，要将应归档的文件材料组成保管单位，由项目负责人审定后，提交档案部门归档。

各项管理工作中形成的文件材料，在第二年上半年内，要将应归档的文件材料组成保管单位，由各职能部门负责人审定后，提交档案部门归档。

（5）文件材料的档案分类

档案的常用分类方法有：

1）按组织机构分类。

2）按专业性质分类。

3）按科研课题分类。

4）按工程项目分类。

5）按时间分类。

（6）文件材料的档案保管

1）接收档案必须认真验收，并办理接交手续。

2）存放档案必须有专用柜、架，排架方法要科学和便于查找。

3）底图除修改、送晒外，不得外借；修改后的底图入库，认真检查其修改、补充等情况；底图存放以平放为宜。

4）存放胶片、照片、磁带要用特制的密封盒、胶片夹和影集等，按编号顺序排列在专门档案柜内；档案柜的温度、湿度应符合规定要求。

5）要定期进行库藏档案的清理核对工作，做到账、物相符，对破损或载体变质的档案，要及时进行修补和复制。

6）保存档案的库房应具备良好的卫生环境和防盗、防火、防光、防潮、防尘、防有害生物和防污染等安全措施。

### 4.2.5.5　办公用品管理

（1）管理目的

1）规范办公用品管理程序，节约办公经费，提高利用效率。

2）贯彻"日清月结，出入库等量、年终查存统计"的办公用品保管原则。

3）确保办公用品的按需发放、物尽其用、高效节约、合理周转。

4）严格纪律，杜绝办公用品的私自挪用现象。

（2）制度规范

1）办公用品的采购、保管、发放和办公设备的入库登记由办公室统一管理。

2）办公用品购置先由各部门将所需办公用品报至办公室，根据需求计划和月末办公用品清算单中的物品实际库存和用量做出采购计划，经部门主管批准，财务部签字后方可采购；对急用品的采购，可根据具体情况进行灵活处理。

3）对办公用品进行及时出入库登记，注明名称、数量、规格、单价、出入库时间等，做到账物相符。

4）各部门申领的办公用品需及时发放，并做好填表记录。

5）任何人未经允许不得进入办公用品库房。

6）办公用品管理人员负责收发入、离职人员的办公用品。

7）定期对办公用品进行盘查，核实库存，保证出入库等量。

#### 4.2.5.6　印章证照管理

（1）印章管理

1）蝴蝶园各类公章必须指定专人负责和保管。公章不得私刻、外借、随意存放，随便使用。

2）需盖公章的部门或个人须说明盖章的目的、用途、范围，填写《发文审批表》，经领导批准后，方可用章并填写《公章使用登记表》。

3）各部门刻制印章，须报总经理批准后方可办理，并由办公室登记备案。

4）印章如遇丢失、损坏或被盗，应及时向总经理汇报并予以备案，同时登报声明遗失，然后办理补刻手续。

5）以蝴蝶园名义张贴、外发的各类文件需加盖蝴蝶园公章。

6）以部门名义张贴、外发的各类文件需加盖部门印章。

7）印章的审批使用应由总经理或其授权人签字，严禁任何个人私自使用印章。凡私自使用公章，一经发现，将严肃追究相关人员的责任。

8）因工作需要以蝴蝶园名义上报材料或有关资料需盖公章的，须说明用途、范围，经蝴蝶园授权用章审批人批准后方能加盖公司公章。

9）凡因特殊原因需借公章外出公干，须书面申请说明用途和原因，并经用章批准人同意方可借出；归还公章时，须将借用公章所盖文件的复印件一并交付备查；凡发现借用公章加盖其他文件或空白纸张或因此而发生问题，将严肃追究借用人的责任。

10）公章保管人外出时，应将公章交给办公室指定的临时代管人保管，不得擅自交给他人保管。

（2）证照管理

1）蝴蝶园及其下属各部门在取得各类证照时，应统一交办公室存档管理，并登记在《公章、证照登记表》上。

2）各类证照使用需办理相关借用手续，经总经理或授权人同意后方可使用。

# 4.3　财务管理

蝴蝶园的财务管理与其他各类旅游风景区的财务管理大体相似，只是在其带有普遍性的业务内容中，加入蝴蝶园的特色部分即可。

## 4.3.1　财务部组织

财务部是代表蝴蝶园对其财务工作进行规划、协调、监督和管理的职能部门。根据蝴蝶园财务管理工作的需要，至少应设财务部经理、会计和出纳等职位，其中会计和出纳的职位数量可以根据工作需要进行增设（见表4-4）。

表4-4　财务部岗位设置与要求

| 岗位 | 人数 | 岗位要求 |
| --- | --- | --- |
| （1）财务部经理 | 1名 | 蝴蝶园财务专家，受总经理委托，主持蝴蝶园财务部工作。其岗位要求是：<br>① 具有本科以上文化程度和会计专业中级以上技术职称。<br>② 35～50岁，具有5年以上相关工作经验。<br>③ 熟悉国家财经法律、法规、章程和方针、政策，热爱本职工作。<br>④ 具有丰富的财务专业知识，懂得生财、聚财、用财等理财之道。<br>⑤ 具有较强的财务协调能力和组织管理能力，拥有国家颁发的《会计从业资格证书》。<br>⑥ 坚持原则，秉公办事，有较强的工作责任感和事业心。 |
| （2）会计 | 1名至多名 | 在经理领导下，运用货币计量形式，通过确认、计量、记录和报告，从数量上连续、系统和完整地反映蝴蝶园的经济活动情况，为蝴蝶园加强经济管理、提高经济效益、开展经济监督提供相关信息的蝴蝶园财务工作者。其岗位要求是：<br>① 具有本科以上学历和会计专业中级以上技术职称。<br>② 35～50岁，具有5年以上相关工作经验。<br>③ 遵守国家法律、法规和蝴蝶园的财务制度。<br>④ 具备专业会计知识和技能，拥有国家颁发的《会计从业资格证书》。<br>⑤ 坚持原则，秉公办事，具备良好的职业素养。 |
| （3）出纳 | 1名至多名 | 在经理领导下，主要负责蝴蝶园的货币资金核算、往来结算、工资核发、各种费用报销等蝴蝶园财务出纳工作。其岗位要求是：<br>① 具有大专以上学历，经济管理或会计专业毕业者优先。<br>② 35～50岁，具有2年以上相关工作经验。<br>③ 遵守国家法律、法规和蝴蝶园的财务制度。<br>④ 具备丰富的出纳专业知识和技能，拥有国家颁发的《会计从业资格证书》。<br>⑤ 坚持原则，秉公办事，具备良好的职业素养。 |

### 4.3.2　财务部的主要职能

（1）按照国家的财务会计政策、税收政策和法规，制订和执行蝴蝶园的会计政策、纳税政策及其管理政策。

（2）组织编制蝴蝶园的年度财务预决算；执行、监督、检查、总结预算的执行情况，并及时提出调整建议。

（3）负责蝴蝶园的日常财务核算，组织编制蝴蝶园的月、季、年度营业计划和财务计划，定期对执行情况进行检查分析。

（4）负责蝴蝶园发票、收入、支付等有关单据的审核、报销，应收账款的账务处理，各项税务核算及申报，总分类账、日记账等账簿整理，以及财务报表和会计科目明细表的编制。

（5）根据蝴蝶园资金运作情况，合理调配资金，确保蝴蝶园资金正常运转，实现蝴蝶园经济利益的最大化。

（6）搜集蝴蝶园经营活动情况、资金动态、营业收入和费用开支的资料并进行分析，编写蝴蝶园经营管理状况的财务分析报告，综合统计并分析蝴蝶园债务和现金流量及各项业务情况。

（7）负责蝴蝶园会计监督工作，会计档案管理及合同（协议）、有价证券、抵（质）押法律凭证的保管。

（8）负责蝴蝶园公司股权管理工作，实施对全资子公司、控股公司、最大股东公司、参股公司的日常管理、财务监督及股利收缴工作。

（9）组织蝴蝶园经济责任制的实施工作，参与蝴蝶园及各部门对外经济合同的签订。

（10）研究蝴蝶园融资风险和资本结构，进行融资成本核算，提出融资计划和方案。

（11）负责蝴蝶园各项财产的登记、账务、核对、抽查和调拨；按规定计算折旧费用，保证资产的资金来源；会同蝴蝶园各部门做好存货及低值易耗品盘点清查工作，并提出日常采购、领用和保管等工作的建议和要求。

（12）完成蝴蝶园领导授权或交办的其他工作。

## 4.3.3　财务管理的基本要求

（1）成本核算的方法科学、合理、计算准确，能如实反映经营状态，无差错。

（2）总账及固定资产账登记准确，无差错。

（3）应收及应付账款的核算清晰明确，各种单据合法有效。

（4）提供的销售考核数据准确；对销售回款的状态监督有力，无差错。

（5）向管理层提供内容翔实、数据准确的分析报告，能从中及时发现问题并提出相应解决办法。

（6）现金收支相符，现金与账目相符，差错率为零。

（7）保证现金报销单据合法、真实，符合国家政策和蝴蝶园的财务规章制度。

（8）安全稳妥地保管原始凭证、现金、单据、财务专用章，不出现遗失。

## 4.3.4　财务部人员的岗位职责

### 4.3.4.1　财务部经理的岗位职责

（1）负责主持财务部全面工作，完成本部门职责范围内的各项工作任务。

（2）按照《会计法》及有关法律法规的要求，负责蝴蝶园财务管理制度、会计成本核算规程及财务专项管理制度的拟定、修改、补充和实施。

（3）规划会计机构和会计人员的配备，组织人员培训和考核，坚持依法行使职权。

（4）编制和执行蝴蝶园财务预算、财务收支计划、信贷计划，拟订资金筹措和使用方案，开辟财源，有效使用资金。

（5）负责组织蝴蝶园的成本管理工作。进行成本预测、控制、核算、分析和考核，降低消耗、节约费用，确保蝴蝶园利润指标的完成。

（6）审查蝴蝶园经营计划及各项经济合同，并认真监督其执行。

（7）参与蝴蝶园技术、经营以及产品开发、基本建设、技术改造和其他项目的经济研究。

（8）参与审查价格、工资、奖金及其涉及财务收支的各种方案。

（9）组织考核、分析蝴蝶园经营成果，提出可行的建议和措施；定期或不定期汇报各项财务收支和盈亏情况，以便领导及时进行决策。

（10）完成蝴蝶园领导交办的其他工作任务。

### 4.3.4.2　会计的岗位职责

（1）按照国家财政制度规定，认真编制并严格执行预算。

（2）按照会计制度规定对本单位各项业务收支进行记账、算账、报账工作，做到手续完备，内容真实，数字准确，账目清楚，日清月结，按期提出会计报表。

（3）监督、检查本单位各部门的财务收支、资金使用和财产保管等工作。

（4）对违反财经纪律和财会制度的行为，有权拒绝付款、报销和执行，并向单位领导或上级机关报告。

（5）定期检查和分析财务计划、预算的执行情况，挖掘增收节支的潜力，考核资金使用效果。

（6）妥善保管会计凭证、账簿、报表等会计资料。

（7）严格制定并执行蝴蝶园财务保密制度。

（8）完成领导交办的其他任务。

### 4.3.4.3　出纳的岗位职责

（1）根据蝴蝶园财务制度要求，搞好现金收、付及银行存款管理工作。

（2）按照国家有关现金管理和银行结算制度的规定，办理现金收支和银行结算业务，库存现金不得超过银行核定的限额，严格控制签发空白支票。

（3）严格现金收付手续，收入现金必须及时出具合法的收据，并当天解交银行，不得坐交，付出现金要以合法的支出凭证为依据，支出凭证必须有经手人、验收人、审批人签字。

（4）办理现金收支和银行结算业务，要认真审核原始凭证，按标准报销，收付款要当面点清。

（5）根据收付款凭证，逐笔顺序登记现金和银行存款日记账，账面现金余额必须与库存现金相符。

（6）定期与银行核对存款余额，月终根据银行提供的对账单编制银行存款余额调节表，及时向领导报告资金收入、使用、结存情况。

（7）现金日记账、银行日记账每周结报一次，并将报结报单连同原始凭证一同报会计。

（8）妥善保管库存现金、支票和各种有价证券，并按规定认真办理领用和注销手续。

（9）负责工资、薪金和奖金的发放。

（10）完成好领导交办的其他任务。

### 4.3.5　财务管理的基本方式

蝴蝶园财务管理的基本方式，可以参考风景区财务管理的基本方式，但要根据自身实际进行相应调整。

#### 4.3.5.1　几项重要规定

（1）蝴蝶园的会计年度自一月一日起至十二月三十一日止。

（2）会计凭证、会计账簿、会计报表和其他会计资料必须真实、准确、完整，并符合会计制度的规定。

（3）财务工作人员办理财务事项必须填制或取得原始凭证，并根据审核的原始凭证编制记账凭证。

（4）会计、出纳记账，都必须在记账凭证上签字。

（5）会计报表每月由会计编制上报一次，财务经理负责审核；会计报表须经财务经理、总经理签名或盖章。

（6）财务工作人员对不真实、不合法的原始凭证，不予受理；对记载不准确、不完整的原始凭证，予以退回，要求更正、补充。

（7）财务工作人员发现账簿记录与实物、款项不符时，应及时向财务经理直至总经理报告，并请求查明原因，作出处理。

（8）财务工作应当建立内部稽核制度，并做好内部审计；财务审计每季进行一次，审计人员根据审计事项实行审计，并做出审计报告；出纳人员不得兼管稽核和会计档案保管工作。

（9）财务工作人员调动工作或者离职，必须与接管人员办清交接手续，并由办公室主任或主管副总经理监交。

#### 4.3.5.2　支票管理

（1）支票由蝴蝶园出纳员保管。

（2）支票使用应经财务经理、总经理批准签字同意，加盖印章，填写日期、用途，登记号码，领用人在支票领用簿上签字备查。

（3）支票付款后凭支票存根，发票由经手人、会计、财务经理、总经理签字。

（4）支票要求填写金额无误，完成后交出纳员统一编制凭证号，按规定登记银行账号，原支票领用人在"支票借款单"或登记簿上注销。

（5）支票借款应在签发支票之日起五个工作日内清算，超期的财务人员月底清账时凭"支票借款单"转应收个人款，发工资时从领用人工资内扣还，当月工资扣还不足时，逐月延扣以后的工资，领用人完善报账手续后再作补发工资处理。

（6）对于报销时短缺的金额，由支票领用人办理现金借款手续，并按现金借款管理规定执行。

（7）凡一周内支出款项累计超过10 000元或现金支出超过5000元时，会计或出纳人员应及时报告财务经理。

（8）凡1000元以上的款项进入银行账户两日内，会计或出纳人员应报告财务经理。

（9）财务人员支付每一笔款项，不论金额大小均须总经理签字；总经理外出时应由财务人员设法通知，总经理同意后经授权人代签，可先付款后再补签字。

### 4.3.5.3　现金管理

（1）现金支付范围

1）职员工资、津贴、奖金。

2）个人劳务报酬。

3）出差人员必须携带的差旅费。

4）结算起点以下的零星支出。

5）总经理批准的其他开支。

（2）现金支付规定

1）日常零星开支所需库存现金限额为5000元，超额部分应存入银行。

2）财务人员支付个人款项，超过使用现金限额的部分，应当以支票支付；确需全额支付现金的，经财务经理审核，总经理批准后支付。

3）固定资产、原辅料、车辆维修、代办运输费用、办公用品、劳保、福利及其他工作用品必须采取转账结算方式，不得使用现金。

4）财务人员支付现金，可以从库存现金限额中支付或从银行存款中提取，不得从现金收入中直接支付。

5）财务人员从银行提取现金，应当填写《现金借款单》，并写明用途和金额，由财务经理批准后提取。

6）蝴蝶园工作人员因工作需要借用现金，需填写《借款单》，经会计审核，交财务经理、总经理签字后方可借用；超过还款期限即转应收款，在借款人当月工资中扣还。

7）发票、工资单、差旅费及蝴蝶园认可的有效报销或领款凭证，由经手人签字，会计审核，财务经理、总经理批准后由出纳支付现金。

8）工资由财务人员依据办公室及各部门每月提供的核发工资资料代理编制职员工资表，交主管副总经理审核，财务经理、总经理签字，财务人员按时提款，当月发放，并填制记账凭证，进行账务处理。

9）无论何种汇款，财务人员都须认真审核《汇款通知单》，分别由经手人、部门经理、财务经理、总经理签字。

10）出纳人员应当建立健全现金、银行存款账目，逐笔记载现金、银行款项支付；账目应当日清月结，每日结算，账款相符。

### 4.3.5.4　原始凭证审核

（1）真实性审核

主要是审核凭证所反映的内容是否符合所发生的实际情况，数字、文字有无伪造、涂改、重复使用和大头小尾、各联之间数字不符等情况。特别要注意的是：

1）内容记载是否清晰，有无掩盖事情真相的现象。

2）凭证抬头是否是本单位。

3）数量、单价与金额是否相符。

4）认真核对笔迹，有无模仿领导笔迹签字冒领现象。

5）有无涂改、添加内容和金额现象。

6）有无移花接木的凭证。

（2）完整性审核

主要审核原始凭证各个项目是否填写齐全，数字是否正确；名称、商品规格、计量单位、数量、单价、金额和填制日期的填写是否清晰，计算是否正确。对要求统一使用的发票，应检查是否存在伪造、挪用或用作废发票代替等现象，凭证中印章、签名是否齐全、审批手续是否完备等。特别应注意的是：

1）记账凭证是否附有原始凭证，记账凭证的经济内容是否与所附原始凭证的内容相同。

2）凭证中的项目是否填制完整，摘要是否清楚，有关人员的签字、签章是否齐全。

3）应借应贷的会计账户（包括二级或明细账户）对应关系是否清晰、金额是否正确。

4）对外支付款项的凭证应附有收款人的收款手续方能转账注销；注意外来发票、收据等是否用复写纸套写，是否是"报销"一联，不属此例的一般不予受理；对于剪裁发票要认真核对剪裁金额是否与大小写金额一致。

5）自制的原始凭证附有原始单据的，要审核金额是否相符；无原始单据的，审核是否有相关负责人的批准、签章等。

（3）合法性审核

审核原始凭证的合法性，是对原始凭证的重要实质性审核，具体应注意：

1）审核凭证内容是否符合国家政策、法律、制度和计划。

2）审核凭证本身是否具有"合法性"。

（4）会计核算组织程序

1）根据审核后的原始凭证填制记账凭证。

2）根据原始凭证汇总编制记账凭证汇总表。

3）根据记账凭证汇总登记总分类账。

4）根据原始凭证登记现金日记账和银行日记账。

5）根据记账凭证及所附的原始凭证登记各明细分类账。

6）月终，根据总分类账和各明细分类账编制会计报表。

### 4.3.5.5 薪金支付

薪金的支付，应由行政部根据考勤表会同财务部编制"工资表"，于付款期限前一周内送交出纳。

（1）工资：蝴蝶园全体员工工资应于每月15日前支付。

（2）过节费：蝴蝶园员工过节费应在节日前一周内支付。

（3）补贴：蝴蝶园员工补贴一般在月底支付。

（4）其他：因特殊情况需另行支付报酬时，应由经办部门签呈财务经理、报请总经理批准后，再予以支付。

#### 4.3.5.6　扣缴事项

出纳支付款项若有扣缴事项时，应将代扣款项于次月10日前填具有关机构规定的报缴书向公库缴纳，并以影本一份附于传票后；凡有扣缴税款及免扣缴应申报事项者，出纳应于次年元月底前填具有关机构规定的凭单向稽征机关申报，并将正、副本交各纳税义务人。

为便于办理薪资扣缴个人所得税申报，员工应于每年度开始一个月内及新进人员报到时，填报"薪资所得受领人申报表"，由出纳收执，作为所得税扣缴申报的依据，出纳应就每一员工给付工资及扣缴情况填载于"各类收入所得扣缴资料登记表"上，作为日后扣缴申报之用。

凡依法应扣缴的所得税款及依法应贴用印花税票，若因主办人员的疏忽发生漏扣、漏报、漏贴或短扣、短报、短贴等事情以致遭受处罚者，其处罚金应由经办人员及其直属部门负责人赔偿。

#### 4.3.5.7　记账规则

记账须根据审核过的会计凭证，除按照会计核算要求进行转账时，用记账员写的转账说明作记账依据外，其他记账凭证都必须以合法的原始凭证为依据。没有合法的凭证，不能登记账簿，且每张记账凭证必须由制单、复核、记账、会计主管分别签名，不得省略。要注意：

（1）登记账簿时用钢笔或碳素笔写。

（2）记账凭证和账簿上的会计科目以及子、细目用全称，不得随意简化或使用代号。

（3）会计分录的科目对应关系，原则上一种经济事项分别或汇总编一套分录，不得将不同内容的多种经济事项合并编制一套分录。

（4）明细账应随时登记，总账定期登记，一般不超过10天。

（5）每一笔账须记明日期、凭证号码和摘要，经济事项的摘要不能过分简略，以保证第三者能看清楚。每笔账记完后，在记账凭证上划"√"号。

（6）记账的文字和数字应端正、清楚、严禁刮擦、挖补或涂改，不得跳行隔页，空行或空页划斜红线注销。

（7）各账户在一张账页记满后接记次页时，需要加计发生额的账户，应将加计的借贷发生总额和结出的余额记在次页的第一行内，并在摘要栏"承前页"。

（8）编制会计报表前，必须把总账和明细账记载齐全，试算平衡，每个科目的明细账中各账户的数额相加总和同该科目的总账数额核对相符。不准先出报表，后补记账簿。

（9）年度更换新账时，需要结转新年度的余额，可直接过到新账中各该账户的第一行，并在摘要栏内注明"上年结转"字样。必要时，详细注明余额组成内容，在旧账的最后一行数字下面注明"结转下年"字样。结转以后的空白行格包括不结转余额的账户，划一条余线注销或盖戳注销。

当记账发生错误，用以下方法更正：

（1）记账前发现记账凭证有错误，应先更正或重制记账凭证；记账凭证或账簿上的数字差错，应在错误的全部数字正中划红线，表示注销，并由经办人员加盖小图章后，将正确的数字写在应记的栏或行内。

（2）记账后发现记账凭证中会计科目、借贷方式或金额错误时，先用红字填制一套与原用科目、借贷方向和金额相同的记账凭证，以冲销原来的记录，然后重新填制正确的记账凭证，一并登记入账。如果会计科目和借贷方向正确，只是金额错误，也可另行填制记账凭证，增加或冲减相差的金额。更正后应在摘要中注明原记账凭证的日期和号码，以及更正的理由和依据。

（3）报出会计报表后发现记账差错时，如不需要变更原来报表的，可以填制正确的记账凭证，一并登记入账。如果会计科目和借贷方向正确，只是金额错误，也可另行填制记账凭证，增加或冲减相差的金额。更正后应在摘要中注明原记账凭证的日期和号码，以及更正的理由和依据。

### 4.3.5.8 结账与对账

（1）结账

月、季、年度末，记完账后应办理结账，为了便于结转成本和编制会计报表，需要发生额的账户，应分别结出月份、季度和年度发生额，在摘要栏注明"本月合计"、"本季合计"或"本年合计"字样，在月结、季结数字上端和下端均划单红线，在年结数字下端划双红线。总结的数字本身均不得用红字书写；发生笔数不多的账户，也可不结总。不需要加计发生额的账户，应随时结出余额，并在月份、季度余额下端划单红线，在年度余额下端划双红线。具体内容如下：

1）在结账时，首先应将本期内所发生的经济业务记入有关账簿。

2）本期内所有的转账业务，应编成记账凭证记入有关账簿；待摊、预提费用应按规定标准予以摊销提取。

3）当全部业务登记入账后，应结算所有账簿。

（2）对账

对账是为了保证账证相符，账实相符，账账相符。具体内容如下：

1）账证核对：是指各种账簿的记录与会计凭证的核对，这种核对主要是在日常编制凭证和记账过程中进行；月终如果发现账账不符，就应回过头来对账簿记录与会计凭证进行核对，以保证账证相符。

2）账实核对：分两类：第一类，现金日记账账面余额与现金实际库存数额相核对，银行存款日记账账面余额与开户银行对账单相核对，要求每月核对一次；第二类，各种财产物资明细分类账账面余额与财产物资实有数额相核对，各种往来账款明细账账面余额与有关债权债务单位的账目核对等，要求每季核对一次。

3）账账核对：每月一次，主要是总分类账各账户期末余额与各明细分类账账面余额相核对，现金、银行存款二级账与出纳的现金、银行存款日记账相核对，会计部门各种财产物资明细类账期末余额与财产物资管理部门和使用部门的保管账相核对等。

### 4.3.5.9  借款、费用开支及审批

（1）借款及审批

1）出差人员借款，必须先到财务部领取"借款凭证"，写明出差时间、地点、借款金额，先经部门经理同意，再由财务经理批准，最后经总经理审批后，方予借支。

2）借款出差人员返回蝴蝶园后，三天内应按规定到财务部报账，三天内不办理报销手续者，财务部门有权通知行政部门在当月工资中扣出，此后不得再借款。

3）其他临时借款，如购置款、业务费、周转金等，审批程序同出差借款。

4）报销审批时应具备"请购审批单"或"费用审批单"、原始发票、物品明细表、经办人签字、主管部门经理签字和财务经理签字。

（2）出差及报销

蝴蝶园职工出差乘坐车、船、飞机和住宿、伙食、市内交通费，应按相关规定执行。各部门负责人应严格控制外出人员，并考虑完成任务的期限，确定出差日期。对因公外出人员均按标准办理报销费用。如出差人员投亲靠友自行解决住宿问题，则按标准的40%计发给个人；如不足标准住宿的，按节约额的50%计发给个人；如超标准住宿的，超支部分一律由个人自行负担。

蝴蝶园出差的交通费一律参照有关标准套用：

1）从晚上8时至次日晨7时之间，在车上过夜6小时以上的，或连续乘车时间超过12小时的，可购火车硬卧铺票和轮船三等舱；车船票按出差规定的往返地点、里程，凭票据核准报销。

2）乘坐火车符合规定而不买卧铺票的，节省下的卧铺票费，发给个人，但为了计算方便，规定按本人实际乘坐的火车硬席票价的50%发给。

3）因特殊情况出差需乘坐飞机，由总经理批准；连续三个月亏损的部门人员出差，一律不准乘坐飞机。

4）出差人员经单位领导批准就近回家省亲办事的，应凭车船票价按实支报，但不发绕道和在家期间的补助费、住宿费。

5）蝴蝶园员工调动工作，差旅费以其调入地区执行标准计发；调入人员的交通、住宿补助参照有关规定执行。

6）出差人员在出差地因病住院期间，按标准发给伙食补助费，不发交通费和住宿费。住院超过一个月的停发伙食补助费。

7）蝴蝶园人员参加在外地召开的各类会议，除会议主办单位出具食宿费自理证明的，可按出差标准领取补助，住宿费凭住宿发票按规定标准报销。

8）出差人员市内短途交通费按相应人均标准凭票据实报销。

9）其他杂费如存包裹费、电话费、杂项费用等，按蝴蝶园规定凭单据报销。

10）所有报销单据，应先交会计审核，再交主管部门经理、财务经理签字，最后由总经理审批后，方能报销。

（3）业务招待费及报销

1）业务招待费报销单据必须有税务部门的正式发票，列明单位抬头，消费金额，先由经手人签字，注明用途，部门经理加签证实，再报财务经理审核，最后由总经理审批。

2）有特殊情况的大额业务招待费，须事先报总经理批准，否则一般不予报销。

（4）福利费、医药费及报销

1）实行医疗保险制度以后，职工本人医药费纳入社会统筹基金，工伤及重大疾病医药费开支蝴蝶园以保险形式解决，不再另外承担因此而产生的医疗费用。

2）蝴蝶园统一提取的工会经费和福利、奖励基金，由财务部统一集中管理，有关开支按相关规定执行。

3）其他福利性开支，根据规定金额，分别由各级领导签字批准，按相关标准报销。

（5）加班费规定

1）员工加班要从严控制，事前报蝴蝶园相关领导批准。

2）加班只限于工程抢修，节假日值班和完成其他紧急生产任务等。

3）法定节假日因工作需要加班者，按国家和蝴蝶园相关规定计发加班费。

4）员工加班后，可以补休而不领加班费，但须办理补休登记手续。

5）员工出差期间，如遇法定节假日或超时工作，不计加班费。

6）属工作职责要求，当日或当月没完成，自行加班的不计加班费。

7）加班费经行政部门审核后，报领导批准，由财务部门发放。

### 4.3.5.10 财务档案管理

（1）凡是蝴蝶园的会计凭证、会计账簿、会计报表、会计文件和其他有保存价值的资料，均应归档。

（2）会计凭证应按月、按编号顺序每月装订成册，标明月份、季度、年起止、号数、单据张数，由会计及有关人员装订成册，签名盖章，交由财务经理指定专人归档保存。

（3）会计报表应分月、季、年报按时归档，由财务经理指定专人保管，并分类填制目录。

（4）任何人无权携带会计档案外出，凡查阅、复制、摘录会计档案，一般须经财务经理批准，必要时应报总经理批准。

### 4.3.5.11 财务违规处罚

（1）一般处罚

出现下列情况之一的，对财务人员予以警告，并扣发本人月薪1～3倍：

1）超出规定范围、限额使用现金的或超出核定的库存现金金额留存现金。

2）用不符合财务会计制度规定的凭证顶替银行存款或库存现金。

3）未经批准，擅自挪用或借用他人资金或支付款项。

4）利用账户替其他单位和个人套取小额现金。

5）未经批准坐支或未按批准坐支现金。

6）擅自保留账外款项或将蝴蝶园款项以财务人员个人储蓄方式存入银行。

（2）严重处罚

出现下列情况之一的，财务人员应予解聘，直至移交司法处理：

1）违反财务制度，造成财务工作严重混乱。

2）拒绝提供或提供虚假的会计凭证、账表、文件资料。

3）伪造、变造、谎报、毁灭、隐匿会计凭证、会计账簿。

4）利用职务便利，非法占有或虚报冒领、骗取公家财物。

5）弄虚作假、营私舞弊，非法谋私，泄露秘密及贪污挪用公款。

6）在工作范围内发生严重失误或者由于玩忽职守致使蝴蝶园利益遭受严重损失。

7）有其他渎职行为和严重错误，应当予以辞退者。

# 4.4 人事管理

蝴蝶园的人事管理与其他各类旅游风景区的人事管理大体相似，只是在其人员引进、招聘、培训、选拔、推荐时，适当考虑蝴蝶保护、管理、开发、经营方面的专业特长即可。

## 4.4.1 人事部组织

人事部是代表蝴蝶园对其人事工作进行规划、协调、监督和管理的职能部门。根据蝴蝶园人事管理工作的需要，通常设人事部经理、人事专员、人事档案管理员等职位，也可根据实际人事工作需要增设职位（见表4-5）。

表4-5 人事部岗位设置与要求

| 岗位 | 人数 | 岗位要求 |
| --- | --- | --- |
| （1）人事部经理 | 1名 | 受总经理委托，主持蝴蝶园人事部工作，全面行使人事部的指挥、监督、管理权。其岗位要求是：<br>① 本科以上学历，管理类专业毕业者优先。<br>② 35～45岁，具有3年以上相关工作经验。<br>③ 熟悉国家劳动人事法规、法律和政策。<br>④ 具备较强的组织、领导、判断和决策能力。<br>⑤ 具有丰富的人事管理、职工培训实践经验。<br>⑥ 具有良好的职业道德，热爱人事工作，保守人事秘密。<br>⑦ 具备基本的网络知识和电脑操作技能。 |

续表

| 岗位 | 人数 | 岗位要求 |
|---|---|---|
| （2）人事专员 | 1名 | 在人事部经理领导下，专门从事蝴蝶园人事规划、人员培训、办理员工入职、离职事务的专职人员。其岗位要求是：<br>① 本科以上学历，人力资源或管理类专业毕业者优先。<br>② 30～45岁，具有3年以上相关工作经验。<br>③ 熟悉国家劳动人事法规、法律和政策。<br>④ 具有人员招募、引进、培训及员工考核、激励等方面的实际操作经验。<br>⑤ 具有较强的原则性、亲和力和服务意识。<br>⑥ 具备基本的网络知识和电脑操作技能。 |
| （3）人事档案管理员 | 1名 | 在人事部经理领导下，专门从事蝴蝶园人事档案管理的专职人员。其岗位要求是：<br>① 大专以上学历，人力资源或档案专业毕业者优先。<br>② 25～45岁，具有2年以上相关工作经验。<br>③ 了解国家人力资源相关法律法规。<br>④ 具备人事管理的基础知识和工作经验，熟悉人事档案管理的操作流程。<br>⑤ 工作心细，品行端正，原则性强。<br>⑥ 具备基本的网络知识和电脑操作技能。 |

## 4.4.2 人事部主要职能

（1）制订、修改蝴蝶园人事管理制度和管理办法，建立制度化、规范化、科学化的人事管理体系。

（2）根据蝴蝶园发展战略，分析蝴蝶园现有人力资源状况，预测人员需求，制订、修改人力资源规划，经上级领导审批后实施。

（3）明确部门、岗位职责及岗位任职资格；编制、修改和完善部门、岗位职责说明书；合理评价岗位价值。

（4）根据蝴蝶园岗位需求状况和人力资源规划，制订招聘计划，做好招聘前的准备、招聘实施和招聘后的手续完备等工作。

（5）组织建立蝴蝶园绩效管理体系，对各部门进行绩效考核并予以指导和监督；做好考核结果的汇总、审核和归档管理。

（6）根据蝴蝶园发展需要，建立和完善员工培训体系，努力提高员工素质。

（7）制订蝴蝶园的薪酬体系、福利方案；审核员工工资和社会保险缴纳标准。

（8）做好蝴蝶园员工人事档案管理工作，定期汇总、编制人力资源管理方面的相关统计报表和统计报告。

（9）负责办理员工录用、迁调、奖惩、离职、退休手续；办理中层管理人员的考察、选拔、聘任、解聘事宜；牵头组织对蝴蝶园领导班子的年度考核。

（10）负责蝴蝶园劳动合同管理、劳动纠纷处理和劳动保护工作。

（11）完成蝴蝶园领导授权或交办的其他工作。

### 4.4.3 人事管理的基本要求

（1）管理目标

在持续强化的人力资源开发及管理活动中，以建立一支专业齐全、素质过硬、认真负责、管理有效的蝴蝶园员工队伍为目标。借助组织建设、制度建设和文化建设，创造一种自我激励和自我约束的机制，为蝴蝶园的快速发展和高效运行提供人力资源保障。

（2）管理手段

1）人格平等化：全体蝴蝶园员工无论职位、信仰、工作内容、个人特征等有何不同，在人格上一律平等对待。

2）机会均等化：鼓励蝴蝶园员工在精诚合作和责任承诺的基础上展开良性竞争，并为员工在工作中的竞争、薪资调整和职务升迁提供均等的机会和条件。

3）能力绝对化：在蝴蝶园共同价值观的指导下，以员工在完成本职工作中的能力和潜力作为对员工进行公正评价的最高准则。

4）方式透明化：为使蝴蝶园员工权力得到制度性保障，在重要决策及有关制度的制订过程中，在保守经营秘密和尊重人格的前提下，采取公开、透明的方式，公开或个别公开人事制度执行的依据和结果。

### 4.4.4 人事部工作人员的岗位职责

#### 4.4.4.1 人事部经理的岗位职责

（1）在总经理和人力资源总监的领导下，主持蝴蝶园的劳动人事管理工作。

（2）负责蝴蝶园人事、劳资统计、劳动纪律等有关管理制度的拟定、修改、补充和实施。

（3）结合实际需要编制蝴蝶园定员方案，及时组织劳动定额的控制、分析、修订和补充，确保其合理化和准确性，杜绝人力资源的浪费。

（4）拟订员工《劳动合同》，负责合同的签定和续签；检查、监督、落实有关劳动人事方面的国家政策执行情况。

（5）负责员工的招聘、录用、建档、考核、培训、奖惩、推荐、调动、辞退等；做好员工培训工作。

（6）负责制定蝴蝶园劳动工资年度预算及调整方案；审批有关人事的各类表格、书面材料及备忘录。

（7）负责对日常工资、加班工资、绩效工资的报批和审核工作；处理各种员工投诉。

（8）负责养老保险、住房公积金等与劳动工资相关的各项工作。

（9）负责劳动安全教育，参与员工伤亡事故调查处理。

（10）完成领导交办的其他工作。

#### 4.4.4.2 人事专员的岗位职责

（1）协助人事部经理，主管蝴蝶园招聘、培训、员工入职或离职等工作。

（2）负责员工报到及解聘手续的办理，接待引领新进员工。

（3）负责新进员工试用期的跟踪考核、晋升提薪及转正合同的签订。

（4）负责蝴蝶园员工考勤和绩效考核资料的统计、汇总、上报。

（5）负责员工薪酬发放的异常处理和薪酬政策的跟踪调查。

（6）负责员工技能培训、技能测评方案的拟定、督导和跟进。

（7）负责蝴蝶园人事文件的呈转及发放。

（8）负责制定、执行蝴蝶园的福利保险制度，组织办理入保手续和理赔事务。

（9）完成上级领导交办的其他工作。

### 4.4.4.3　人事档案管理员的岗位职责

（1）负责蝴蝶园人事档案文件资料汇集、编制和借阅管理。

（2）负责蝴蝶园人事资料的收集、整理、立卷和存档。

（3）负责蝴蝶园人事档案的鉴定和保存。

（4）负责蝴蝶园档案系统的完整和安全。

（5）遵守国家和蝴蝶园的有关保密规定。

（6）完成上级领导交办的其他工作。

## 4.4.5　人事管理的基本方式

蝴蝶园人事管理的基本方式，可以参考风景区人事管理的基本方式，但要根据自身实际进行相应调整。

### 4.4.5.1　制定员工守则

（1）严格遵守国家法律、政策和蝴蝶园的规章制度。

（2）服从蝴蝶园的领导与管理，令行禁止。

（3）以蝴蝶园的利益为重，积极学习新知识，努力培养创新能力。

（4）严格保守蝴蝶园的商业、财务、人事、技术机密。

（5）爱岗敬业、积极进取、尽职尽责、精诚合作。

（6）善于协调，融入集体，有团队合作精神和强烈的集体荣誉感。

（7）不利用工作时间从事第二职业。

（8）不参与有损蝴蝶园利益的个人投资。

（9）不非法侵占蝴蝶园公物。

### 4.4.5.2　规范员工礼仪

（1）仪表整洁，举止端庄，行为检点，谈吐得体。

（2）保持头发清洁，保持口腔清洁，注意指甲、胡须修剪。

（3）上班前不喝酒或吃有异味的食品。

（4）女性职员化妆应给人清洁健康的印象，不能浓妆艳抹，不宜用香味浓烈的香水。

（5）同事相遇应点头示意，表示友好。

（6）握手时用普通站姿，并目视对方眼睛。

（7）出入房间要礼貌，不能大力、粗暴开门或关门。

（8）不在公共场所大声喧哗；不穿奇装异服。

（9）走通道、走廊时要放轻脚步；遇到上司或客户要礼让，不能抢行。

### 4.4.5.3　员工招聘

（1）招聘准备

1）准备招聘资料，如招聘简章、招聘宣传资料等。

2）预算招聘费用，如广告费、交通费、场地费、人员费用等。

3）做好招聘组织，如确定面试（或笔试）主考人、落实确保考核公正的措施等。

（2）发布招聘信息

通过电视、广播、网络、报纸和印发宣传资料等形式，发布蝴蝶园人员招聘信息。

（3）报名

应聘者持身份证、学历证及有关证明材料原件或复印件，到人事部或指定招聘点报名，填写《招聘登记表》。

（4）初选

根据《职位说明书》的条件要求，审查求职者的简历和《招聘登记表》，进行应聘人员的初步筛选。

（5）面试

人事部通过与应聘人员面谈，考察应聘者的工作态度、求职动机、沟通能力、应变能力、综合能力等，对合格者通知复试。

（6）复试

用人部门负责对面试合格者复试，对应聘者的岗位专业技能、岗位知识学习能力，实际解决问题的能力、团队合作精神等进行考察；对于复试合格者，用人部门根据实际录用人数确定最后拟录用人选。

（7）报到

被录人员报到时，应携带身份证、毕业证、职称证、资格证原件和复印件及一寸免冠照片等，以便建立员工人事档案、领取考勤卡、办公用品等。

（8）试用

1）试用的目的在于补救选拔中的偏差。

2）试用员工上岗前，须参加岗前培训，原则上，培训合格后方可上岗。

3）用人部门负责人有义务对新进人员进行上岗引导，并确定一名直接负责人管理其行为，承担其行为责任。

4）新进员工试用期为2～3个月，特殊人才经总经理批准可免于或缩短试用期。

5）试用期满前一周，试用员工填写《员工转正申请表》，其所在部门负责人应严格依据《职位说明书》，在《员工转正申请表》上填写正式考核意见：胜任现职、同意转正；不能胜任、予以辞退；无法判断、建议延长试用期（最多延长3个月）等。

6）试用期间，新员工若有严重违规行为或能力明显不足者，用人部门应在《员工转正申请表》上陈述事实与理由，报人事部审核后辞退，并办理辞退手续。

7）凡需延长试用期限，其部门负责人应详述原因，经人事部门审核后办理延期试用手续，补发下期《员工转正申请表》。

8）对试用期间表现突出者，可提前转正。

（9）聘用

新员工试用期满后，如确认其胜任现职，则予以正式聘用，并签订正式《劳动合同书》。

#### 4.4.5.4　员工培训管理

（1）拟定培训计划

1）年度培训：人事部应根据蝴蝶园整体发展战略，并结合各职能部门的年度工作计划，拟定员工年度培训计划，计划中应包括全年拟计划实施的培训项目、培训目的、项目责任人、参训对象、培训形式、开展时间、培训经费等相关细则。

2）季度培训：根据蝴蝶园员工年度培训计划，结合当期各部门工作实际情况，拟定季度培训计划实施方案；方案中应包括本季度拟开展的培训项目、培训目的、参训对象、培训形式、项目责任人、开展时间、费用预算等相关内容。

（2）培训计划的审批

人事部拟定的年度培训计划和季度培训计划，须报蝴蝶园经理会议审议通过，总经理签字确认后执行。期间如实际情况发生变化，需要对年度计划内容进行调整，则在季度培训计划实施方案中予以体现。季度培训计划实施方案，须报上级主管领导批准，如实施过程中需要对有关内容或项目进行调整，须经上级主管领导同意方可执行。

（3）培训分类

1）新员工入职培训：蝴蝶园新入职的员工须接受入职培训，培训内容主要包括蝴蝶园简介、企业文化、规章制度、行为规范等相关内容，以帮助新入职员工增进对单位及工作环境的了解，迅速进入工作状态；新员工培训一般采用内训方式，由人事部根据当期新员工的数量，不定期开展。

2）员工在职培训：员工在职期间，每年须接受一定时间的培训和学习，其中原则上要求普通职员每年接受培训的时间不小于20学时，部门主管接受培训的时间不小于40学时，部门经理接受培训的时间不小于60学时；员工在职培训的内容应包括专业技能、通用管理技能、职业发展与生理心态等方面的内容；培训采用外训和内训相结合的方式进行。

3）员工外训：因工作需要派出员工参加相关培训机构组织的商业培训，属于员工外训；外训费用超过3000元/人，脱产时间超过5天以上者，须报总经理批准方可；参加外训的人员受训完毕返回后，须向人事部提交受训总结和培训教材备案，方可到财务部门核销相关费用（培训费、差旅费等）。

4）委托培养：因蝴蝶园发展需要，对于部分关键岗位所需的经营管理或技术性人才，可以采用委托相关培训机构或院校培养的方式进行培训。委托培养的人选须董事会同意，并与单位签订培训协议，明确委培人员须在蝴蝶园服务的年限、委培费用的承担等相关事宜。

（4）培训档案的建立

蝴蝶园开展的新员工入职培训、各类员工在职培训、员工外训、委托培训等活动结束后，人力资源部应建立相应培训档案备查。

1）档案内容：包括《培训项目审批表》、《培训项目实施情况记录表》、参训人员名单及出勤记录、培训教案（或教材）等相关内容；培训记录应包括《个人年度培训情况登记表》、《培训协议》、结业考试试卷及成绩单、结业证书（复印件）等相关个人培训资料。

2）档案用途：建立培训档案是规范培训管理的重要措施，让各类培训均有相对完整的记录，避免重复培训，造成不必要的资源浪费；同时，培训档案也是蝴蝶园经理会对于人事部组织和开展的各类培训活动进行评价和考核的重要依据和保证培训效果及质量的重要手段。

### 4.4.5.5　员工离职管理

（1）离职手续

终止或解除劳动合同，职员在离职前必须完备离职手续。未完备离职手续而擅自离职者，将按旷工或自动除名处理。离职手续包括：

1）交还所有公共财物，包括资料、文件、办公用品、宿舍及房内公物等。

2）报销账目，归还公款。

3）离职人员发生违约或提出解除劳动合同时，应按合同规定，归还在劳动合同期限内的有关费用。

4）待所有离职手续完备后，离职人员可按约定领取应领薪金和费用。

（2）离职面谈

在离职人员离职前，蝴蝶园可根据职员意愿安排职员上司进行离职面谈，听取职员意见，以利蝴蝶园后续人事工作的开展。

（3）纠纷处理

对于员工离职所引起的劳动合同纠纷，员工可通过正常程序向上级负责人申诉，必要时蝴蝶园或员工可直接向司法机关提起诉讼。

### 4.4.5.6　员工的考勤、休假、请假管理

职员考勤、休假和请假应严格按照蝴蝶园《职员考勤及休假、请假管理制度》执行。以下是某蝴蝶园的相关规定，可予参照。

（1）标准工作时间

蝴蝶园的标准工作时间与其他单位相似：

周一至周五：上午8:00～12:00，下午2:00～6:00；合标准工作时间：8小时。

周六至周日：上午9:30～12:00，下午2:00～6:00；合标准工作时间：7小时30分。

标准工作时间可以根据蝴蝶园所在行政区、位置、环境和实际需要进行适当调整，不同管理层和岗位人员的工作时间，也可根据具体工作情况灵活安排。

（2）迟到、早退或旷工

上午上班前和下午下班后，蝴蝶园的职员都要由本人亲自打卡，若因故不能打卡，应及时填写请假单报负责人签字，然后送主管备案。如因工作原因不能签到，必须至电通知主管。员工应严格遵守劳动纪律，不迟到、不早退、不旷工。出现下列行为时，应予处理：

1）替他人打卡。

2）迟到或早退：第一次迟到（早退）提醒注意，第二次迟到（早退）口头警告，第三次迟到（早退）写出书面检查，并予罚款处理。

3）月累计7次迟到（早退）的，给予警告处分，当月连续三次警告的，单位有权予以劝退。

4）旷工一天扣除2倍的当日基本工资；当月累计旷工6天，或连续旷工超过5天，或一年内累计旷工超过30天者，可作除名处理。

5）请假须填写请假单，获得批准并安排好工作后，才可离开工作岗位，同时对请假进行备案。

6）请病假必须于上班前或不迟于上班时间15分钟内，告知所在主管或直接上级主管，且应于病假后上班第一天内，向单位提供规定医务机构出具的建议休息的有效证明；病假期间员工待遇按国家和蝴蝶园相关规定执行。

7）请事假将被扣除当日薪金全额。

8）因参加社会活动请假，需经领导批准给予公假，薪金照发。

### 4.4.5.7　节假日管理

（1）法定假日

国家法定的节假日，包括元旦（1天）、春节（3天）、妇女节（妇女放假半天）、清明节（1天）、五一劳动节（1天）、端午节（1天）、中秋节（1天）、国庆节（3天），法定假日给予休假，但因业务需要可指定照常上班，并计加班费。

（2）工作年假

工龄满一年以上、业绩突出的员工，经主管报请总经理批准，可享受5天年假；工龄满两年以上、可享受7天年假。主管安排职工休年假时，需提前2周向总经理提出申请，经批准后方可休假。确因工作需要无法安排休假的，由单位给予相应补助。

（3）探亲假

与配偶分居两地的职员，每年可享受一次为期15天的探亲假；未婚、父母均在外地居住的职员，每年可享受为期7天的探亲假。

（4）婚假

蝴蝶园职员结婚，给婚假10天；子女结婚可请假2天。

（5）丧假

直系亲属（指配偶、子女、父母或配偶之父母）死亡，可请假5天。

### 4.4.5.8　薪酬管理

（1）工资发放日期

职员工资，采用月工资制，于每月底前发给。蝴蝶园对员工工资实行保密，员工个人的工资对其他员工保密。如员工对其工资有异议，可直接到人事部门咨询。

（2）奖金

全月出满勤，未请假，无迟到、早退、旷工者，发放全勤奖金。根据各业务部门的业务指标，超额完成任务者可按规定提取超额奖金。

### 4.4.5.9　奖惩管理

奖惩记录，纳入个人考核内容。

（1）奖励

蝴蝶园对以下情形之一者，予以奖励：

1）为保护蝴蝶园财产物资安全作出突出贡献者。

2）业绩突出，为单位带来明显效益者。

3）对蝴蝶园发展或管理提出合理化建议，并给单位带来明显好处者。

4）因个人行为，给单位带来较大正面影响和荣誉者。

5）在某一方面表现突出，足为单位楷模者。

授奖方式有大功、小功、嘉奖、通报表扬、一次性奖金等。

（2）惩罚

蝴蝶园对员工出现以下情况之一者，予以惩罚：

1）利用工作之便图取私利、盗窃、殴斗、诈骗、索贿、违反单位财务制度者。

2）单位遭遇任何灾难或发生紧急事件时，在场职员未能及时全力加以挽救者。

3）在单位以外的行为足以妨碍其应执行的工作及单位声誉或利益者。

4）恣意制造内部矛盾，影响单位和工作配合者。

5）怠慢、欺辱、谩骂、殴打顾客，给单位形象带来损害者。

6）玩忽职守、责任丧失、行动迟缓、违反规范，给单位业务或效益带来损害者。

7）严重违反单位劳动纪律及各项规则制度者。

8）窃取、泄露、盗卖单位经营、财务、人事、技术等机密者。

9）触犯单位制度或国家法律者。

处罚方式有开除、记大过、记小过、警告、通报批评、一次性罚款等。

### 4.4.5.10　福利管理

（1）保险

蝴蝶园的正式员工一律按国家规定享受相关保险；骨干人员和部门经理级以上级别人员，可享受单位投保的个人医疗保险。

（2）过节费

根据国家规定的节假日（元旦、春节、妇女节、劳动节、端午节、儿童节、国庆节等），蝴蝶园将发放适当的过节费或物品。

（3）困难补助

职员个人或家庭有特殊困难，可申请特殊困难补助，补助金额视具体情况而定。

（4）外出郊游

每年的春季或秋季，蝴蝶园将组织员工外出郊游，并报销适当数量的费用。

（5）员工慰问

1）老同志慰问：对年老退休职工，蝴蝶园将在每年春节组织人员慰问。

2）住院慰问：员工住院期间，蝴蝶园将视具体情况组织人员慰问。

# 4.5　技术管理

蝴蝶园的技术管理与其他各类旅游风景区的技术管理大体相似，只是在其技术引进、技术培训、技术管理方面，更加注重蝴蝶保护、蝴蝶生境、蝴蝶宣传、蝴蝶知识展示。蝴蝶园的技术管理在蝴蝶园的各项管理中，与其他风景区相比，是最具特色的管理部分。

## 4.5.1　技术部组织

技术部是代表蝴蝶园对其科研技术工作进行规划、协调、监督和管理的职能部门。根据蝴蝶园科研技术工作的需要，通常设技术部经理、研究所所长、设计室主管和实验室主管等职位。也可结合蝴蝶园的实际工作需要，增设适当数量的专业科研和技术人员。

（1）技术部经理

技术部经理是蝴蝶园技术部门的负责人，受总经理委托，行使对蝴蝶园的常规技术管理、技术产品开发、技术推广应用、技术指导与监督等全过程的管理权限；负责对蝴蝶园技术工作实行技术指导、规范制作流程、制定技术标准、抓好技术管理、实施技术监督和协调的专职管理。其岗位要求是：

1）具有园林或旅游及相关专业本科及以上学历。

2）具备良好的专业技术基础和管理、协调能力，有3年以上技术管理工作经验。

3）拥有较广泛的技术资源和较强的技术执行力。

4）对新技术、新事物有浓厚的兴趣和探索意识。

5）具有较强的学习能力和钻研精神。

6）具有团队凝聚力和合作精神。

（2）研究所所长

蝴蝶园研究所所长是蝴蝶园科学技术的最高权威，是蝴蝶园的科技形象代表，通常由技术部经理或副经理兼任。其岗位要求是：

1）具有生物学、植物学或相关专业研究生以上学历。

2）具有3年以上科研或技术开发的实践经验和一定的科研组织能力或产品开发能力。

3）拥有比较广泛的科技资源和较强的科研能力。

4）熟悉和了解蝴蝶园当前所面临的科学与技术问题。

5）在蝴蝶园建设和经营的技术方面，善于发现问题和解决问题。

6）具有团队意识、合作意识、学习意识和钻研精神。

（3）设计室主管

设计室主管是负责蝴蝶园设计和建筑施工监理方面的专业人才。其岗位要求是：

1）具有城市规划、建筑设计或相关专业本科以上学历。

2）具有2年以上公园规划或建筑设计的实践经验；会编制工程招投标文件。

3）熟悉国家建筑设计和风景区规划的相关法律、法规、政策和技术标准。

4）熟悉各种设计文件的编制及其相关地形图、规划图、平面图、设计图、鸟瞰图的识别、阅读和审查。

5）掌握按图施工和施工监理的基本程序和方法，能独立进行现场指导和现场监察。

6）热爱本职工作，善于学习，善于合作。

（4）实验室主管

实验室主管是蝴蝶园科研试验和产品开发方面的专业人才。其岗位要求是：

1）生物学、植物学或相关专业本科以上学历。

2）具有2年以上实验室工作经验。

3）熟悉实验室建设和管理。

4）熟悉各种实验设备，仪器的安装、调试、使用和维护。

5）对蝴蝶园科研实验、新技术应用、新产品开发具有浓厚兴趣。

6）工作严谨高效，有责任感，服务意识强。

## 4.5.2 技术部主要职能

（1）负责蝴蝶园技术创新战略的制定和体系建设，并为蝴蝶园重大投融资决策提供咨询、评估等服务。

（2）贯彻执行国家及行业主管部门的有关法律、法规；负责蝴蝶园技术信息的收集、传递和保存。

（3）召开蝴蝶园技术工作会议，指导、处理、协调和解决蝴蝶园建设和经营中出现的技术问题。

（4）推动构建蝴蝶园多元化激励机制，建立与完善技术创新体系，开展重大、关键前瞻性技术项目的研发工作。

（5）负责蝴蝶园新技术、新产品的投资决策、咨询、实验、引进和推广工作。

（6）负责并组织蝴蝶园各项工程的设计、会审、建设与竣工验收工作。

（7）组织蝴蝶园对外进行的技术谈判和技术交流。

（8）负责蝴蝶园自动化设备系统的购置、建设、管理和维护。

（9）制定并组织对蝴蝶园相关单位和人员的业务技术培训。

（10）负责组织对蝴蝶园建筑、设施、设备等质量问题的调查、分析和处理。

（11）完成领导交办的其他工作。

## 4.5.3　技术部的主要工作内容

（1）编制蝴蝶园技术发展规划。

（2）解决蝴蝶园科学与技术问题。

（3）申报和参与蝴蝶项目的科学研究。

（4）蝴蝶园以及各项目的设计和建设的技术管理。

（5）蝴蝶园新产品、新技术、新工艺的开发、鉴定、验收和推广。

（6）组织蝴蝶园的科学技术交流活动，积极开展产学研合作。

（7）组织编制、审查、发放各类技术标准、图纸、工艺文件。

（8）促进蝴蝶园创新技术和创新产品的规模化、产业化。

## 4.5.4　技术部工作人员的岗位职责

### 4.5.4.1　技术部经理的岗位职责

（1）在总经理领导下，负责主持技术部的全面工作，组织并督促部门人员全面完成本部职责范围内的各项工作任务。

（2）负责蝴蝶园技术管理制度和实施细则的制订、落实、监督、指导和考核。

（3）负责蝴蝶园技术人才的培养和技术队伍的管理。

（4）负责蝴蝶园技术发展规划的编制、修改、补充和实施。

（5）负责对蝴蝶园技术产品开发过程的指挥、指导、协调、监督和管理。

（6）指导、处理、协调和解决各部门出现的技术问题，确保蝴蝶园各项建设和经营工作的正常进行。

（7）负责蝴蝶园新技术引进和新产品开发；及时搜集整理国内外技术发展信息，把握技术发展趋势，确保技术的不断更新。

（8）负责蝴蝶园各种技术资料的收集、整理、分析和研究，为逐步实现蝴蝶园的科学化、现代化管理目标，提供可靠的技术依据。

（9）做好技术图纸、技术资料的归档工作，并制定严格的技术资料交接、使用制度。

（10）做好技术保密工作，确保各种技术文件资料的安全。

（11）完成领导交办的其他工作。

#### 4.5.4.2　研究所所长的岗位职责

（1）主持研究所的全面工作，协调研究所的各项业务，推动蝴蝶园科研事业的发展。

（2）坚持实事求是、一切从实际出发的原则，制定研究所发展计划、年度计划。

（3）努力学习科学知识，刻苦钻研专业技术，对科技工作认真负责，精益求精。

（4）加强与国内外各大专院校、科研院所的联系与合作，积极参加各种学术活动，努力提高蝴蝶园的科技水平和科研实力。

（5）主持蝴蝶园科研项目的申报和实施，确保各项科研任务的完成。

（6）负责科研经费的使用和监督，鼓励科研人员出论文、出成果。

（7）完成领导交办的其他工作。

#### 4.5.4.3　设计室主管的岗位职责

（1）制订设计室规章制度和发展规划。

（2）完成上级下达的设计任务及相关管理工作。

（3）参与蝴蝶园建设工程招投标文件编制。

（4）负责建筑施工现场的技术指导和施工监察。

（5）协助业务部门进行技术设计及洽谈工作。

（6）做好蝴蝶园各种规划，设计技术文件，图纸的审核、收藏、归档和管理。

（7）参加各种专业知识和技能培训，不断提高自身的业务水平和工作能力。

（8）完成领导交办的其他工作。

#### 4.5.4.4　实验室主管的岗位职责

（1）负责制定实验室发展规划和规章制度。

（2）负责实验室的常规建设和管理。

（3）负责各种实验设备、仪器的安装、调试、使用和维护。

（4）按规程进行试验操作，确保各种试验数据的客观和准确。

（5）热情周到，严谨高效，认真做好试验服务工作。

（6）完成领导交办的其他工作。

### 4.5.5　技术管理的基本方式

#### 4.5.5.1　常规技术管理

（1）蝴蝶观赏园的技术管理

1）园区管理

① 温度：控制在25～30℃内。

② 相对湿度：控制在60%～85%内。

③ 光照：光照强度控制在接近晴天自然光照水平。

④ 空气：经常通风换气，保持园区空气新鲜。

⑤ 保蝶量：5～10只/m²，通常观赏园面积越小，单位面积保蝶量应越大。

⑥ 寄主植物：栽植面积不超过10%，且应置于观赏园相对隐蔽处。

⑦ 蜜源植物：栽植面积应占观赏园总面积的30%以上，常年保持品种在3种以上。

⑧ 观赏植物：以花卉为主，要求色彩丰富，点、线、面结合，布局自然、造型美观、错落有致，便于烘托园区气氛。

⑨ 背景植物：要求常绿、相对高大，便于蝴蝶栖息、藏匿。

⑩ 园内卫生：要求每日清洁蝴蝶饲喂器、收集清除蝴蝶死尸，保持园内清洁，适于游客观赏游览（见图4-1～图4-7）。

**图4-1**
日本东京多摩蝴蝶园
园区常规管理

图4-2　大理蝴蝶园技术人员每日例行巡查

图4-3　昆明世博园蝴蝶园员工每日清理水体

图4-4　福州蝴蝶园技术人员为蝴蝶补充营养

**图4-5** 厦门蝴蝶园技术人员为蝴蝶补充营养

**图4-6** 昆明圆通山蝴蝶园技术人员为园区植物浇水

**图4-7** 湖南森林植物园蝴蝶园园区放蝶

2）羽化室管理

① 控制室内温度在15～32℃内，当观赏园中保蝶量过大时，适当调低室内温度、降低蝴蝶羽化速度；当观赏园中保蝶量过小时，适当调高室内温度、提高蝴蝶羽化速度。

② 相对湿度：控制在60%～80%内。

③ 光照：光照强度控制在接近晴天自然光照水平。

④ 空气：经常通风换气，保持室内空气新鲜。

⑤ 羽化架：要求每天擦拭一次，保持清洁、美观。

⑥ 羽化垫（毛巾）：要求倾角为45°，每周消毒清洗一次，保持卫生。

⑦ 消毒：夏季（5～10月）每两周一次、冬季（11月至翌年4月）每月一次，用0.2%～0.5%过氧乙酸溶液或1000～2000mg／L有效氯含氯消毒剂，对羽化室进行喷洒或擦洗消毒处理。

⑧ 经常清理羽化室中的蝴蝶尸体、畸形蝴蝶、感病蝶蛹等，保持羽化室的清洁卫生（见图4-8）。

**图4-8** 昆明世博园蝴蝶园蝴蝶羽化管理

（2）蝴蝶养殖园的技术管理

1）蝴蝶寄主植物的管理

蝴蝶养殖的关键是蝴蝶幼虫期的养殖，因为幼虫食量大，生长时间长，占整个蝴蝶生命周期的2/3以上。而寄主植物培育的前提，则是选择并确定引栽的寄主植物。

寄主植物应栽种在水分、养料和阳光充足的种植区，并进行经常性浇水、施肥和除草抚苗等管理。由于初出苗圃，寄主植物的幼苗长势不如土生的杂草生长旺盛，除草抚苗是此阶段管理的重点，这一工作必须细致耐心（见图4-9）。

**图4-9**
蝴蝶寄主植物
田间管理

寄主植物的病虫害管理也是一个不容忽视的问题。病虫害威胁植物的生长，决定蝴蝶人工养殖的成败。现有的主要防治措施为：一是化学防治，该方法成本低，见效快，但有残毒的危险；二是人工防治，需要及早发现病虫害，从中心予以去除。主要病虫害及其防治方法如表4-6所示。

表4-6　主要病虫害及其防治方法

| 病虫种类 | 危害植物 | 危害严重期 | 防治方法 |
|---|---|---|---|
| 蚜虫类 | 几乎所有种类 | 整个生长期 | ① 加强监控，及时发现并摘除中心虫株上的虫枝<br>② 药物杀虫<br>③ 套袋隔离虫枝 |
| 介壳虫 | 柑橘和香樟 | 整个生长期 | 早期药物防治 |
| 桑盾蚧 | 朴树 | 夏季、秋季 | 套袋隔离保护 |
| 刺蛾 | 臭辣树、黄柏等 | 周年 | 摘除虫叶虫枝 |
| 根腐病 | 茴香、胡萝卜等 | 夏秋之交 | ① 选择土壤和地势条件<br>② 杀菌剂防治 |
| 螨类 | 柑橘类 | | 杀螨灵防治 |

**图4-10**　蝶卵产于受卵植物

2）蝴蝶蜜源植物的管理

养殖园内蜜源植物的主要作用是为蝴蝶提供蜜源、美化景观。蜜源植物的管理基本与寄主植物的管理类似。在种植蜜源植物时，需要根据不同品种植物花期不一致的特点，互相搭配保证全年都有鲜花盛开，为蝴蝶补充营养。

3）蝴蝶养殖管理

① 蝶卵的管理

A 受卵植物的设置：受卵植物是给蝴蝶雌成虫提供产卵处所的植物。每种蝴蝶都有其最喜好的天然寄主，雌蝶成虫喜在其上产卵（见图4-10）。

蝴蝶受卵植物放置于蝴蝶繁殖园内，金凤蝶喜欢在繁殖园中部的开阔地带产卵，而大多数蝴蝶成虫喜在繁殖园的边缘或角落产卵。因此，应将受卵植物栽植或放置在繁殖园的相应位置。

B 卵的收集时间：一天中，雌蝶于10:00～13:00产卵最多，其次是下午16:00～18:00。一般情况下，在每个产卵日，于13:00开始收卵，18:00再收一次。一般不留卵在植物上过夜，否则会受天敌侵害。

C 卵的收集方法：收卵工具主要为口径4～6cm、高6～8cm的具盖塑料瓶。收集方法为：

● 对凤蝶和多数蛱蝶的硬壳卵，可用手指轻轻从叶上抹下放于收卵瓶内，每瓶500～1000粒，以海绵塞紧瓶口。

● 对白带锯蛱蝶、红锯蛱蝶和文蛱蝶等的聚产卵，可连同着卵叶片一同摘下，放入塑料瓶内，注意不要让卵块重叠。放入卵块前，在杯底垫上一层吸水纸。

● 对斑蝶和粉蝶科种类的散产柔嫩卵，应用盆栽受卵植物接卵，不能用手抹。受卵植物要根据卵期天敌发生情况和产卵量，一日1换或一日3～4换。卵可在室内保育或套上120目尼龙袋置于室外保育。

D 卵的保育：在小瓷盘内盛满水，内放砖头，用以支撑放置卵的架子的四脚，可防止蚂蚁爬上架子危害卵。气温较低时，可在温室内加温促孵。卵保育室的相对湿度应控制在60%～80%为宜；湿度高于80%时，要每日更换瓶口的吸水纸塞，以换气扇加强室内通风；当相对湿度低于60%时，可在瓶口的纸塞上滴清水数滴，以增加瓶内湿度。当卵开始孵化时，即应为杯内小虫提供新鲜食料。

② 蝴蝶幼虫的饲养

A 低龄幼虫饲养：1～3龄幼虫一般称为低龄幼虫，根据蝶种习性的不同分别在室外放养或室内保育。小虫的营养和体质对于提高后期幼虫的整齐度和抗病力至关重要。低龄幼虫往往易感染疾病，应加强保护。

a. 室外放养：凤蝶的初孵幼虫对食物鲜度和叶龄要求很高，同时幼虫有分散栖居的习性。如在室内饲养，枝叶少时，绝大多数幼虫根本不上叶，而是四处游荡，最终饿死；若为之提供大量枝叶，则由于取食缓慢，叶片萎蔫或变黄，食后多罹病死亡。因此，必须在活体寄主上放养。小虫期的保育必须在小虫专育区内进行。放虫上树前一天，以含1%有效氯的漂白粉加甲醛水溶液对食料植物进行喷雾消毒，放养袋在消毒池内用漂白粉水溶液浸泡2h，捞起晾干备用。

放虫方式主要有以下两种：

● 夹瓶上树：在少量卵（不超过10%）开始孵化而大量卵即将孵化之前，可将卵转移至小虫专育区的寄主植物上，以便初孵化幼虫及时上叶取食。将盛卵的小瓶用夹子夹在食料植物叶片茂盛的当年生枝上，除去瓶口纸团，用尼龙袋套着树枝，幼虫孵出后即能很快爬出小瓶上叶。此法的优点是操作简单，幼虫孵化后可以立即找到适宜叶片；缺点在于幼虫孵化不整齐，群体发育进程在后期的分化严重。此法推荐在凤蝶中使用。

● 室内孵化，转移幼虫：在少量卵开始孵化时，即将一小截嫩枝插在卵瓶口，以便初孵幼虫爬上枝条取食。当大量卵在次日孵化时，则将幼虫转移到室外寄主上放养。注意每日孵化的幼虫不要混放在同一个放养袋内。此法的好处是：转移到每株寄主植物上的幼虫数目可以十分清楚，能够更精确地估计蝴蝶产量；同一袋内的幼虫孵化日期相同，发育进程更为一致，至少在1～3龄期如此。不足之处在于，嫩枝会失水，而有些幼虫迟迟不愿离开萎蔫叶片，这将延迟其以后的发育。

对于卵期保留在受卵植物上保育的斑蝶和粉蝶类，低龄幼虫也在原植株上保育，直至叶片被食尽。无论采用哪种放虫方式，在小虫快将放养袋内叶片食尽前，均应转移至枝条上。

b. 室内保育：可以在小虫专育室进行，控制室内温度25～28℃，湿度为70%。在10%左右的卵孵化后，即将一段寄主嫩枝放进卵杯内供初孵幼虫取食，第二天大量幼虫孵化后，将其连同附着的幼虫一同转入另一个较大养虫杯内饲养。此时若还有幼虫停留杯壁，即用毛笔将其轻轻挑出。养虫杯内的幼虫每日更换一次食料，养至3龄，即转移至小型塑料桶内饲养，并以尼龙纱封口。寄主枝条选采顶端部分，使用时剔出萎蔫叶和病叶。食料投放量逐渐增加。每次幼虫脱皮前减少食料投放，将发育迟缓的个体分出（见图4-11）。

B 高龄幼虫放养

a. 放养袋和食料植物消毒：在小虫分袋前2天，将要使用的放养袋在水溶液中浸泡2h，然后在太阳下暴晒或晾干备用；对即将用于育虫的寄主枝条以含1%有效氯的漂白粉石灰水溶液进行叶面喷雾消毒。

b. 4龄幼虫分袋放养：当90%幼虫进入4龄1天后，在靠近袋口处剪断寄主植物枝条，解开袋口，轻轻取出枝条，用手将4龄虫转移到新近消毒过的幼虫饲养袋中，每袋25～30头，系紧袋口，轻扯袋子上部，使枝条在袋内舒展散开。

幼虫的放养密度，即每袋中的幼虫数，依种类和地区而有所不同。一般来说，使用标准放养袋的情况下，每袋内放养碧凤蝶、柑橘凤蝶、玉带凤蝶和巴黎翠凤蝶等中大型蝴蝶4龄幼虫40～50头，放养美凤蝶、裳凤蝶等大型蝴蝶幼虫20～30头比较合适。

c. 转枝和匀虫：4龄幼虫食量有限，将袋内枝叶食尽时，幼虫多已进入5龄。此时要利用转枝再次匀虫（见图4-12）。使用过的袋子送往消毒池浸泡消毒。5龄期食量大增，放养密度要低于4龄期。碧凤蝶、柑橘凤蝶、玉带凤蝶和巴黎翠凤蝶等中大型蝴蝶每袋可放养25～30头；美凤蝶、裳凤蝶等大型蝴蝶每袋放养15～20头比较合适。密度

图4-11 幼虫室内饲养

图4-12 转枝和匀虫

过大，造成营养不良，对疾病抵抗力降低，化蛹率和健蛹率均降低。

③ 蝴蝶蛹的管理

A 集中化蛹：5龄幼虫经过2～3次转枝匀虫后逐渐进入老熟期，此时幼虫取食速度下降，它们更急切找到隐蔽的场所化蛹（见图4-13）。

B 蝶蛹的处理：在幼虫生长的末期，体色逐渐变淡，最后停止取食，这种幼虫称为老熟幼虫。老熟幼虫寻找笼内空旷的场所静伏，虫体缩短，吐丝作垫，以腹部的尾足上的趾钩挂着丝垫，将虫体倒挂起来，形成悬蛹的前蛹或预蛹。前蛹是最后一次脱去表皮后变成蛹的构造。蛹即是蝴蝶养殖的主要产品，也可用以羽化成虫。

高龄幼虫的发育很不整齐，要想达到群体同时化蛹是不可能的。总是有一部分幼虫先于大部分幼虫化蛹，也有一部分晚于大部分幼虫化蛹。不要急于采收早化的蛹，这样将损伤前蛹和表皮未干的新蛹。新化的蛹表皮柔嫩，一触即破，硬化后方可摘取。表皮的硬化时间取决于当时的气温。气温高时，硬化速度快；反之则慢。

不同蝶种、不同饲育方式，化蛹场所也不一致。枯叶蛱蝶喜在食料残秆的空隙中和饲养笼顶壁下方化蛹；柑橘凤蝶喜在寄主枝干和叶片下化蛹；白带锯蛱蝶和红锯蛱蝶喜在饲养笼顶部下方化蛹；金斑蝶喜在放养袋顶壁的下方或寄主叶片下化蛹。

需要羽化的蝶蛹可以悬挂至羽化架上，每个蝶蛹之间间隔距离约3～5cm。羽化室的温度依据要求而定，如果需要蝶蛹快速羽化，温度在25℃以上；如果需要蝶蛹缓慢羽化，则控制羽化室内温度低于15℃（见图4-14）。

图4-13 幼虫集中化蛹

图4-14 蝴蝶羽化

④ 蝴蝶成虫的管理

A 蝴蝶补充营养

● 营养液：实验表明，酒精、蜂蜜、水之间比例为1：3：100的混合溶液能吸引多种蝴蝶取食。将该溶液加至20cm×15cm×1cm的平底铁盘内，放置在成虫繁殖园内的1m高铁架台（供饵台）上，供蝴蝶取食，可满足蝴蝶活动的营养需求（见图4-15）。

● 发酵水果：用于饲喂食腐种类的成虫。樱桃、李、梨、桃、荔枝、桂圆、香蕉、芭蕉、苹果、柿子、橘子、芒果、西瓜和葡萄等都很适合（见图4-16）。

B 访花成虫的饲喂：春季和晚秋每日喷洒3次营养液，第一次喂食在 9:00～9:30，第二次在12:00～13:00，最后一次在16:00～16:30。夏季和初秋每日喂食5次，第一次喂食时间在7:30～8:00，以后每隔2h喂食一次。不能太多，否则成虫取食不及，食物中的水蒸发后将大大提高糖的浓度，使后面的成虫取食后出现脱水症状（见图4-17）。

少数种类，如巴黎翠凤蝶，几乎只对五色梅、节骨草等植物的真花感兴趣，因此，只有将营养液喷在这些植物花附近的叶面或仿花饲喂器上，以便蝴蝶取食。

C 食腐成虫的饲喂：在饲喂盘中放入一些切碎的瓜果，再将水果发酵液或蜂糖水溶液倒入盘内，喂食量以纱布湿透，但纱布显露在积液上面为准。

4）天敌防治及疾病预防

① 蝴蝶主要天敌及病源微生物：蝴蝶不同虫期的主要天敌及病原微生物如表4-7所示。

② 蝴蝶天敌防治措施：

**图4-15** 蜂蜜和酒混合溶液喂食蝴蝶

**图4-16** 正在吃食腐烂香蕉的枯叶蝶

**图4-17** 蝴蝶取食假花上的蜂糖液

表4-7　蝴蝶不同虫期的主要天敌及病原微生物

| 危害虫期 | 捕食性天敌 | | 寄生性天敌 | |
|---|---|---|---|---|
| | 主要种类 | 次要种类 | 主要种类 | 次要种类 |
| 卵期 | 蚂蚁、蟑螂 | 螽斯、蜘蛛 | 赤眼蜂 | 跳小蜂、黑卵蜂 |
| 1～4龄幼虫期 | 蜘蛛 | 蚂蚁、布甲、胡蜂 | 小蜂、寄生蝇、病原微生物 | 螨类 |
| 5龄幼虫期 | 鸟类 | 布甲 | | 其他寄生蜂、螨类 |
| 蛹期 | 鼠类 | 布甲、蚂蚁 | 小蜂 | |
| 成虫期 | 蜘蛛、螳螂、鼠类、壁虎 | 蛙类、鸟类、螽斯、大型蜂类 | 微孢子虫 | |

● 蝴蝶幼虫用70目尼龙袋套袋饲养。

● 水池和水沟隔离能够有效隔离各种蚂蚁。

● 有机磷农药灌蚁穴是清除受卵植物周围蚂蚁的有效办法，但要注意不要污染植物上的卵。

● 将农药散拌于动物内脏上对于步甲有很好的诱杀效果。

● 在田间寄主树下每隔5～10m投放一些伴有毒药的畸形蝶蛹或成虫，不仅可以直接毒杀部分鼠类，还可对剩下个体起警示作用，使它们在一段时间内对正常蝶蛹或成虫有所忌避。投料时注意不要破坏毒饵周围环境，以免引起害鼠警惕。

● 利用黄色黏板可以诱杀部分寄生蜂和蚜虫（见图4-18）。

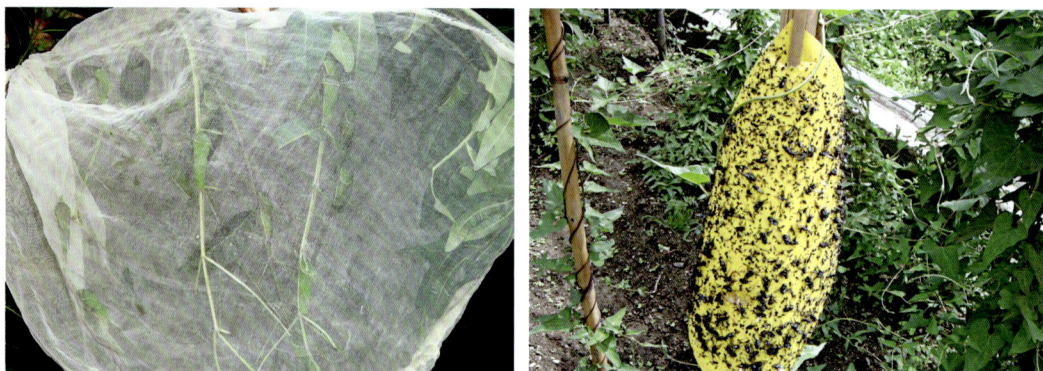

(a) 70目尼龙套袋饲养　　　　　　　　(b) 利用黄色黏板诱杀

**图4-18**　蝴蝶天敌防治

③ 蝴蝶疾病预防措施：在蝴蝶养殖中，一般采用以下一些常规方法控制蝴蝶幼虫疾病的发生和流行。

● 设施消毒：打扫和清洗养虫室，不仅能清除大部分病原菌，而且能使黏附在养虫室四壁、地面及器材上的病菌暴露，提高下一步的消毒效果。

● 器材消毒：常用消毒方法有：适量漂白粉和生石灰加清水20～30kg，加盖静置0.5～1h，澄清后取上清液，用喷雾器向养虫室及室内器材喷洒；以0.2%高锰酸钾水溶液浸泡幼虫放养袋1～2h；将经过消毒的放养袋及其他器材在太阳下暴晒2～3天。

● 卵消毒：漂白粉水溶液和甲醛-盐酸混合液作为消毒剂对卵消毒有较好的效果。一般消毒法是浸泡，对于黏附在受卵植物叶片上的卵，则采用多次反复喷雾的方式。常用方法为：漂白粉（含氯量为25%～30%）与水的比例为1：40，兑好后静置30min，取其上清液，将卵浸泡其中，20min后取出，晾干水分；还可将甲醛、盐酸和水按照1：1：20的比例配制成消毒液，浸卵20min消毒。

● 感病幼虫处理：如果幼虫疾病已经发生，应注意观察幼虫生长状况，包括行为、体型、体色和粪便等特征，确定是否有发病症状。如发现病虫，要立即将病虫捡出，将笼内粪便和饲料残渣清除，用漂白粉和石灰混合粉对饲养笼进行消毒，然后换入新鲜的饲料。

● 叶片消毒：叶片等食物的清洁是保证幼虫不感病的前提。在蝴蝶幼虫饲养中，可以采用定期以含0.3%有效氯的漂白粉石灰水溶液对叶面进行消毒，从4龄幼虫开始，每3天在叶面喷洒500单位的氯霉素，这对防止疾病发生和流行有较好的效果。

● 建立无菌养虫室：将养虫室分隔成10～20m²的小养虫室，加强通风透光和消毒，可以有效避免幼虫感病后的大面积传播。

（3）蝴蝶放飞中的技术管理

由于受蝴蝶园自身条件的限制，多数蝴蝶园所用蝴蝶除少部分由自己养殖外，大部分是来自热带和亚热带地区的专业蝴蝶人工养殖园，当这些人工养殖的蝴蝶被带到全国各地的蝴蝶园中放飞时，自然也就成为外来物种。已有报道称：一种来自我国台湾地区的曲纹紫灰蝶曾对祖国大陆的苏铁造成过危害；一种来自南方的蕉弄蝶曾对成都的芭蕉科植物造成过危害。因此，在蝴蝶园放飞蝴蝶时，如何防止外来有害蝴蝶入侵，也是蝴蝶园技术管理的核心内容。

1）外来蝶种发生侵害的条件

① 能有效进入当地自然生态系统：室外放飞的蝴蝶个体直接进入自然生态系统，或放飞在隔离空间内的蝴蝶成虫个体，可能经由一些设计不合理的出口或入口，以及园壁破损后形成的裂缝或洞口等逃逸进入野外。

② 寄主和补充营养丰富：绝大多数蝴蝶是寡食性的，有固定的寄主范围，取食特定属的若干种植物，对非寄主的次生物质敏感，难以转移取食；访花成虫对植物种类有选择性。极少数种类以特定种类的农作物、经济植物和园林绿化植物为寄主，种群增殖潜力大，易在环境条件适宜时爆发成为害虫。如菜粉蝶（*Pieris rapae* Linnaeus）危害十字花科蔬菜，稻弄蝶（*Parnara* spp.）和稻眉眼蝶（*Mycalesis gotama* Moore）危害水稻，迁粉蝶（*Catopsilia pomona* Fabricius）和宽边黄粉蝶（*Eurema hecabe* Linnaeus）等危害栽培或绿化豆科植物，紫闪蛱蝶（*Apatura iris* Linnaeus）危害柳属植物等。如果缺少足够的寄主植物或补充营养，任何一种蝴蝶都不可能在一个地方生存下来。

③ 气候条件适宜：南方的蝶种需要北方不具备的积温条件才能生存，即使当地存在其适宜寄主；南方夏季的高温则对许多原产于温带和高山的蝶种是致命的。

④ 扩散能力强：蝴蝶的迁移主要靠成虫飞行。只有当成虫能够迅速扩散到较远的地方，使其有机会找到适宜的栖息环境时，才有可能造成灾害。

⑤ 繁殖对策正确：由于蝴蝶具有成虫活动对光照和温度要求高，寿命短，产卵期短，卵散产不集中等多种原因，多数蝴蝶在野外的繁殖能力非常弱，成活率很低。所以，能有效产卵并确保成活十分重要。

⑥ 天敌抑制力低：蝴蝶卵期的天敌主要有各种寄生蜂、蜘蛛和蚂蚁等，其中以寄生蜂类的抑制能力最强。幼虫期天敌主要有鸟类、蚂蚁、步甲、寄生小蜂类和一些寄蝇等。蛹期主要有老鼠、步甲和蚂蚁等。蜘蛛、螳螂、蛙类、鸟类、大型蜂类、鼠类和壁虎等则是蝴蝶成虫的重要天敌。因此，有目的、有计划地保持适量天敌数量意义重大。

总之，外来蝶种抵达一个新的地区后，即使逃逸到野外，也并不都能造成入侵，只有当其在新的自然或半自然生态系统或生境中建立了种群，从而改变或威胁本地生物多样性的时候，才能形成外来入侵蝶种。

2）入侵可能造成的危害

当外来蝶种造成入侵时，主要是对当地蝴蝶种群，以及野生和经济植物种类造成不利影响。其可能造成的危害主要有以下四个方面。

① 通过竞争生态位直接减少本地蝶种的种类或降低其种群数量。主要是食物竞争、栖息地竞争。此外，有些带病的放飞个体，进入到当地自然生态系统后，可能会造成自然种群感染疾病。

② 入侵种群与本地种群的基因交流可能造成后者的遗传侵蚀，导致遗传多样性的降低。

③ 对当地的农林业生产造成威胁。因为农林作物数量大且品种相对单一，许多种类本身就是蝴蝶的寄主植物，一旦环境适宜，可能造成爆发性虫灾。

④ 可能危害当地与其寄主近缘的其他野生植物。

3）入侵风险的评估

一般认为，成功入侵的外来物种具有对环境条件的适应性较强、繁殖能力高和传播能力较强等特点。食物、环境温湿度、种的繁殖能力、扩散能力、世代周期、遗传稳定性、当地同种种群或食性相似的其他物种的有无、有害特征，以及入侵历史等因素都是影响外来物种入侵风险大小的重要因素。风险评估中考虑的主要问题是外来物种在当地建立种群的可能性以及可能造成的损失。

对于蝴蝶而言，幼虫寄主、冬季低温和夏季高温等三个因子都是个体生存和种群建立的限制因子，称为生存限定因子。其中，寄主应包括任何潜在的寄主，即与其原寄主同属或同科的、未被实验证实在没有原寄主的条件下、蝴蝶不会转移取食并正常生存繁殖的植物种类。在生存限定因子全部满足某一蝶种生存要求的条件下，世代周期，自然扩散范围，自然扩散速度，物种的遗传稳定性，当地野外同种种群的有无，该种的任何部分（如分泌物、排泄物等）是否对野生生物、家养动物或人有害，以及当地物种中是否有在食性和取食方法上类似的物种等因素也是影响风险指数大小的重要因素。因此，对于外来蝶种可能造成的生物侵害风险评估可以分两步进行。

如果用$R$表示有害蝴蝶的入侵风险指数，则

$$R = R_c \times S_d$$

式中：$R_c$为外来蝶种限定性风险指数；$S_d$为外来蝶种非限定性风险指数。

第一步，进行外来蝶种限定性风险指数$R_c$的评估。

$$R_c = L_1 \times L_2 \times L_3$$

式中：$L_1$表示蝴蝶放飞地潜在寄主状况下的蝴蝶生存概率；$L_2$表示蝴蝶放飞地冬季低温下的蝴蝶生存概率；$L_3$表示蝴蝶放飞地夏季高温条件下的蝴蝶生存概率。为便于计

表4-8    蝴蝶生存概率赋值表

| 生存限定因子 | 生存概率 | 生存赋值 | 死亡赋值 |
| --- | --- | --- | --- |
| 寄主 | $L_1$ | 1 | 0 |
| 冬季低温 | $L_2$ | 1 | 0 |
| 夏季高温 | $L_3$ | 1 | 0 |

算，蝴蝶生存概率赋值见表4-8。

在这一步中，只要有一个生存限定性因子对该蝶种在当地的生存和扩散是否定的，就可以认为在当地放飞是安全的，即零风险。如果所有这些限定性生态因子都能满足外来蝶种扩散或生存的需要，则应继续进行下一步风险的评估。

第二步，进行外来蝶种非限定性生存系数$S_d$的评估。

$$S_d = \sum_{i=1}^{n} x_i$$

式中：$X_i$表示各项非限定性因子的风险分数；$n$表示因子数；$i$表示风险因子。

风险指数$R$是生存系数与风险分数的乘积。

现以幻紫斑蝶和玉带凤蝶为例，对海南岛养殖的这两种蝴蝶在上海蝴蝶园进行放飞的潜在入侵风险分别做一评估。

第一步，求$R_c$值。

上海属亚热带季风气候，盛夏7月和8月是最热季节，午后平均最高气温分别为31.8 ℃和31.5 ℃。1月和2月上中旬是全年最冷季节，各旬平均气温3~5 ℃，早晨平均最低气温0~1 ℃，一日内最低气温小于－5 ℃的严寒天气日数，平均约有4 d。玉带凤蝶以滞育蛹越冬，越冬代幼虫在1.5 m以下的树丛内和地表杂物下化蛹；幻紫斑蝶以成虫越冬，成虫栖息在离地面1 m以上的树丛中。自2002~2004年，每年11月上旬将越冬蛹或成虫各100头保存在相应位置，至次年3月初检查存活率。平均87.3%的玉带凤蝶蛹安全度过冬季，而幻紫斑蝶成虫100%死亡。

因此，虽然放飞地存在幻紫斑蝶的潜在寄主（榕树*Ficus* spp.和夹竹桃*Nerium* spp.等），也能安全度过夏季高温期，但无法越冬，风险系数$R_c = 0$，因此幻紫斑蝶在上海动物园放飞到室外后仍然无法在当地建立种群，$R = 0 \times S_d = 0$，即放飞是安全的。但对于玉带凤蝶，3个条件都满足，$R_c = 1$，$R$值不为零，故存在造成生态入侵的风险，需要做进一步评估（见表4-9）。

表4-9　幻紫斑蝶和玉带凤蝶在上海蝴蝶园放飞的限定性风险评估

| 蝶种 | 生存限定因子 | 风险性 | 生存概率 | 风险系数（$R_c$） |
|---|---|---|---|---|
| 幻紫斑蝶 | 潜在寄主 | 无 √有 | 1 | |
| | 冬季低温 | √无 有 | 0 | 0 |
| | 夏季高温 | 无 √有 | 1 | |
| 玉带凤蝶 | 潜在寄主 | 无 √有 | 1 | |
| | 冬季低温 | 无 √有 | 1 | 1 |
| | 夏季高温 | 无 √有 | 1 | |

注：√表示该项被选择。

第二步，求$S_d$。

在这一步，对玉带凤蝶的生物学及当地生态条件的各个方面进行综合评价，对其每一项风险因子进行风险评分，最后计算其风险指数（见表4-10）。

表4-10    玉带凤蝶在上海蝴蝶园放飞的非限定性风险评估

| 风险因子 | 风险分数（$X_i$） | | |
|---|---|---|---|
| | 0 | 1 | 3 |
| 在当地的世代周期 | | √≥30 d | ＜30 d |
| 自然扩散范围 | | ≤10 km | √＞10km |
| 自然扩散速度 | | 慢 | √快 |
| 遗传稳定性 | | √稳定 | 不稳定 |
| 当地野外同种种群 | | 无 | √有 |
| 当地寄主或潜在寄主 | 无 | 可能存在 | √丰富 |
| 补充营养源 | 无 | √有 | |
| 当地食性类似物种 | 无 | √少数种 | 种类丰富 |
| 在当地越冬或越夏 | 否 | 可能 | √完全能够 |
| 当地有效天敌 | 很多 | √有 | 未知 |
| 该种的入侵记录 | √无 | | 有 |

注：√表示该项被选择。

最后，根据$R_d$和$S_d$值计算出风险指数$R$。

$$R = 1 \times S_d = 1 \times 17 = 17$$

$R$值与放飞许可的关系如下：

$R \geq 20$，应严格禁止放飞该种蝴蝶，不允许开展任何形式的放飞活动。

$20 ＞ R \geq 10$，需要禁止在室外放飞。

$10 ＞ R \geq 5$，可以在限定的地点、以限定的数量和次数进行室外放飞。

$R ＜ 5$，可以进行室外放飞。

在上述评估中，玉带凤蝶的风险指数$R = 17$。故应禁止在室外放飞，严格限定于封闭的观赏蝴蝶园内放飞，且要求有足够措施限制其逃逸。

依照此法，对海南海口某个养殖场生产的蝶种（假定生产种源全部来自当地）在上海蝴蝶园逃逸或被释放后的生物侵害风险进行一一评估，可确认每一个蝶种的准入与否和准入以后的放飞形式（见表4-11）。

由表4-6可见，凤蝶属的种类和青豹蛱蝶入侵风险较高，不能在上海进行室外放飞。裳凤蝶属、青凤蝶属、锯蛱蝶属、斑凤蝶、红珠凤蝶、金斑蝶、青斑蝶、幻紫斑蝶、文蛱蝶、白袖箭环蝶和4种产于热带的粉蝶等即使进入当地野外，因不存在寄主，或不能安全越冬或越夏而无法建立种群，在室外放飞也是安全的，不存在生物侵害风险。箭环蝶、黑脉蛱蝶、大绢斑蝶、异型紫斑蝶、虎斑蝶和统帅青凤蝶等只有在其寄主停止生长（不再有适宜其低龄幼虫取食的幼嫩组织，包括花果叶等）后，才能开展室外放飞，这个时期的起点和终点依种类而有所不同，主要是在晚秋和冬季。

只要在任何一个地方的蝴蝶园放飞任何来源的蝴蝶前，都做类似上述的评估，就能确保放飞后的生态安全。

表4-11 海南生产的蝴蝶蛹在上海放飞的入侵风险和准许放飞形式

| 蝶种 | 风险指数 (R) | 放飞许可 | | 蝶种 | 风险指数 (R) | 放飞许可 | |
|---|---|---|---|---|---|---|---|
| | | 室外放飞 | 隔离放飞 | | | 室外放飞 | 隔离放飞 |
| 美凤蝶 | 17 | × | √ | 金斑蝶 | 0 | √ | √ |
| 巴黎翠凤蝶 | 17 | × | √ | 青斑蝶 | 0 | √ | √ |
| 宽带凤蝶 | 15 | × | √ | 异型紫斑蝶 | 6 | 有限室外放飞 | √ |
| 达摩凤蝶 | 15 | × | √ | 幻紫斑蝶 | 0 | √ | √ |
| 玉斑凤蝶 | 0 | √ | √ | 大绢斑蝶 | 8 | 有限室外放飞 | √ |
| 绿带翠凤蝶 | 15 | √ | √ | 白带锯蛱蝶 | 0 | √ | √ |
| 金凤蝶 | 17 | × | √ | 红锯蛱蝶 | 0 | √ | √ |
| 玉带凤蝶 | 17 | × | √ | 黑脉蛱蝶 | 6 | 有限室外放飞 | √ |
| 柑橘凤蝶 | 17 | × | √ | 文蛱蝶 | 0 | √ | √ |
| 碧凤蝶 | 15 | × | √ | 青豹蛱蝶 | 10 | × | √ |
| 金裳凤蝶 | 0 | √ | √ | 枯叶蛱蝶 | 9 | × | √ |
| 裳凤蝶 | 0 | √ | √ | 箭环蝶 | 6 | 有限室外放飞 | √ |
| 斑凤蝶 | 0 | √ | √ | 白袖箭环蝶 | 0 | √ | √ |
| 褐斑凤蝶 | 9 | 有限室外放飞 | √ | 迁粉蝶 | 0 | √ | √ |
| 统帅青凤蝶 | 0 | √ | √ | 橙粉蝶 | 0 | √ | √ |
| 银钩青凤蝶 | 0 | √ | √ | 红翅尖粉蝶 | 0 | √ | √ |
| 红珠凤蝶 | 0 | √ | √ | 鹤顶粉蝶 | 0 | √ | √ |
| 虎斑蝶 | 6 | 有限室外放飞 | √ | | | | |

注：（1）√表示允许放飞，×表示不能放飞。
（2）限制放飞表示该种以成虫越冬，所以即使R<10，仍不能允许开展室外放飞。

4）入侵风险的管理

① 加强蝴蝶的人工养殖管理。各个蝴蝶园养殖场必须以严格的科学态度引入蝴蝶初始种源，确保种源明确，鉴别性状稳定；养殖场要做好消毒和病虫害管理工作；有关部门对发运活体进行检疫，保证其不携带危及野生蝴蝶生存的寄生物。

② 根据R值确定准许引入的种类和利用形式。对于蝴蝶放飞中存在的外来蝶种入侵风险的防范，必须始终坚持"防患于未然"的思想，以防止生物侵害的发生。中国有较高观赏价值的蝴蝶不少于30种。只有在经过科研机构对风险进行系统的评估后，在安全的地点以安全的方式进行蝴蝶活体利用，才能将生物侵害风险降至最低。也就是说，在同一个地方养殖的同一种蝴蝶，在一个地方可被准许开展室外放飞，但在另一个地方就可能只准许进行隔离放飞。在不同地方生产的同种蝴蝶，在同一个放飞地点也可能采取不同的放飞形式。

③ 确保隔离放飞的蝴蝶不发生逃逸。制定观赏蝴蝶园的建造标准和严格的经营管理措施，杜绝粗放经营。设计、材料和施工应符合安全需要。新园建成后须经过严格检查，验收合格后方可投入使用。游客出入口要设置缓冲间，其内光照明显弱于园内

空间。同时，蝴蝶园应定期检修，并设定使用时限。

④ 保证蝶蛹运输、羽化和成虫释放过程的安全。在发运前妥善包装蝴蝶蛹，防止途中包装箱破损造成蝶蛹失落；严格按照国家有关规定办理准运证；蝶蛹到达目的地后，必须在观赏园的羽化室中开启，严禁在园外打开；羽化室要远离出入口。

⑤ 提高蝴蝶资源本地化率。在各地观赏蝴蝶园蝴蝶品种搭配中尽量增加当地蝶种的比例；在有资源条件的蝴蝶园，建立蝴蝶人工养殖园，以当地种源生产部分蝴蝶；在本地蝴蝶资源不能够满足需要时，才准许有条件地引入外来蝶种。

⑥ 监测逃逸个体。收集当地同种种群的生物学、形态学和遗传学资料，找到被释放种群放飞蝶种的鉴别特征；不在当地种群的成虫发生期释放同种的外来成虫。在特殊情况下必须释放时，也应释放具有不同季节型特征的个体。必须确保有办法探测到最后一个逃逸者。

⑦ 急救措施。蝴蝶园周围应设置缓冲带，其内种植蜜源植物，并适量放置人工补充营养物，一旦有蝴蝶从园中逃逸，将在附近徘徊，可在其取食时捉回，目的是清除所有的逃出个体。

⑧ 提高认识，明确经营者的风险承担责任。本着"谁造成，谁治理"的原则，生物侵害所造成的损失应由相关责任者承担；通过宣传和教育，提高蝴蝶放飞单位和个人对外来蝶种生物侵害风险的认识和责任感。

（4）蝴蝶园博物馆的技术管理

1）动、植物标本分别按照动物、植物分类系统顺序排列，蝴蝶按科、属、种的系统排列。要求科学、准确。

2）进馆蝴蝶标本必须经过严格灭菌、消毒。

3）保持馆内温度15～22℃；相对湿度低于60%。

4）保持馆内空气流动、新鲜，光照柔和。

5）定期检查馆内各种仪器和设备，确保其完好并运行正常。

6）定期对馆内环境、馆藏标本和相关资料进行必要的灭菌、消毒、清理和维护。

7）要求进馆人员一律着专用防毒罩衣，并采用紫外线照射消毒。

8）严禁将非馆物品带入馆内，以免污染馆内环境。

9）管理人员在每天离馆前必须全面关闭柜门、窗帘和所有电源、水源，以免长时间的光照致使标本变色、变脆造成损坏。

10）严禁在馆内会客、喧哗、饮食或吸烟。

（5）蝴蝶科普园的技术管理

1）保证科普园各项设备设施的完好和正常使用。

2）及时补充和更新科普园宣传栏中的宣传资料和相关信息。

3）及时补充、完善开展科普活动所用的蝴蝶标本和相关器具。

4）尽量收集各种与蝴蝶相关的科普书籍、实验指导书、图片和资料等，以便随时查阅。

5）利用计算机、网络、多媒体技术，增加科普趣味和科普信息来源。

6）不断充实和完善科普园的教学和技术资料，保持与当地政府的宣传、科技、教育、教学等有关部门的协调、联络，积极与当地社区、学校、企事业单位等建立合作关系，携手开展社会化科普教育活动。

7）建立园外科技辅导员网络，拟定年度科普计划，积极参加地方组织的重大科普活动，并在科技活动周（节）等大型活动中做好技术服务。

8）配备必要数量的、合格的专职科普工作人员，讲解员要求执证上岗，每年参加各类业务培训的场馆工作人员应不少于总人数的30%。

9）充分利用社会资源，积极组织科普志愿者参与场馆建设的科普宣传教育工作。

10）不准私自接纳人员进入科普园参观或开展活动。

11）爱护标本、展品、仪器和设备。

12）认真填写科普活动记录。

#### 4.5.5.2　科研项目管理

（1）科研项目种类

1）国家级项目或课题（国家科技部、自然科学基金等）。

2）部级项目或课题（有关部委等）。

3）市级项目或课题（市科委、市自然科学基金、市青年骨干基金、科技新星等）。

4）部门项目或课题（上级主管部门）。

5）其他项目或课题（各级各类学会、机构等）。

6）本单位自选项目或课题。

7）与外单位协作的项目或受外单位委托的项目或课题。

8）国际合作项目或课题。

（2）立项程序

1）申报者撰写项目申报书并经蝴蝶园研究所初审。

2）经研究所初审后上报的开题报告，提交技术部再审。

3）再审通过后由蝴蝶园组织专家评审会，对该课题的立项意义、社会推广价值、技术路线的可行性、课题组成员及经费预算等进行论证，提出评审意见，并上报有关部门审批。

4）审批通过后，课题正式立项；审批不通过，课题不予立项。

（3）课题管理

1）科研项目实行课题负责制；各课题组成员可以交叉；跨部门的科研课题，采取双向选择，自由组合的方式进行。

2）课题负责人对课题全面负责：包括课题进度、经费、人员调配、物资领取、课题奖金分配等。

3）科研课题的研究内容、课题组成员、进度计划及经费预算一经确定，课题组未经批准不得擅自变更或修改。

4）研究工作中形成的所有资料不得短缺，不得据为已有。

5）科研论文发表，需经课题负责人同意，在技术部登记备案，办理相关手续后方可投稿，不得私自投稿发表；往国外投稿文章还必须经技术部经理批准。

6）研究过程中应适时进行阶段性实验小结和评价，把握工作进程；全部工作结束后，由课题负责人撰写总结报告及有关论文，并将结题报告上报研究所。

7）因客观原因，不能完成科研课题者，课题负责人要写出拖延理由，否则不允许再申请新的课题；对无正当理由不按计划完成课题者，课题负责人两年内不得承担任何课题，并处以所拨经费5%～10%的罚款。

8）研究人员调离工作，应将全部实验记录资料、归档材料、文献卡片等上交研究所，所长签字后，方可办理调离手续。

（4）科技成果申报

1）凡在国家核心期刊上发表一年以上的成果及通过学委会初审的研究结果，均可申报市级科研成果。

2）成果申报应于每年6月30日前报蝴蝶园技术部，具有时间性或重大突破性的科技成果可随时申报。

3）成果申报按规定填写各种申报表、鉴定书，并提前查新检索。

（5）科技成果鉴定

1）研究论文经研究所审核后，上报蝴蝶园学术委员会评审，评审通过后，再根据需要逐级申请鉴定。

2）参加鉴定的课题，由课题负责人向鉴定委员会做成果报告，备齐申报材料。

3）通过鉴定的课题，可按规定上报，参加各类评奖。

（6）科技资料归档

1）科技档案由课题负责人按时立卷归档。

2）获奖的科研课题，公布获奖等级后三个月内或取得证书一个月内，整理立卷后移交档案室。

3）科技档案归档的文件资料，包括审批文件，任务书，委托书，开题报告书，协议书，合同书，实验研究调查、分析、试制、测试、观测和各种载体的重要原始记录和数据，论文清单，成果申报材料，审批材料，成果奖励文件，成果推广使用证明材料，发明证书，奖励，经费收、支结算等。

4）与外单位协作的课题，也应在结题后将一份完整资料交档案室保存。

### 4.5.5.3　设计项目管理

（1）设计任务安排

蝴蝶园凡需进行规划设计的项目，一是由总部根据蝴蝶园建设进度直接下达；二是由技术部门根据蝴蝶园建设需要直接组织安排。

（2）设计计划制定

技术部要根据设计任务的情况编制《项目设计计划》和《设计进度计划》，并报总经理审批。

（3）设计计划执行

1）设计计划一经制定实施，即成为蝴蝶园建设项目开发及产品设计工作的原则性工作纲领，应严格执行。

2）设计室主任与设计具体承担人应建立起积极有效的沟通和协调途径（如文件、会议纪要等），保障设计计划得到有效的贯彻执行。

3）技术部对项目设计计划的执行情况进行定期跟踪、协调和督办，并以设计工作月报、季报和年报的形式提交总部审核。

4）当设计计划在整体或局部上已经不适用时，技术部门应根据实际情况进行设计计划的修订和调整，结果交总经理审批。

（4）设计过程控制

1）设计室负责完成项目前期设计研究阶段的可行性研究报告的编制。

2）技术部负责完成规划设计阶段、地质勘察阶段、施工图设计阶段、装修设计阶段、景观设计阶段、市政专业施工图设计阶段等阶段的工作。

3）技术部重点审核各阶段设计任务书，参加阶段性设计成果的评审，跟踪及监控设计方案的落实，参加重大设计变更（指影响产品使用功能、立面效果、景观效果的设计变更）的审定，以及设计成果的总结和推广。

4）技术部还需根据蝴蝶园建设及经营需要，编制各阶段设计任务书、设计单位委托书、拟写设计合同等，并进行设计过程跟踪、组织方案汇报、组织设计成果评审、现场施工配合等。

5）蝴蝶园技术总监应就关键环节和控制点进行审核，并报总经理审批。

（5）设计资料管理

各设计阶段的设计成果和所有的设计资料（含电子文档和影像资料），以及对应各设计阶段工作重点的重要节点文件，应及时进行整理、统计、分析、维护和存档。

（6）设计资源管理

1）技术部负责建立设计资源管理库，根据项目特点、规模、标准、风格等的不同，随时提供相应的设计院、设计公司和设计师，并将掌握的优秀设计资源不断扩充。

2）技术部可采取设计单位比选方式、比价方式和直接委托设计单位方式，确定设计单位。

比选方式和比价方式原则不少于两家设计单位；直接委托方式原则是在政府指定、垄断行业、工程紧急、一体化成度较高（如装修、景观）、专业性较强、适合指定风格的情况下进行直接委托设计单位。

3）确定设计单位过程由技术部组织，对项目的规划设计、单体方案、景观方案及装修方案的设计单位比选、比价、直接委托设计进行评定、评审，确认后报总经理审批。

4）各设计阶段设计完成后，技术部应组织实施针对设计单位的评价工作，以《设计单位后评估报告》的形式提交备案存档。

5）对与技术部合作过或接洽过的设计单位，要建立《设计单位资料索引数据库》，归集并整理设计单位的相关资料。以便在后续工作中提供各种技术支持和政策咨询，开展专家研讨、技术调研和学术考察。

（7）设计档案管理

技术部负责按照档案管理要求建立设计档案管理制度，分期开发项目应按自然区号存档，并建立档案管理目录。总规图、区域总图、综合管网图纸独立存档。电子文档视同资料档案管理，单独建制。送往政府及政府所属相关部门的各种设计报件，以及政府和政府所属相关部门各种回执批文也应一并存档。

### 4.5.5.4　开发项目管理

新产品开发是蝴蝶园在激烈的技术竞争中赖以生存和发展的命脉，它在蝴蝶园的产品发展方向、产品优势、开拓新市场、提高经济效益等方面起着决定性作用。为了使新产品开发能取得较好的效果，必须严格遵循科学管理的规律和程序。

（1）新产品开发的前期调研

1）调查研究：以国内同类产品市场知名度最高的前三名以及国际名牌产品为对象，调查同类产品的质量、价格及表现情况；广泛收集国内外有关情报和专利，然后进行可行性分析研究。

2）可行性分析：新产品的可行性分析是新产品开发不可缺少的前期工作，必须在进行充分的技术和市场调查后，对产品的技术发展方向和动向、产品具备的技术优势、产品发展所具备的资源条件、技术经济可行性和批量投产的可行性进行分析。

（2）新产品的设计管理

1）技术任务书：由设计部门向上级提出的体现产品合理设计方案的改进性和推存性意见的文件，目的在于正确地确定产品的最佳设计方案、主要技术性能参数、工作原理、系统和主体结构，并由设计员负责编写。

2）技术设计：完成设计过程中必需的实验研究（原理结构、材料元件工艺的功能和模具实验），并写出实验研究大纲和实验研究报告；做出产品设计核算书（如对运动、刚度、强度、振动、热变形、电路、液气路、能量转换、能源效率等方面的核算）；画出产品总体尺寸图、产品主要零部件图，并校准；运用价值工程原理，编制技术、经济分析报告；绘制工作原理图，并作简要说明；提出特殊原件、外购件、材料清单；对产品进行可靠性、可维修性分析。

（3）新产品的试制管理

1）样品试制：根据设计图纸和工艺文件，由试制车间试制出一件或数十件样品，然后按要求进行实验，借以考验产品结构、性能和质量。此阶段完全在研究所内进行。

2）小批试制：在样品试制的基础上进行小批试产，目的是考核产品的工艺性，检验全部工艺文件和工艺设备，并进一步校正和审验设计图纸。此阶段以研究所为主，部分工作扩展到生产车间进行。

3）编制技术文件：包括进行新产品概略工艺设计，根据新产品任务书，安排采用厂房、设备、测试条件等设想简略的工艺路线；根据产品方案设计和技术设计，做出材料改制、元件改装、复杂自制件加工等项的工艺分析，以及产品工作图的工艺性审查；计算试制用材料消耗和加工工时；编写试制总结，着重总结图样和设计文件验证情况，以及在装配和调试中所反映的有关产品结构、工艺及产品性能方面的问题及其解决过程，并附上各种反映技术内容的原始记录；编写定型实验报告，内容包括定型实验所进行的实验项目和方法、技术条件、试验程序、实验步骤、参照的有关规定等。

（4）新产品的鉴定管理

在完成样品试制和小批试制的全部工作后，按项目管理要求应申请鉴定。

1）鉴定工作需准备的文件：①鉴定应具备的图样及设计文件的成套资料；②正常生产应具备的图样及设计文件，包括产品定型后，正常投产时，制造、验收和管理用成套资料；③随产品出厂应具备的图样及设计文件，即随产品提交给用户的必备文。

2）新产品的技术鉴定：组织有关专家进行新产品的技术鉴定，履行技术鉴定书签字手续。技术鉴定结论的内容包括：样品鉴定结论、小批试制鉴定结论；各阶段应具备的技术文件及审批程序按照产品图样、设计文件、工艺文件的完整性和有关的审批程序。

（5）新产品移交投产的管理

1）新产品移交投产应具备的文件：①包括新产品的结构可靠性、技术先进性和良好工艺性的主要参数、形式、尺寸、基本结构等，以及在满足使用需要的基础上的标准化、系列化和通用化指标；②完整的试制和检验报告，部分新产品还必须具有运行报告；③成批投产的手续，包括对新产品从技术上、经济上做出的相关评价，确认工艺流程、工艺装备没有问题和是否可以正式移交生产线及移交时间；④批准移交生产线的新产品的技术标准、工艺规程、产品装配图、零件图、工装图以及其他有关的技术资料。

2）新产品的技术资料验收：图纸幅面和制图要符合有关的国家标准和企业标准；成套图册编号有序，蓝图与实物相符，工装图、产品图等编号应与已有的编号有连贯性；产品图应按会签审批程序签字；验收前一个月应将图纸、资料送验收部门审阅；全部底图应移交技术档案室签收归档。

# 4.6　营销管理

蝴蝶园的营销管理与其他各类旅游风景区的营销管理有类似之处，只是由于蝴蝶园自身的产品特点，在市场调查、营销策划、营销宣传、营销组织、营销评估和营销控制的具体操作中，必须兼顾其特殊性。

### 4.6.1  营销部组织

营销部是代表蝴蝶园对其营销工作进行规划、协调、监督和管理的职能部门。根据蝴蝶园营销管理工作的需要，通常设营销部经理、副经理、市场主管、商务主管和销售主管等职位。也可根据具体工作实际，适当增加销售员数量（见表4-12）。

表4-12  营销组织岗位与要求

| 岗位 | 人数 | 岗位要求 |
| --- | --- | --- |
| （1）营销部经理 | 1名 | 蝴蝶园主持营销工作的部门负责人，具有指挥、指导、协调、监督及管理的权力，并承担执行蝴蝶园相关规程及工作指令的义务。其岗位要求是：<br>① 具有营销学、经济学或相关专业本科以上学历。<br>② 具有3年以上市场营销的实践经验；掌握市场动态，熟悉经营策略和顾客需求。<br>③ 熟悉国家有关市场营销的相关法律、法规和政策。<br>④ 了解各同行业的竞争手段、价格水平、客户状况，善于提出应变措施。<br>⑤ 了解旅游经济、公共关系及社会学方面的基本知识。<br>⑥ 善于社交，待人处世既遵守原则又具灵活性。<br>⑦ 具备计算机和网络操作技能。<br>⑧ 作风务实，遵守职业道德，保守商业秘密。 |
| （2）营销部副经理 | 1名至多名 | 在营销部经理的直接领导下，协助营销部经理的工作。其岗位要求是：<br>① 具有营销学、经济学或相关专业专科以上学历。<br>② 具有2年以上市场营销的实践经验。<br>③ 熟悉国家有关市场营销的相关法律、法规和政策。<br>④ 掌握市场动态，熟悉经营策略、市场调查和顾客需求。<br>⑤ 了解旅游经济、公共关系及社会学方面的基本知识。<br>⑥ 具有较强的人际交往能力、应变能力和谈判能力。<br>⑦ 作风务实，遵守职业道德，保守商业秘密。 |
| （3）市场主管 | 1名至多名 | 在营销部经理的直接领导下，协助营销部经理专职负责蝴蝶园市场营销工作。其岗位要求是：<br>① 具有营销学、经济学或相关专业专科以上学历。<br>② 具有2年以上市场营销的实践经验。<br>③ 熟悉国家有关市场营销的相关法律、法规和政策。<br>④ 掌握市场动态，熟悉经营策略、市场调查和顾客需求。<br>⑤ 具有一定人际交往能力、应变能力和谈判能力。<br>⑥ 遵守职业道德，保守商业秘密。<br>⑦ 具备计算机和网络操作技能。 |
| （4）商务主管 | 1名 | 在营销部经理的直接领导下，协助营销部经理专职负责蝴蝶园商务方面的工作。岗位要求是：<br>① 本科及以上学历，统计学、行政管理等相关专业优先。<br>② 有2年以上的商务采购或行政管理经验。<br>③ 具有较强的原则性和责任心，以及良好的职业操守。<br>④ 具备良好的沟通、谈判、协调、组织和执行能力。<br>⑤ 具有较强的逻辑思维和数据分析能力。<br>⑥ 具备计算机和网络操作技能。 |

| 岗位 | 人数 | 岗位要求 |
|------|------|----------|
| （5）销售主管 | 1名至多名 | 在营销部经理的直接领导下，协助营销部经理专职负责蝴蝶园产品销售和售后服务方面的工作。其岗位要求是：<br>① 大专及以上学历，营销学、经济学等相关专业优先。<br>② 有2年以上的相关工作经验。<br>③ 具有良好的谈判、协调、组织和执行能力。<br>④ 善于与人沟通，作风正派，处事灵活。<br>⑤ 遵守职业道德，保守商业秘密。<br>⑥ 具备计算机和网络操作技能。 |

## 4.6.2　营销部主要职能

（1）完成蝴蝶园制定的营销指标。

（2）负责蝴蝶园营销策略、计划的拟定、实施和改进。

（3）营销管理制度的拟定、实施和改善。

（4）负责蝴蝶园营销经费的预算和控制。

（5）负责市场调研、市场分析工作，制定业务推进计划。

（6）负责蝴蝶园产品推销、洽谈和签订合同。

（7）了解客户的基本情况及与蝴蝶园有关的数据资料，建立和运用客户资料库。

（8）为蝴蝶园研发项目决策提供市场动态信息。

（9）完成领导交办的其他工作。

## 4.6.3　营销管理的基本要素

蝴蝶园管理的基本要素，主要包括蝴蝶园的设置项目（即产品）、蝴蝶园的品牌、蝴蝶园的门票价格或单个项目价格、蝴蝶园的营销渠道、蝴蝶园的宣传组合等五大因素。

（1）产品

1）产品卖点标新立异，有可能独享成功的良机。

2）产品卖点符合潮流，有可能最终实现赢者通吃的效果，但难度较高。

3）产品应最好具有独立品牌。

4）注重产品的核心价值和核心优势。

（2）品牌

1）品牌的顾客认可度：包括品牌影响的广度和深度。

2）品牌的价值认可度：包括物质价值和精神价值，即顾客越愿意掏钱买的东西，其认可程度越高，掏钱的概率和速度就越高，口碑相传的机会也越多。

3）品牌的身份：即是否正宗。

4）品牌的性格：即品牌的目标顾客所拥有的或所期待拥有的性格和气质。

5）品牌的形象：即品牌的质量和美誉度。

（3）价格

1）价格定位与目标顾客直接相关。

2）价格没有单纯的高或低，只需考虑这个价格所代表的价值是否合理，目标顾客能否接受。

3）价格与渠道类型有关，不同渠道决定不同的价值定性与空间。

4）价格与成本有关，成本包括研发、生产、推广、销售等。

（4）渠道

1）直销：即蝴蝶园的门票或单个项目消费。通常采用直接售票方式，该方法简单易行，便于操作，但属于传统方法，效率较低。

2）中介销售：即通过旅行社等中间商销售。该方法有利于提高效率，扩大销量，但必须分享利益。

3）网络销售：即通过网络方式进行销售。该方法受众面大，效率高，尤其受青少年欢迎，但属于新生事物，具体操作方式有待探索。

（5）宣传

1）宣传推广的办法包括广告、网络、群体直效、公关、新闻、会议等。

2）宣传推广的流程包括预算定性、选择传播渠道、内容策划、设计制作、活动组织、推广执行等环节。

3）决定广告投放效果的几个重要因素：一是媒体选择；二是频次；三是广告创意。

4）低成本宣传，包括网络、新闻、事件、公关、直效、会议等形式，需要较强的技巧和丰富的经验。

（6）促销

促销有两个层次：一是物质层次；二是精神层次。

1）物质层次就是降价、礼品之类的手段，最容易见效，最简单易行，但有底线。

2）促销应尽量附加精神诉求，如举办主题活动、关心顾客家人、关心顾客的其他精神需要，促使顾客产生精神共鸣而忽略价格的微小差距，更能引起"群购效应"。

## 4.6.4　营销部工作人员的岗位职责

### 4.6.4.1　营销部经理的岗位职责

（1）主持蝴蝶园营销工作，制定蝴蝶园营销制度并负责贯彻、落实、监督和检查。

（2）组织制定蝴蝶园营销工作标准，建立健全营销管理网络，认真做好协调、指导、调度、维护、考核工作。

（3）组织编制蝴蝶园年、季、月度营销计划，确保销售计划指标完成，节约销售费用、及时回笼资金，加速蝴蝶园资金周转。

（4）负责蝴蝶园营销统计核算工作，建立和规范各种原始记录、统计报表的核算程序，汇总填报年、季、月度销售统计报表，及时撰写销售统计分析报告，为领导决策提供依据。

（5）负责蝴蝶园的市场调查、分析和预测工作，及时掌握市场动态，合理有效地开辟业务渠道，扩大蝴蝶园的市场影响，增加蝴蝶园的营销收入。

（6）负责对外签订营销合同，做好优质服务、售后服务工作，及时处理用户投诉，提高蝴蝶园影响和信誉。

（7）负责蝴蝶园营销人员的考核、考评与管理教育工作，杜绝经济犯罪事件的发生。

（8）完成领导交办的其他工作任务。

### 4.6.4.2　营销部副经理的岗位职责

（1）负责研究、了解、预测市场情况，协助经理制订营销工作计划。

（2）负责根据蝴蝶园销售计划，结合市场特点，提出具体促销工作细则。

（3）负责客户走访，收集客户意见及市场信息，在巩固现有客源的基础上拓展新的客源市场。

（4）负责起草合作协议、重点客户接待计划，并报经理审批后执行。

（5）负责蝴蝶园营销工作的调查和统计，为制订下一步营销策略提供依据。

（6）完成专项销售指标；检查监督所属团队，做好合约期满客户的续约工作。

（7）完成领导交办的其他工作任务。

### 4.6.4.3　市场主管的岗位职责

（1）协助经理制定市场工作规范、行为准则及奖惩制度。

（2）负责蝴蝶园市场工作的计划、安排、管理。

（3）拟订并监督执行蝴蝶园市场规划与预算。

（4）安排年、季、月及专项市场推广策划，并制定相应的广告策略。

（5）对市场进行调研和分析，为产品的开发、生产及投放提供依据。

（6）拟订并监督执行公关及促销活动计划。

（7）完成领导交办的其他工作任务。

### 4.6.4.4　商务主管的岗位职责

（1）协助经理制订蝴蝶园物资供应制度，并负责检查和落实。

（2）根据蝴蝶园物资需求及消耗情况制订物资采购计划，并确保各项采购任务的完成。

（3）协助经理制订本部门采购人员的目标责任，并负责考核，落实奖惩。

（4）负责与各供应商的业务洽谈、合同签约及管理工作，以有效的资金，保证最大限度的物资供应。

（5）协助经理建立和管理蝴蝶园物资采购队伍和采购网络。

（6）完成领导交办的其他工作任务。

#### 4.6.4.5 销售主管的岗位职责

（1）协助经理制订蝴蝶园销售政策、销售模式和销售目标。

（2）负责编制年、月销售计划并进行分解、执行，以确保销售目标的实现。

（3）协助经理建立和管理蝴蝶园销售队伍，制定并落实蝴蝶园销售奖惩制度。

（4）负责蝴蝶园日常销售业务，审阅订货、发货等业务报表，控制销售活动。

（5）控制产品库存量，提高存货周转率，落实接单、发货、审核，并按客户要求如期交货。

（6）负责进行客户开拓和维护，做好售后服务尤其是重点客户的拜访，处理客户投诉。

（7）参与市场调研，收集销售信息，制订促销方案和产品价格方案。

（8）组织催收货款，及时完成每月销售报表。

（9）完成领导交办的其他工作。

### 4.6.5 营销管理的基本方式

#### 4.6.5.1 分析市场机会

（1）发现潜在市场

发现蝴蝶园的潜在市场，必须进行深入细致的调查研究，弄清市场对象是谁、容量有多大、消费者的心理、经济承受力如何、市场的内外部环境怎样等。除了充分了解当前的市场情况，还应该按照经济发展的规律，预测未来发展的趋势，并从中发现市场机会。

（2）评价市场机会

蝴蝶园的市场营销管理人员不仅要善于寻找、发现有吸引力的市场机会，而且要善于对所发现的各种市场机会加以评价，要看这些市场机会与蝴蝶园的任务、目标、资源条件等是否一致，要选择那些比其潜在竞争者有更大的优势、能享有更大的"差别利益"的市场机会作为蝴蝶园的市场机会。

（3）进行市场细分

1）地理细分：就是按照消费者所在的地理位置以及其他地理变量（包括城市农村、地形气候、交通运输等）来细分消费者市场；理由是处在不同地理位置的消费者，对蝴蝶园的产品价格、渠道、广告宣传等市场营销措施会有不同的反应。

2）人口细分：就是按照人口变量（包括年龄、性别、收入、职业、教育水平、家庭规模、家庭生命周期阶段、宗教、种族、国籍等）来细分消费者市场。

3）心理细分：就是按照消费者的生活方式、个性等心理变量来细分消费者市场。

4）行为细分：就是按照消费者购买或使用蝴蝶园产品的时机、追求的利益、使用的感受、对产品的态度等行为变量来细分消费者市场。

### 4.6.5.2　选择目标市场

目标市场，就是蝴蝶园决定开发的那部分市场、决定为之服务的那个顾客群。确定目标市场时，有以下三种选择。

（1）无差异市场营销

无差异市场营销是指蝴蝶园在市场细分后，不考虑各子市场的特性，而只注重子市场的共性，决定只推出单一产品，运用单一的市场营销组合，力求在一定程度上适合尽可能多的顾客的需求。这种营销策略的优点是产品的品牌、规格、款式简单，有利于标准化与规模化生产，有利于降低成本费用；缺点是单一产品要以同样的方式广泛销售并受到所有购买者的欢迎，这几乎是不可能的。

（2）差异市场营销

差异市场营销是指蝴蝶园决定同时为几个子市场服务，设计不同的产品，并在渠道、促销和定价方面都加以相应的改变，以适应各个子市场的需要。

（3）集中市场营销

集中市场营销是指蝴蝶园集中所有力量，以一个或少数几个性质相似的子市场作为目标市场，试图在较少的子市场上占据较大的市场份额。

上述三种目标市场战略各有利弊，蝴蝶园在选择时，还需要考虑以下四个方面的因素。

1）单位资源：如果蝴蝶园资源雄厚，可以考虑实行差异市场营销；否则，最好实行无差异市场营销或集中市场营销。

2）产品同质性：由于蝴蝶园属于需求上共性较大的产品，一般宜实行无差异市场营销。

3）产品生命周期：处在介绍期或成长期的蝴蝶园，市场营销重点是启发和巩固消费者的偏好，最好实行无差异市场营销或针对某一特定子市场实行集中市场营销；当蝴蝶园进入成熟期时，消费者的需求必然出现多种变化，可改用差异市场营销战略以满足新需求，以便延长蝴蝶园一些项目产品的生命周期。

4）竞争对手的战略：一般来说，蝴蝶园的目标市场战略应尽量与竞争者有所区别。

### 4.6.5.3　设计营销组合

（1）市场定位

为了使蝴蝶园自身产品获得稳定的销路，要设法使蝴蝶园尽量突出特色，树立市场形象，以求在顾客心目中形成一种特殊的偏爱，这就是市场定位。

市场定位的主要方法有：

1）根据蝴蝶园所设项目属性定位。

2）根据蝴蝶园所设项目价格和质量定位。

3）根据蝴蝶园所设项目的目标消费群定位。

4）根据蝴蝶园所设项目竞争局势定位。

5）各种方法组合定位

（2）市场营销组合

蝴蝶园的市场营销组合是指为了满足目标顾客群的需要而加以组合的综合市场营销方式，就是根据可能机会，选择一个目标市场，并试图为目标市场提供一个有吸引力的市场营销方案。市场营销组合包括产品、价格、地点和促销等四个基本变量。

### 4.6.5.4　实施营销控制

（1）年度计划控制

年度计划控制，是指蝴蝶园在本年度内采取控制步骤，检查实际绩效与计划之间是否有偏差，并采取改进措施，以确保一年中市场营销计划的实现与完成。

（2）赢利能力控制

赢利能力控制，即运用赢利能力控制来测定蝴蝶园不同产品、不同销售区域、不同顾客群体以及不同渠道的赢利能力。

（3）营销效率控制

营销效率控制，即用营销效率的高低优劣状况为比较，来管理广告、促销和销售环节，评判蝴蝶园销售人员的工作能力和业绩，其目的是促使实际市场营销效果与事先预想尽可能一致，并对不理想的部分进行调整。

（4）营销战略控制

营销战略控制，是指蝴蝶园采取一系列行动，促使实际市场营销工作与原规划尽可能一致，在控制中通过不断评审和信息反馈，对战略不断修正。

（5）市场营销审计

市场营销审计，即对蝴蝶园的市场营销环境、目标、战略、组织、方法、程序和业务等做综合的、系统的、独立的和定期性的核查和分析，以便确定困难所在和各项机会，并提出行动计划的建议，调整并改进市场营销管理方式和策略。

# 4.7　后勤管理

蝴蝶园的后勤管理与其他各类旅游风景区的后勤管理相似，但也同样需要根据蝴蝶园的自身特点，在后勤计划、后勤组织、后勤服务、后勤评价和后勤监督的具体操作中，兼顾其特殊性。

## 4.7.1　后勤部组织

后勤部是代表蝴蝶园对后勤工作进行规划、协调、监督和管理的职能部门。根据蝴蝶园后勤管理工作的需要，后勤部通常设经理、副经理、基建主管、物业主管、设施与设备主管、物资主管、安全主管、卫生与绿化主管、车辆主管等职位，或在此基础上增减与合并（见表4-13）。

表4-13　营销组织岗位与要求

| 岗位 | 岗位要求 |
|---|---|
| （1）后勤部经理 | 蝴蝶园主持后勤工作的部门负责人，具有指挥、指导、协调、监督及管理本部门员工的权力，并承担执行蝴蝶园相关规程及工作指令的义务。其岗位要求是：<br>① 大学本科以上学历，管理或相关专业毕业者优先。<br>② 35岁以上，具有5年以上企事业单位后勤管理的实践经验。<br>③ 熟悉基建、装修、消防、安装、采购、保安等相关事务。<br>④ 具有较强的组织、协调、执行和沟通能力。<br>⑤ 坚持原则，诚实守信，乐于奉献，工作细致认真。<br>⑥ 具备计算机和网络操作技能。 |
| （2）后勤部副经理 | 在后勤部经理的直接领导下、协助后勤部经理并分担所管辖的后勤工作的专业后勤管理人员。其岗位要求是：<br>① 大专以上学历，管理或相关专业毕业者优先。<br>② 30～45岁，具有3年以上企事业单位后勤管理的工作经验。<br>③ 熟悉基建、装修、消防、安装、采购、保安等相关事务。<br>④ 具有较强的组织、协调、执行、沟通和实践动手能力。<br>⑤ 坚持原则，善于合作，工作细致周到。<br>⑥ 具备计算机和网络操作技能。 |
| （3）基建主管 | 在后勤部经理的直接领导下，协助后勤部经理的工作，专职负责蝴蝶园的基建修缮管理工作。其岗位要求是：<br>① 本科及以上学历，建筑或相关专业毕业者优先。<br>② 30～45岁，具有3年以上企事业单位基建管理的工作经验。<br>③ 熟悉国家、政府有关基建管理方面的法律、法规和政策。<br>④ 善于与政府有关部门保持有效沟通。<br>⑤ 熟悉基建管理的程序和方法，具备计算机和网络操作技能。<br>⑥ 爱岗敬业，坚持原则，具有良好的心理和身体素质。 |
| （4）物业主管 | 在后勤部经理的直接领导下，协助后勤部经理的工作，专职负责蝴蝶园的物业管理工作。其岗位要求是：<br>① 大专及以上学历，管理或相关专业毕业者优先。<br>② 25～40岁，具有2年以上企事业单位物业管理的工作经验。<br>③ 熟悉国家、政府有关物业管理方面的法律、法规和政策。<br>④ 善于与政府有关部门、管理者、经营者和用户保持有效沟通。<br>⑤ 熟悉物业管理的程序和方法，具备计算机和网络操作技能。<br>⑥ 爱岗敬业，坚持原则，具有良好的心理和身体素质。 |
| （5）设施设备主管 | 在后勤部经理的直接领导下，协助后勤部经理的工作，专职负责蝴蝶园的各种大型和重要设备的管理工作。其岗位要求是：<br>① 大专及以上学历，机械、装备或相关专业毕业者优先。<br>② 25～40岁，具有2年以上设备管理的工作经验。<br>③ 熟悉国家、政府有关设备管理方面的法律、法规和政策。<br>④ 熟悉各种设备的性能、安装、使用和维护。<br>⑤ 善于与设备制造商、供应商和安装商保持有效沟通。<br>⑥ 爱岗敬业，坚持原则，勤奋好学。 |

| 岗位 | 岗位要求 |
|---|---|
| （6）物资主管 | 在后勤部经理的直接领导下，协助后勤部经理的工作，专职负责蝴蝶园各种物资的采购和管理工作。其岗位要求是：<br>① 中专及以上学历，物流或相关专业毕业者优先。<br>② 25～45岁，具有2年以上设备管理的工作经验。<br>③ 熟悉国家、政府有关物资管理方面的法律、法规和政策。<br>④ 熟悉各种物资的采购渠道、用途和保管方法。<br>⑤ 爱岗敬业，坚持原则，诚实守信，工作细致认真。<br>⑥ 具备计算机和网络操作技能。 |
| （7）安全主管 | 在后勤部经理的直接领导下，协助后勤部经理的工作，专职负责蝴蝶园的安全管理工作。其岗位要求是：<br>① 高中或中专及以上学历，复转军人优先。<br>② 男性，23～40岁，具有2年以上安保、消防或监控方面的工作经验。<br>③ 身高170cm以上，体格健壮，具有一定防范和自卫技能。<br>④ 熟悉国家、政府有关安全管理方面的法律、法规和政策。<br>⑤ 善于与政府、社区的安全部门保持有效沟通。<br>⑥ 了解安全工作的程序、方法和重点，具有独立处理突发事件的能力。<br>⑦ 爱岗敬业，责任心强，有强烈的安全意识。 |
| （8）绿化与卫生主管 | 在后勤部经理的直接领导下，协助后勤部经理的工作，专职负责蝴蝶园的绿化与卫生管理工作。其岗位要求是：<br>① 大专及以上学历，园林、林业、卫生或相关专业毕业者优先。<br>② 男性，23～40岁，具有2年以上从事园林或卫生工作的经验。<br>③ 熟悉国家、政府有关绿化与卫生管理方面的法律、法规和政策。<br>④ 善于保持与政府、社区绿化与卫生管理部门的有效沟通。<br>⑤ 了解绿化与卫生工作的程序、方法和重点，并能有效付诸行动。<br>⑥ 爱岗敬业，吃苦耐劳，责任心强，讲究卫生。 |
| （9）车辆主管 | 在后勤部经理的直接领导下，协助后勤部经理的工作，专职负责蝴蝶园的车辆管理工作。其岗位要求是：<br>① 高中或中专及以上学历，汽车或相关专业毕业者优先。<br>② 男性，30～50岁，具有5年以上汽车驾驶和管理经验。<br>③ 熟悉国家、政府有关车辆管理方面的法律、法规和政策。<br>④ 善于保持与政府、公安、交通和保险公司、汽修公司的有效沟通。<br>⑤ 熟悉汽车，熟悉汽车维修和保养。<br>⑥ 了解车辆管理工作的程序、方法和重点，并能解决车辆管理中出现的问题。<br>⑦ 爱岗敬业，责任心强，善于协调，技术娴熟。 |

## 4.7.2　后勤管理的特点

### 4.7.2.1　社会性

（1）表现在后勤管理的内容上

由于社会目前所能提供的后勤服务还不能满足各单位的需要，因此，在现实中，蝴蝶园的后勤服务门类几乎无所不包。

（2）表现在后勤管理与社会的联系上

蝴蝶园的后勤离不开社会的供给，无论是物资、设备、能源、交通，还是人员、技术、空间、信息，都要由社会来提供。因此，每个单位的后勤工作都必然受到社会的制约和影响。甚至可以说，社会是各个单位后勤工作的总后勤。

（3）表现在后勤管理的发展方向上

目前的趋势是，各单位的后勤服务都在向着社会化的方向发展。数量更多、范围更广的后勤服务将随着社会的进步逐步由社会承担，后勤服务的社会化已经越来越深入人们的生活。

正因为如此，蝴蝶园的后勤管理工作也要与时俱进，既要充分注意和利用社会上的各种资源和条件为本单位服务，同时又要力所能及地创造条件为社会服务，改变封闭式的后勤管理。

### 4.7.2.2　经济性

蝴蝶园的后勤工作既是行政工作，又是经济工作。后勤管理的实质是通过市场经济手段和生产（劳务）、交换、分配、消费，对后勤资源进行高效配置。于是，经济核算很自然地就成为蝴蝶园后勤管理的重要内容。

### 4.7.2.3　服务性

众所周知，蝴蝶园后勤管理属于服务性工作。从它的管理对象来看，后勤工作并不直接体现蝴蝶园的职能，而是为蝴蝶园职能活动进行的配套性工作。所以，服务是蝴蝶园后勤管理的一个基本特点，也是后勤管理的全部意义所在。

### 4.7.2.4　时间性

蝴蝶园的职能活动是一个有严密组织、严格程序的过程。为蝴蝶园职能活动服务的后勤工作也必须按照这些程序的要求进行管理。因此，每项服务工作都因职能活动的需要而有确定的时间要求，这就决定了蝴蝶园的后勤管理具有很强的时间性特点。这是其一。其二，时间性还体现在"后勤先行"方面。任何活动都要有一定的物资条件做保证，以一定的物质条件为基础和前提，蝴蝶园的后勤工作也是创造蝴蝶园运行基础和前提的工作。其三，时间性还表现在蝴蝶园的后勤工作常常受到季节的影响和制约，违背了季节的要求，就会出现失误，造成损失。

### 4.7.2.5　复杂性

蝴蝶园的后勤管理工作繁杂、任务多是复杂性的主要特征。诸如物资、设备、基建、房屋、伙食、交通、医疗、卫生、园林、环保以及其他各项相关服务工作，大都由后勤部门管理。因此，政策性强是其复杂性的又一个特性。财经纪律、基建法规、车辆配置原则等，蝴蝶园的后勤管理部门都必须按照国家的既定方针、政策、法令、法规办事，决不能随意而行。涉及面广，内外关系多，是后勤管理复杂性的第三个特性。

在目前社会这个大"后勤"尚不完善的情况下，要完成这种全面的主体服务，蝴蝶园就不可避免地形成"大而全"的后勤服务体系。后勤机构庞大，服务项目齐全，把职工的衣、食、住、行、生、老、病、死等事宜几乎全部包揽其中。要完成这诸多的服务内容，后勤部门既要与蝴蝶园的每个职工打交道，又要与社会的方方面面保持经常性的密切联系，不仅有纵向联系，还有横向联系，不仅涉及人，而且涉及财、物、时间和空间。

#### 4.7.2.6　群众性

蝴蝶园后勤管理的大量工作与蝴蝶园全体员工有着密切的关系，是为全体员工服务的，与员工的切身利益密切相关。因此，它必然天天接受群众的监督和检验。要想做好蝴蝶园的后勤管理，就必须坚持走群众路线，这是依靠群众、相信群众、做好后勤管理工作的重要方法。

#### 4.7.2.7　知识性

蝴蝶园的后勤管理需要有广泛的知识作为基础，在社会科学领域涉及管理学、会计学、教育学、心理学、法学等；在自然科学领域涉及的学科则更为广泛。另外，蝴蝶园后勤工作所接触到的专业技术种类更加繁多，这就要求后勤管理人员必须有多种专业的常识，才能不断提高后勤管理水平，实现后勤工作的科学化管理，使各项工作逐步走上标准化、规范化、制度化的轨道。

### 4.7.3　后勤部工作人员的岗位职责

#### 4.7.3.1　后勤部经理的岗位职责

（1）协助总经理主持蝴蝶园后勤部的全面工作。

（2）负责制订、完善、落实、监督各种后勤管理的规章制度并监督执行。

（3）负责根据蝴蝶园的发展需要，制订切实可行的后勤发展规划和年度工作计划。

（4）具体负责基本建设、物业管理、物资管理、设施与设备管理、安全管理、车辆管理、卫生与绿化管理以及各种后勤杂务管理操作。

（5）遵守国家法律、法规和蝴蝶园的各项规章制度，严格自律，勤政廉洁。

（6）负责完成蝴蝶园的后勤管理目标，确保蝴蝶园各项工作的正常运行。

（7）负责协调与各级政府机关、友邻单位、关联单位、兄弟部门，甚至职工群众的关系，争取他们对蝴蝶园后勤工作的理解和支持。

（8）完成领导交办的其他工作。

#### 4.7.3.2　后勤部副经理的岗位职责

（1）协助后勤部经理，做好蝴蝶园的各项后勤管理工作。

（2）协助经理制定、完善后勤管理的规章制度，监督其落实、执行情况。

（3）负责根据蝴蝶园的发展需要，制订切实可行的后勤管理发展规划和年度工作计划。

（4）遵守国家法律、法规和蝴蝶园的各项规章制度，严格自律，勤政廉洁。

（5）负责完成所分管的蝴蝶园后勤管理目标。

（6）协助经理做好本部门工作人员的指挥、调动、考核、奖惩。

（7）协助经理协调与各级政府机关、友邻单位、关联单位、兄弟部门，甚至职工群众的关系，争取他们对蝴蝶园后勤工作的理解和支持。

（8）完成领导交办的其他工作。

### 4.7.3.3　基建主管的岗位职责

（1）负责蝴蝶园的基建管理工作，建立和完善基建管理的各项规章制度。

（2）按照国家建筑施工管理的相关法律法规，积极主动地与政府相关部门沟通，提报蝴蝶园项目施工过程中的各项文件。

（3）负责提交蝴蝶园新项目施工筹建的各项申请；参与项目投资前的讨论、前期工程准备、设计变更的审核等。

（4）参与蝴蝶园新项目建设等相关工程的全流程管理，包括新建设工程项目的设计、招投标、现场施工管理和竣工验收工作。

（5）负责审核施工单位提出的施工组织设计和施工方案；负责施工现场各项管线的会签和向施工单位交底工作。

（6）负责检查建设施工现场的原材料、成品、半成品、构配件的质量。

（7）负责跟踪检查工程质量及施工进度，参与预算外工程量及施工现场管理。

（8）负责解决日常基建项目管理中的突发问题。

（9）完成领导交办的其他工作。

### 4.7.3.4　物业主管的岗位职责

（1）协助经理建立和完善蝴蝶园物业管理制度，确保所有运作过程的规范化和制度化，督促和检查制度的贯彻执行情况。

（2）负责蝴蝶园物业的日常管理工作。

（3）负责蝴蝶园物业开发和竣工验收后的物业管理、维护及客户服务工作。

（4）负责制订物业管理年度预算并落实执行，控制好物业管理成本。

（5）负责蝴蝶园物业的清查、统计和注销。

（6）负责指导和监督蝴蝶园下属各部门物业管理、租赁管理的日常工作。

（7）负责及时有效处理业主和用户的重大投诉及各类突发事件。

（8）完成领导交办的其他工作。

### 4.7.3.5　设施与设备主管的岗位职责

（1）负责蝴蝶园各种设施和设备的日常巡视、检查和故障维修工作，及时发现问题，处理隐患，确保其正常运行。

（2）制订蝴蝶园设备、设施保养计划，并按计划安排、实施保养工作，确保保养实现率及保养效果达标。

（3）根据库存情况提交备件采购申购表，负责备件的验收与急购备件的提交，审核机械备件采购单的必要性、合理性。

（4）指导操作工完成设施设备使用及简单保养工作。

（5）负责根据备件消耗情况提交降耗及使用国产化备件的建议，尽量降低设施、设备维修备件的消耗。

（6）做好设施、设备的预防性保养、维护工作，尽可能降低蝴蝶园总停机工时及设备原因造成的经济损失。

（7）完成上级交办的其他工作。

### 4.7.3.6　物资主管的岗位职责

（1）负责蝴蝶园建设和经营过程中所需各项物资与材料的管理工作。

（2）负责建立蝴蝶园物资管理方面的各项规章制度和工作规范，并监督、落实其执行情况。

（3）负责制订蝴蝶园年度物资采购计划、供应计划和成本控制计划。

（4）负责监督指导采购人员的物资进货、退货、缺货及滞销货物处理。

（5）了解检查各项物资计划的完成情况，评估考核采购部人员的业绩及业务素质。

（6）指导和参与各类采购协议、合同的签订，负责供应商资料和采购业务方面的档案管理。

（7）负责蝴蝶园物资统计，规范统计方法及相关要求，定期向相关部门和人员提供统计分析资料及结果。

（8）完成上级交办的其他工作。

### 4.7.3.7　安全主管的岗位职责

（1）负责蝴蝶园的安全保卫工作，根据蝴蝶园的特点和实际情况，制订各项安全管理规章制度，并贯彻落实。

（2）确保蝴蝶园员工和游客的人、财、物的安全，为蝴蝶园的经营管理活动创造良好的治安秩序和安全环境。

（3）贯彻国家安全工作方针、政策及法律、法规，做好防火、防盗、防各类事故发生的预防工作。

（4）负责指导和督促各部门的安全管理工作，协助各部门建立健全各项安全规章制度。

（5）保持与上级主管单位（公安部门、消防部门等）的联系，做好蝴蝶园的安全协调工作。

（6）及时处理蝴蝶园发生的一般性安全事故和事件；对重大安全事故，要及时迅速保护现场，组织调查，并上报领导和有关单位。

（7）落实上级主管单位关于安全工作的各项指示。

（8）完成上级交办的其他工作。

### 4.7.3.8　绿化与卫生主管的岗位职责

（1）负责蝴蝶园的绿化和卫生工作，根据蝴蝶园的特点和实际情况，制订各项绿化和卫生管理的规章制度，并负责贯彻落实。

（2）贯彻国家关于绿化和卫生的工作方针、政策及有关法律、法规；做好蝴蝶园辖区内的绿化美化、卫生保洁和疾病预防工作。

（3）负责蝴蝶园的污水、垃圾管理。

（4）做好专业设备机具的保管、调配、保养等方面的管理工作。

（5）负责辖区内花草树木的栽培、养护、除草、灭虫、浇灌等各项管理工作。

（6）负责管内各种绿化和卫生资料的收集、整理、归档工作。

（7）完成领导交办的其他工作。

### 4.7.3.9　车辆主管的岗位职责

（1）负责蝴蝶园各种车辆的管理工作，根据蝴蝶园的特点和实际情况，制订车辆管理的规章制度，并负责贯彻落实。

（2）掌握车辆的车质车况，安排车辆保养、维修工作，并健全车辆技术档案，考核车辆的油耗指标；保管好车辆零配件及随车工具、车匙等。

（3）督促及协助司机按时完成管内车辆的年审工作、路税费、保险的购买工作，以及交通管理部门对营运车辆的各项检查工作。

（4）负责出车、调车、派车工作，监督公务车的使用情况。

（5）负责司机的工作评估、职位升降、调动、处罚、离职、辞退的具体办理。

（6）负责蝴蝶园车辆或乘车人员发生事故时的处理、保险、维修、索赔等工作。

（7）负责协助司机解决在执行出车任务时遇到的突发事项。

（8）负责收集有关法规、道路改道等信息，并组织、指导司机进行学习，保持车容、车况良好，确保行车安全。

（9）当工作需要时，可代替司机临时出车。

（10）保持、维护与上级主管部门、交警交通部门、保险公司等之间的良好沟通和工作联系。

（11）完成领导交办的其他工作。

## 4.7.4　后勤管理的基本方式

### 4.7.4.1　基建修缮管理

蝴蝶园的基建修缮管理内容主要包括：

（1）基本建设立项管理和档案管理。

（2）项目建设中的现场管理和协调配套管理。

（3）项目竣工验收管理。

（4）相关配套设施和事务的管理。

（5）房屋修缮和养护，包括屋架、柱梁和基础沉降的主体工程、门窗装修工程、楼平面工程、屋面工程、抹灰油漆粉刷工程、水电强弱电设备工程和金属构件等的修缮养护，择优选择施工单位实施并监督管理。

（6）房屋建筑配套设施设备的维修，包括锅炉房、配电间、浴室、太阳能设施、中央空调设施、消防器材设施、屋顶设施等公物损坏的更换维修。

（7）各种管道包括雨污水、上水、消防管道、闸阀、井道等设施、设备的维护维修。

（8）各种水电、门锁、日常公共物品物件的维护维修等。

### 4.7.4.2　物业管理

蝴蝶园的物业管理内容主要包括：

（1）引入竞争机制，择优选择信誉好、资质优、善管理的物业公司。

（2）按合同和物业管理的要求，严格监管物业公司的各项工作，并提供必要的服务和保障。

（3）严格执行住宿登记确认制，床位到人，不得混住。

（4）完善迁入、迁出手续。

（5）检查和完善住宿设施和宿舍公物，对损坏的设施及时予以修复。

（6）加强对宿管员和保洁工的培训和沟通联系，检查宿舍公共卫生和管理秩序。

（7）加强对住宿人员的安全用电、爱护公物和节水节能教育。

（8）严格执行治安管理各项规章制度，协助安全部门加强综合治理。

（9）严防酗酒闹事、打架斗殴、赌博盗窃、卖淫嫖娼等现象的发生。

（10）加强对外来探访人员的登记管理，协助物业公司做好各项后勤保障工作。

### 4.7.4.3　安全管理

蝴蝶园的安全管理内容主要包括：

（1）对各类人员用电用水用气、高处作业、防火防爆、夜间行路、防盗防劫等进行必要的基本安全教育。

（2）对重要设施、设备坚持由专人负责管理和维护，并加强升级培训，要求持证上岗。

（3）对各类施工建设和大型活动进行安全技术方面的严格规范管理，掌控主要情况，确保施工和活动的安全有序。

（4）做好蝴蝶园日常安保工作。

#### 4.7.4.4 物资仓储管理

蝴蝶园的物资仓储管理内容主要包括：

（1）物资采购管理

1）后勤自购物资由专职采购人员和管理人员承办。

2）财务部门负责对所有后勤采购合同进行审核、监督，以确保采购行为的合理性和经济性。

3）财务部负责对后勤采购计划的审批，确保采购行为的合理和采购资金的落实。

4）对基建所需的物资、设备，应专门编制采购计划，经总经理或授权财务部批准后执行，以便保质保量、及时准确地为基建施工提供采购服务，并就供应物资的质量、数量、品种规格、价格、交货期等要素及时征求施工单位的意见。

5）后勤大宗物资采购应按照国家有关规定，采取招标形式进行；确定供应商后，应及时开展关于采购物资、设备的价格谈判，签订采购合同或协议。

6）根据正式采购合同、协议组织物资采购。

（2）物资入库管理

对于蝴蝶园的各项入库物资，必须有相关单位出具的产品质量合格证，库管人员填制"入库单"一式三份，经手人及库管人员双方核对无误后在"入库单"上签名，一联保管员留存作为登记实物账的依据，一联经手人带回做数量统计依据，一联交财务部作为成本核算和产成品核算依据。

采购物资抵库后，库管员要按照已核准的"订货单"或"申购单"和"送货单"仔细核对物资的品名、规格、型号、数量是否与发票相符。核对无误后，请申购部门及品管部门协同验收材料质量，对需检验的材料要附相应的来料检验报告。仓管人员接收合格报告后，将到货日期及实收数量填记于"订货单"或"申购单"，同时开具"入库单"办理入库手续。

对于物资验收过程中所发现的有关数量、质量、规格、品种等不相符现象，库管人员有权拒绝办理入库手续，并视具体情况报告相关业务部门和财务部经理处理。

物资抵库但库管部门尚未收到"订货单"或"采购申请单"时，库管员应先洽询采购部门，确认无误后才能办理入库手续。

因生产需要直接进入生产车间的材料物资，应填写直提单。

发生退库或退货时，要认真审核"退货单"或有关凭证，核查批准手续是否齐全，认真记录退库或退货产品数量、质量状况。退库或退货产品要单独存放，如可重新销售应优先出库。对于使用单位退回的物资，库管员要依据退库原因，研判处理对策，如原因是供应商造成的，要立即通知采购部门。

物资入库时要认真查抄入库号码，填写入库号码单。每日业务终了，及时将入库号码单报至统计员处输入计算机。

#### 4.7.4.5　食堂管理

蝴蝶园的内部员工用餐可以采用自行解决方式，也可外委。如果自办，则食堂管理内容应包括：

（1）炊事员管理

1）炊事员要热爱本职工作，服从管理，努力提高业务水平，周密计划、合理安排搭配主副食，并制定出每周食谱，努力搞好伙食，提高饭菜质量，确保就餐者满意。

2）严格执行《食品卫生法》的有关规定，定期对炊事人员进行健康检查，办理健康证和卫生许可证。

3）搞好食堂清洁卫生，随时进行卫生清扫，对炉灶、洗槽、餐具等做到每餐必清，生活垃圾做到日产日清。每周进行一次干净彻底的卫生大扫除，充分利用消毒设施，及时消毒，保持食堂卫生整洁。

4）讲究个人卫生，按规定穿着工作服佩戴工作帽，工作服、帽要经常换洗，保持整洁卫生。

5）菜刀、菜板、菜盆要生熟分开不能混用；餐具要整洁卫生，摆放整齐有序；所有与食品有关的工具、餐具用后都要清洗，杀菌消毒。食品生熟分存，肉类、鱼类、海鲜类要分别存放，禁止食品和其他物品混放。确保各个加工操作环节不出现交叉污染，严格避免发生食物中毒。

6）建立物品登记制度，做到账物相符，收支平衡，账目公开，每月公布一次账目。

7）炊事人员应洁身自律，主动接受群众监督，不搞特殊化，严禁做小灶。炊事人员不准邀请无关人员进入操作间。

8）严格执行蝴蝶园规定的作息时间，按时开饭，未经允许食堂不得擅自改变开饭时间，不准就餐人员提前进入食堂。

9）节假日做好就餐人员登记工作，保证饭菜数量充足，确保每一位就餐者都有饭吃。

10）下班前关闭所有气阀、水阀，拉下电闸，确保安全；做好节水、节电、节气工作。

（2）食品采购及出入库管理

1）采购食品必须保证新鲜、不变质、无污染，应采购经过相关部门检验的合格食品。

2）采购人员应做到货比三家，保质保量，鲜肉制品的购买以大型超市为主，每周集中采购一次；蔬菜尽量做到以批发为主，保证质优价廉，尽量降低成本。

3）建立健全出入库登记制度，新购进物品一律计量，逐一登记入库，厨师根据需要，填写领料单，登记出库；库房要及时清理，过期变质食品由会计、厨师、保管一同签字销毁。

4）荤素搭配，花样繁多，营养均衡；严格控制饭菜价格，确保购入与售出价格平衡，不超支。

### 4.7.4.6　车辆管理

蝴蝶园的车辆管理内容主要包括：

（1）用车管理

1）用车部门在用车前必须填写《用车申请书》，经部门负责人签字后交总经理或办公室审批后交司机出车。

2）《用车记录簿》应记录出差地点、时间、用车人等，并应要求用车人在记录簿上签名；司机凭《用车申请书》出车。

3）车辆由专职司机驾驶，司机应定期进行检查和保养，确保行车安全。

4）出车前必须进行车辆安全检查，车辆行车途中应安全行驶并严格遵守交通规则，若有违规罚款由驾驶员负担。

5）车辆专管人员应对用车的必要性、经济性、安全性做审查，并提供建设性意见。

6）如节假日或业余时间用车，应提前一天向总经理或办公室提出申请，并填写《用车申请书》，经审批后方可使用。

7）出车任务结束后和节假日，车辆应停放在专用车位内，不得擅自将公车私用，否则追究司机责任。

8）车辆的各类证件要保管完好，行驶证、车匙不得放在车内。

9）用车各项费用，包括油费、路费、违章罚款、司机出差补贴，应事先明确出处。

（2）司机管理

1）司机必须遵守《中华人民共和国道路交通管理条例》和交通安全管理的规章规则，以及蝴蝶园的车辆管理的规章制度，确保行车安全。

2）司机应爱惜单位车辆，平时要注意车辆的保养，经常检查车辆的主要机件，发现故障应及时报告、及时排除。

3）司机应清楚了解车辆的保养时间和各季度的审核规定，如因证件不齐全或过期失效，后果由司机负责。

4）司机驾车一定要遵守交通规则、文明开车，不准危险驾车，不准疲劳驾车、不准酒后驾车；如因故意违章或以上原因被罚款的，费用由当事人负责。

5）上班时间未出车时，司机应随时在单位等待，听后领导派遣，必要时可以协助其他部门工作。

6）未经批准不得将车辆随意交给他人驾驶或练习驾驶；严禁将车辆交给无证人员驾驶。

#### 4.7.4.7　绿化管理

（1）绿地保护规定

1）任何部门、单位和个人，不得擅自占用蝴蝶园绿化用地。

2）按照规划设计种植的树木、花草，任何人不得擅自移动；确需移动的，必须报后勤部批准，并在绿化专业技术人员指导下实施移栽。

3）对移栽植物的名称、规格、树龄、地点及相关情况应进行详细登记，实行移栽申请登记制度，建立移栽树木档案。

4）蝴蝶园山体上原生的树木和植物，视同人工绿化进行管理维护，任何单位和个人不得乱砍乱伐。

5）因交通事故等造成树木、花草及绿化设施损毁的，由责任人负责按绿化专业人员的要求进行恢复，不能恢复而造成损失的由责任人负责赔偿。

（2）绿地禁止行为

1）践踏草坪，穿行绿篱。

2）钉、栓、刻、划、攀爬树木。

3）折枝摘花，采集种子、果实。

4）在绿地上堆放物品，挂拉横幅、宣传标语等。

5）放牧、捕鸟、打猎。

6）点火烧荒，焚烧物品，燃放烟花、鞭炮等。

7）其他损害树木、绿地及绿化设施的行为。

（3）园林设施设备管理

1）绿化专用设备、设施、工具等，应指定专人进行管理，及时保养维护，保证园林设备完好。

2）对绿化场地内固定安装的设施，应有安全防范措施。

3）对使用绿化设备、设施的人员进行专业培训，未经专业培训人员严禁上岗，防止因操作不当造成设备、设施损毁，人员伤亡。

（4）绿化维护管理

1）适时浇水、施肥。

2）适时修枝、整形。

3）对损毁花木及时补植。

4）搞好病虫防止工作。

（5）违规处罚办法

蝴蝶园对损害树木，破坏绿地行为的处罚规定如下：

1）攀爬树木，摇晃树木，折断树枝，采摘花草、果实、花籽的，视情节给予批评教育，并按蝴蝶园规定给予罚款。

2）在树上拴绳物、拴铁丝、乱刻乱画、钉挂牌、安装电灯、架设电线，借树搭棚者，按蝴蝶园规定给予罚款。

3）在树下和绿地内挖土，倾倒污水垃圾、损坏草坪者，按蝴蝶园规定给予罚款。

4）剥脱树皮或偷盗树木、花草苗木者，按蝴蝶园规定给予罚款。

5）在树木、绿篱旁，绿地内焚烧树叶、垃圾等杂物者，按蝴蝶园规定给予罚款。

6）造成花草树木损坏者，按所损坏的花草树木价值的3～5倍罚款。

7）对在禁止进入的草坪内打闹、嬉戏、践踏草坪，经劝阻无效者，按蝴蝶园规定给予罚款。

8）对在禁止进入的草坪内停放自行车、儿童车者，按蝴蝶园规定给予罚款。

# 第五章 蝴蝶园经营

蝴蝶园经营既是蝴蝶园管理的重要组成部分，又是蝴蝶园建设和管理的目的所在，是蝴蝶园实现经济目标的唯一途径和手段。蝴蝶园的经营方式、经营过程和经营结果，关系着蝴蝶园的社会形象和蝴蝶园的可持续发展。

蝴蝶园的经营与其他类型公园或风景区的经营有诸多相似之处，主要不同点在于蝴蝶园经营的核心和主题元素是蝴蝶及其蝴蝶文化，其中最具灵魂价值的是活蝴蝶，而活蝴蝶是目前环境条件下，尤其是城市或人口相对密集地区、或生态环境受损比较严重区域的稀缺资源，它稀少、美丽、优雅，生命短暂却绚烂多姿，承载着人们太多的憧憬和梦想，这是其他任何城市公园或旅游风景区所不具备的资源特色。应该说，蝴蝶园的一切经营活动都是直接或间接围绕着蝴蝶以及蝴蝶文化展开的，这也是蝴蝶园的经营特色和核心竞争力的关键所在。

从目前国内外蝴蝶园的经营实践来看，按照现代市场经济的规律和要求，蝴蝶园的经营内容大致可以归结为蝴蝶园营销布局、蝴蝶园园区经营、蝴蝶园产品经营、蝴蝶园品牌经营、蝴蝶园连锁经营和蝴蝶园延伸项目开发六个方面。在实际操作中，也可以根据蝴蝶园的具体情况，如蝴蝶园的区位、规模、体制、布局、项目及服务设置等，对经营内容进行调整、增减或合并。

## 5.1 蝴蝶园营销布局

市场营销是指企业为满足消费者或用户的需求而提供商品或服务的整体营销活动。

蝴蝶园的营销布局就是为了创造、建立和保持与游客之间的互利关系，通过对营销方案的分析、计划、执行和控制，实现蝴蝶园的经营目标。市场营销布局的本质是市场需求管理。因此，根据游客需求的水平、时间和性质的不同，蝴蝶园营销布局的任务也应有所不同。

## 5.1.1　市场调查

市场调查是通过一系列的科学方法收集、整理、分析蝴蝶园的市场信息，掌握蝴蝶园市场发展变化的规律和趋势，从而帮助蝴蝶园确立正确的发展战略。

### 5.1.1.1　市场调查的目的

蝴蝶园市场调查是蝴蝶园市场营销活动的起点。蝴蝶园市场调查的目的，就是运用科学的方法，有目的、有计划地调查、搜集、记录、整理有关蝴蝶园的市场营销信息和资料，分析蝴蝶园市场情况，了解蝴蝶园市场的现状及其发展趋势，为蝴蝶园进行市场预测和制定营销决策提供客观的、可靠的、正确的数据和资料。

### 5.1.1.2　市场调查的内容

（1）市场环境调查

蝴蝶园市场环境调查主要包括蝴蝶园的经济环境、政治环境、社会文化环境、科学环境和自然地理环境等。具体的调查内容可以是市场的购买力水平，经济结构，国家的方针、政策和法律法规，风俗习惯，科学发展动态，气候等各种影响蝴蝶园市场营销的因素。

（2）市场需求调查

蝴蝶园市场需求调查主要包括蝴蝶园潜在游客量调查、游客结构调查、游客收入调查、游客行为调查等，了解游客为什么到蝴蝶园以及游览次数、游览时间、游览习惯及游览体验、感受和评价等。

（3）市场供给调查

蝴蝶园市场供给调查主要包括蝴蝶园项目及服务的营销可能性调查、现有和潜在游客的人数及需求量调查、蝴蝶园的游客容量、实际接待能力以及可能提供的相关服务调查、蝴蝶园市场需求变化趋势调查、本蝴蝶园竞争对手的产品在市场上的占有率、扩大营销的可能性和具体途径调查等。

（4）市场营销因素调查

蝴蝶园市场营销因素调查主要包括：

1）项目调查主要包括市场上同类项目的开发情况、设计情况，游客的使用情况、评价，项目生命周期、项目组合情况等。

2）价格调查主要包括游客对价格的接受情况，对价格策略的反应等。

3）渠道调查主要包括渠道的结构、中间商的情况、游客对中间商的满意情况、网络销售情况及改善意见等。

4）促销活动调查主要包括各种促销活动的效果，如广告实施的效果、人员推销的效果、营业推广的效果和对外宣传的市场反应等。

5）影响蝴蝶园营销的社会和自然因素调查等。

（5）市场竞争情况调查

蝴蝶园市场竞争情况调查主要包括市场规范，总体需求量，市场动向，同行业的市场分布、占有率等。通过对竞争者的调查和分析，了解同类产品的基本情况、价格、竞争手段和策略等，做到知己知彼，通过调查帮助本蝴蝶园确定行之有效的竞争策略。

### 5.1.1.3　市场调查的方法

蝴蝶园市场调查的方法主要有观察法、实验法、访问法和问卷法。

（1）观察法

观察法是社会调查和市场调查研究的最基本方法。它是由调查人员根据调查研究的内容，利用眼睛、耳朵等感官以直接观察的方式对其进行考察并搜集资料。

（2）实验法

实验法由调查人员根据调查的要求，用实验的方式，将调查的对象控制在特定的环境条件下，对其进行观察以获得相应的信息。控制对象可以是蝴蝶园推出的产品、项目、服务、价格、品质等，在可控制的条件下观察市场反映，揭示在自然条件下不易发现的市场规律。

（3）访问法

访问法可以分为结构式访问、无结构式访问和集体访问。

1）结构式访问：是事先设计好的、有一定结构的问卷式访问。调查人员要按照事先设计好的调查表或访问提纲进行访问，要以相同的提问方式和记录方式进行访问，提问的语气和态度也要尽可能保持一致。

2）无结构式访问：没有统一问卷，由调查人员与被访问者自由交谈。它可以根据调查的内容，进行广泛的交流。如针对蝴蝶园门票和产品的价格进行交谈，了解被调查者对价格的看法。

3）集体访问：是通过集体座谈的方式就蝴蝶园的管理和经营情况听取被访问者的想法，收集信息资料。集体访问又可以分为专家集体访问和消费者集体访问。

（4）问卷法

问卷法是指在具体市场调查中，将调查的内容设计成问卷形式，让接受调查的游客将自己对蝴蝶园的意见、答案填入问卷中，以获取所调查对象的信息；或者通过网络问卷调查，直接获得被访游客对蝴蝶园意见的信息。

## 5.1.2　市场分析

蝴蝶园市场分析，就是根据已获得的市场调查资料，运用统计原理，分析蝴蝶园市场及其营销变化。从市场营销角度来看，市场分析既是市场调查的组成部分和必然结果，又是市场预测的前提和准备过程。

### 5.1.2.1 市场分析的目的

（1）把握市场机会

在竞争激烈的市场经济条件下，有利可图的营销机会并不多，只有通过细致的市场调查和分析，蝴蝶园才有可能发现市场机会，对自己的营销策略做出正确的决策，为蝴蝶园的发展创造条件。因此，蝴蝶园必须对市场结构、消费者、竞争者行为进行调查研究，才能正确识别、评价、选择和把握市场机会。

蝴蝶园应该善于通过发现消费者现实的和潜在的需求，寻找各种市场机会。另外，应当通过对各种机会的评估，确定本蝴蝶园最适当的市场机会。

对蝴蝶园市场机会的分析、评估，第一步是聘请专业机构或部门，通过对蝴蝶园市场结构和消费者行为的调查和认识，进行蝴蝶园市场营销环境的研究；第二步是对蝴蝶园自身能力、优势与弱点、市场竞争地位等进行全面、客观的评价；第三步是检查市场机会与蝴蝶园的宗旨、目标与任务的一致性。

（2）控制营销活动

促销活动是蝴蝶园营销布局过程中的主题活动，但是蝴蝶园如何进行促销活动和选择什么样的促销手段，则要特别依靠市场分析工作。比如，蝴蝶园在何时、何地、何种情况下、运用何种广告来宣传自己，就需要进行具体的分析研究。另外，广告向消费者传播以后的效果如何，也要通过分析以后才能得出结论。

蝴蝶园经营中的问题范围很广，造成问题的因素也很复杂，尤其是当许多因素相互交叉作用的时候，市场分析就显得格外重要。只有找到真正的问题所在，才能更好地找出解决这些问题的办法。通过对市场信息的调查、收集、分析和处理，可以真实掌握蝴蝶园与游客之间的供需关系，从而对蝴蝶园的营销策略、营销方法和营销目标做出符合市场规律的调整。

同时，市场分析可以帮助政府有关部门了解市场，为市场进行宏观调控提供服务，从而制订出合理的蝴蝶园扶持政策。

（3）实现预期经济目标

蝴蝶园市场分析的主要目的，就是通过市场调查、供求预测和经济分析，研究蝴蝶园的潜在游客规模、性质、特点、容量、范围等，根据蝴蝶园的市场环境、竞争力和竞争者情况，分析、判断蝴蝶园建成投入使用后可能产生的市场效果以及应该采取怎样的营销战略来实现营销目标，最终提高蝴蝶园的市场影响力和实现蝴蝶园的预期经济效益。

### 5.1.2.2 市场分析的方法

（1）系统分析法

市场是一个多要素、多层次组合的系统，既有营销要素的结合，又有营销过程的联系，还有营销环境的影响。运用系统分析的方法进行市场分析，可以使蝴蝶园管理者从蝴蝶园的整体出发，考虑蝴蝶园的经营发展战略，用实际的、科学的、全面的和发展的观点来客观对待蝴蝶园市场的各种现象，从而做出正确的营销决策。

（2）比较分析法

对任何事物都不能孤立地看待，只有把蝴蝶园与其他事物联系起来加以考察，通过比较分析，才能在众多的属性中找出其本质属性。比较分析法是把两个或两类事物的市场资料相比较，从而确定它们之间相同点和不同点的逻辑方法。

通过对不同蝴蝶园的比较分析，可以帮助本蝴蝶园制订并采取更加富有竞争力的营销策略，达到知己知彼、冷静应对、出奇制胜的目的。

（3）结构分析法

在市场分析中，通过市场调查资料，分析某现象的结构及其各组成部分的功能，进而认识这一现象本质的方法，称为结构分析法。进行结构分析的目的，是帮助蝴蝶园更加全面、更加透彻、更加客观地认识自身、认识竞争对手、认识市场，从而更好地自我调整、自我完善，以获得更加理想的经营效果。

（4）演绎分析法

演绎分析法就是把市场整体分解为各个部分、方面、因素，形成分类资料，并通过对这些分类资料的研究，分别把握事物的特征和本质，然后将这些通过分类研究得到的认识联结起来，形成对蝴蝶园市场整体认识的逻辑方法。严密的逻辑、严密的分析、严密的步骤、严密的操作，自然有利于产生符合规律、符合期望的严密结果，这是蝴蝶园立于不败之地的重要手段之一。

（5）案例分析法

市场分析的理论是从企业的营销实践中总结出来的一般规律，它来源于实践，又高于实践，用它指导企业的营销活动，能够取得更大的经济效果。而蝴蝶园的案例分析，就是以不同蝴蝶园的典型营销案例或同一蝴蝶园在不同时期的典型营销案例为例证，从中找出规律性的东西，以便指导蝴蝶园的未来营销行为，为蝴蝶园赢得更好的经济效益。

（6）定性与定量结合分析法

任何市场营销活动，都是质与量的统一。进行市场分析，必须进行定性分析，以确定问题的性质；也必须进行定量分析，以确定市场活动中各方面的数量关系。只有将两者有机结合起来分析，才能得出既正确又准确的分析结论。在对蝴蝶园进行市场分析的时候，采取定性与定量相结合的分析方法，同样有利于获得既正确又准确的分析结果。

（7）宏观与微观结合分析法

蝴蝶园市场情况是区域经济的综合反映，要了解市场活动的全貌及其发展方向，不但要从蝴蝶园自身的角度去考察，还需从宏观上了解整个国民经济的发展状况。这就要求必须把宏观分析和微观分析结合起来以保证蝴蝶园市场分析的客观性和正确性。

（8）人与物结合分析法

蝴蝶园市场分析的研究对象是以满足消费者需求为中心的蝴蝶园市场营销活动及其规律。作为蝴蝶园营销的具体对象，人是第一位的。因此，要想让游客了解蝴蝶园、接受蝴蝶园产品，既要分析蝴蝶园自身的运行规律，又要分析来自游客方面的不同需求，以便实现二者的有机互动、和谐统一，才能最终保证蝴蝶园经营活动的可持续发展。

（9）直接资料法

直接资料法是指直接运用蝴蝶园本身积累的营销统计资料或其他蝴蝶园、类似风景区的营销统计资料，对这些资料进行比较和分析，寻找并确定下一步符合本蝴蝶园的目标市场。

### 5.1.2.3 市场分析的重点

蝴蝶园市场分析的重点是市场需求分析。大致包括：

（1）负需求

当绝大多数游客对蝴蝶园感到不满意时，市场营销布局的任务就是调整市场营销方案。分析消费者为什么不喜欢该蝴蝶园？不喜欢蝴蝶园的哪些项目设置、经营方式，还是服务态度？并针对目标顾客的需求重新调整项目、计划、定价、服务等，做更积极的促销，或改变顾客对某些产品或服务的信念，把负需求变为正需求，以实现蝴蝶园的经营目的。

（2）无需求

如果目标游客群对蝴蝶园毫无兴趣或漠不关心时，市场营销布局的任务就是充分调动资源，刺激市场需求。通常情况下，市场对蝴蝶园出现下列情况时，会产生无需求：

1）游客认为无价值。

2）游客认为偶尔有价值，但在多数情况下无价值。

3）游客不接受。

4）游客对经营项目或内容不了解、不熟悉。

当蝴蝶园出现上述情况时，管理者的任务是刺激和创造需求，通过有效的促销手段，把蝴蝶园的利益同游客的需求及兴趣进行有机联系，以实现经营目的。

（3）潜伏需求

潜伏需求是指相当一部分游客对蝴蝶园产品有强烈的兴趣，而现有项目或服务又无法使之满足的一种需求状况。在此种情况下，市场营销布局的重点就是准确地分析和衡量潜在游客需求，开发潜在市场，以实现经营目的。

（4）下降需求

当市场对蝴蝶园某些产品的需求呈下降趋势时，市场营销布局的任务就是了解顾客需求下降的原因，通过改进项目或服务，采用更有效的沟通方法来刺激需求、或寻求新的目标市场，扭转需求下降的格局，重振市场，以实现经营目的。

（5）不规则需求

当蝴蝶园产品或服务的市场需求在一年不同季节，或一周不同日子，甚至一天不同时间游客流量上下波动很大时，即出现不规则需求情况时，市场营销布局的任务是对该市场进行协调。比如，在旅游旺季时住宿紧张和短缺，在旅游淡季时房间空闲；节假日或周末时，游客拥挤，在平时游客稀少；交通工具方面，在运输高峰时不够用，在非高峰时则闲置等。在这种情况下，市场营销布局的任务就是通过灵活的定价、促销及其他激励因素，来协调需求的时间模式，以实现经营目的。

（6）充分需求

当蝴蝶园的接待水平和开放时间等于预期的接待水平和开放时间、游客处于满意状态时，是最理想的一种需求状况，市场营销布局的任务就是总结经验，细心呵护，继续巩固和发展已经获得的经营成果。

（7）过量需求

当游客流量超过蝴蝶园规划建设所能承载或容纳的水平时，市场营销布局的任务是通过提高价格、减少促销和服务等方式，也可以选择那些利润较少、要求提供服务不多的游客作为减缓营销的对象，及时降低市场需求。减缓营销的目的不是降低质量、破坏需求，而是暂缓需求水平。

（8）有害需求

当蝴蝶园的游客流量远远超过所能承载或容纳的水平，并出现破坏性行为和事故时，市场营销布局的任务是通过提高价格或减少入园机会等，来控制游客数量、减轻事故损失，消灭有害的需求。

## 5.1.3　市场细分

蝴蝶园的市场细分是指根据市场需求情况、蝴蝶园的自身条件和营销意图、将游客群按不同状态、不同层次、不同类型划分为一个一个范围较小、规模较小但却有某些相似特点和相似需求的子市场的方法。

### 5.1.3.1　细分的意义

将蝴蝶园进行市场细分，是因为在现代市场条件下，游客的需求是多元化的，而且人数多、分布广，蝴蝶园不可能以自己有限的资源满足市场上所有消费者的各种需求。通过市场细分，明确目标市场，蝴蝶园就可以有针对性地向市场上的特定消费群提供自己具有优势的经营项目或服务，这是当今蝴蝶园实现经营目标、确保经营利益最大化的重要手段。

（1）有利于选择目标市场和制定市场营销策略

市场细分后的子市场比较具体，比较容易了解目标消费者的需求，蝴蝶园可以根据自己经营的思想、方针、技术和营销力量，确定自己的服务对象，即目标市场。面对这一相对小的目标市场，便于制订针对性的营销策略。同时，在细分的市场上，信息相对容易了解和反馈，一旦消费者的需求发生变化，蝴蝶园可迅速调整营销部署，以适应市场需求的变化，从而提高蝴蝶园的应变能力和竞争力。

（2）有利于发掘市场机会，开拓新市场

通过市场细分，蝴蝶园可以对每一个细分市场的购买潜力、满足程度、竞争情况等进行分析对比，探索出有利于本蝴蝶园的市场机会，使其根据自身的管理水平、技术条件和营销能力，编制出新项目的开发计划，并进行必要的技术储备，从而掌握市场的主动权。

（3）有利于集中人力、物力投入目标市场

任何一个蝴蝶园的人力、物力、资金都是有限的。通过细分市场，选择了适合自己的目标市场，蝴蝶园就可以集中人、财、物等资源，去争取局部市场上的优势，在取得一定成效、实力得到初步提升之后，再逐步扩大自己的目标市场。

（4）有利于提高经济效益

蝴蝶园通过市场细分后，可以面对自己的目标市场，设计适销对路的项目、产品和服务，既能满足市场需要，又可增加自身收入。同时，适销对路的项目、产品和服务，可以更好地吸引消费者。游客流量的增大，必然有利于降低蝴蝶园的单位管理和销售成本，提高蝴蝶园的经济效益。

### 5.1.3.2 细分的依据

（1）地理因素

不同地区的游客有不同的生活习惯、生活方式、宗教信仰、风俗习惯等偏好，因而对蝴蝶园产品的需求也不尽相同。通过地理细分，可以将市场分为不同的地理单位，比如省、地区、县、市或居民区等。在蝴蝶园的实际经营实践中发现，生活在中国北方地区的人们，比生活在中国南方地区的人们更喜爱蝴蝶，因而对蝴蝶园更感兴趣。

（2）人口因素

1）人口数量：实践证明，在同等条件下，人口分布越密集、数量越大的地区，蝴蝶园的经营效果会好于人口分布稀疏、数量相对较少的地区。

2）年龄结构：青年人和中老年人的消费观念明显不同，青年人花钱大方，追求时尚和新潮刺激；中老年人的要求则相对保守稳健，更追求实用、功效，讲究物美价廉。这在蝴蝶园的项目设置和配套服务上，应当加以考虑。

3）性别结构：相比之下，女性更喜爱蝴蝶，因而对蝴蝶园更感兴趣。

4）收入水平：根据收入水平可以把市场分为高收入层、白领阶层、工薪阶层、低收入群体等，针对不同收入人群，蝴蝶园所提供的项目和服务也必须有所差别。

5）教育结构：教师、大中小学生、文化人以及摄影爱好者，似乎对蝴蝶和蝴蝶园更加偏爱。

（3）心理因素

1）社会阶层：由于不同的社会阶层所处的社会环境、成长背景不同，兴趣偏好也不同，对产品或服务的需求也不尽相同。美国营销专家菲利浦·科特勒将美国划分为七个阶层：

① 上上层：即继承大财产，具有显赫家庭背景的社会名流。

② 上下层：即在职业或生意中具有超凡活力而获得较高收入或财富的人。

③ 中上层：即对其"事业前途"极为关注，且具有理想职业、获得殷实收入的

人，比如独立企业家和公司经理等。

④ 中间层：拥有较高中等收入的技术或技能的白领和蓝领工人。

⑤ 劳动阶层：拥有普通中等收入和劳动阶层生活方式的蓝领工人。

⑥ 下上层：工资低、生活水平处于贫困线以上、追求财富但无技能的人。

⑦ 下下层：贫困潦倒，常常失业，长期靠公众或慈善机构救济的人。

由此可见，不同社会阶层在对待相同市场现象或不同市场现象时，其心理反应和消费倾向肯定不尽相同。即便相同的社会阶层在对待相同市场现象或不同市场现象，其心理反应和消费倾向也肯定不尽相同。因此，在进行蝴蝶园市场细分时，必须考虑不同社会层次的心理因素影响。

2）生活方式：生活方式的选择取决于人们的心理状态。追求时尚、欣赏自然者，显然比因循守旧、行为保守者对蝴蝶和蝴蝶园更感兴趣。

3）游客个性：个性是一个人心理特征的集中反映，个性不同的消费者往往有不同的兴趣偏好。游客在是否选择蝴蝶园这一旅游产品时，其性格因素也会起到很大作用。

（4）行为因素

行为因素会影响市场细分，是因为消费者对蝴蝶园的了解、认知、消费体验及其反应不同，需求自然不同。这方面影响细分的因素主要有：

1）时机：游客准备赴蝴蝶园游览行动产生的机会，如结婚时、节假日等。

2）感受：游客尝试新奇、新鲜的冲动。

3）追求：游客对于时尚、炫耀的追求。

4）态度：游客采取的热情、肯定、漠不关心、否定或敌视等行为。

5）程度：游客表现的不了解、听说过、有兴趣、希望看看等兴趣程度。

6）频率：相同时间内游客到蝴蝶园消费的次数。

### 5.1.3.3　细分的方法

（1）选定市场范围

即选择特定的目标消费群，根据其专门的消费需求，制订蝴蝶园的营销方案。

（2）列举潜在客户的基本需求

通过市场调查，了解潜在游客对蝴蝶园经营项目及其相关服务的基本需求。这些需求可能包括安全、方便、合理、有趣、舒适、廉价、安静等。

（3）了解不同潜在客户的不同需求

对于以上列举出来的游客对蝴蝶园经营项目及其相关服务的基本需求，不同顾客强调的侧重点可能会存在差异。比如有的游客更加侧重有趣，有的游客更加侧重方便，有的游客更加侧重安静等。

（4）抽掉潜在顾客的共同要求

比如安全、快乐等，而以特殊需求，比如浪漫作为细分标准。

（5）赋予子市场名称

根据潜在客户基本需求差异，将其划分为不同的群体或子市场，赋予每一子市场一定的名称，并采取针对性的营销策略。例如，学生市场、特殊儿童市场、新婚者市场等。

（6）确定子市场范围

进一步分析每一细分市场需求与消费的行为特点、消费原因，以便在此基础上决定是否可以对这些细分出来的市场进行合并，或作进一步细分。

（7）制订营销方案

估计每一细分市场的规模，即游客数量、消费频率等，对细分市场上的产品竞争状况及发展趋势作出分析，制订出蝴蝶园的具体营销方案。

### 5.1.3.4　目标市场的确定

评估蝴蝶园细分市场的核心是确定细分市场的实际容量。评估时主要考虑三个方面的因素：细分市场的规模、细分市场的内部结构吸引力和蝴蝶园的自身资源条件。

（1）细分市场的规模

蝴蝶园的潜在细分市场要具有适度需求规模和规律性的发展趋势。潜在需求规模是由潜在消费者的数量、购买能力、需求弹性等因素决定的。一般来说，潜在需求的规模越大，细分市场的实际容量也越小。但是，对蝴蝶园而言，细分市场的容量并非越大越好，"适度"最重要。一般来说，市场规模越大，需要投入的资源越多，大型蝴蝶园的吸引力也就越大，竞争也就越激烈。因此，对于小型蝴蝶园而言，选择不被大型蝴蝶园看重的较小细分市场，反而是上策。

（2）细分市场的内部结构吸引力

细分市场内部结构的吸引力，取决于该细分市场潜在的竞争力。竞争者越多，竞争越激烈，该细分市场的吸引力就越小。通常，有五种力量决定了细分市场的竞争状况：

1）同行业的竞争品牌。

2）潜在的新参加的竞争品牌。

3）替代品牌。

4）品牌产品消费者。

5）核心技术提供者。

这五种力量从供给方面决定细分市场的潜在需求规模，从而影响蝴蝶园细分市场的实际容量。

（3）蝴蝶园的自身资源条件

决定细分市场实际容量的最后一个因素是蝴蝶园自身的资源条件，也是关键性的一个因素。蝴蝶园的品牌经营是一个系统工程，有长期目标和短期目标，其行为是计划的战略行为，每一步发展都是为了实现其长远目标服务的，进入一个子市场只是蝴蝶园发展的一个步骤。因此，虽然某些细分市场具有较大的吸引力，有理想的需求规模，但如果和蝴蝶园的长期发展目标不一致，也应放弃进入。另外，即使和蝴蝶园的目标相符，但由于技术资源、财力、人力资源的局限，有可能无法保证该细分市场的成功，则蝴蝶园也应选择放弃。

### 5.1.3.5　目标市场的进入

通过评估，蝴蝶园经营者会发现一个或几个值得进入的细分市场，这也就是应该选择的目标市场。选择之后，关键就是如何进入。下面提供进入目标市场的五种方式，以供参考。

（1）集中进入方式

蝴蝶园可以在一定时间集中所有的力量，在一个目标市场上进行品牌经营，以满足该市场的需求，在获得成功后再进行品牌延伸。集中进入的方式有利于节约成本，以有限的投入突出品牌形象，但风险也比较大。

（2）有选择的专门化

如果经营者选择的是若干个目标市场，并在几个市场上同时开展营销活动，这些市场之间或许很少或根本没有联系，则蝴蝶园有可能在每个市场上都能获利。这种进入方式有利于分散风险，即使蝴蝶园在某一市场失利也不会全盘皆输。

（3）专门化进入

专门化进入是蝴蝶园集中资源以满足某个专门消费群的各种需要的营销方式。例如，蝴蝶园针对学生市场的科普教育及蝴蝶标本制作项目、针对婚庆市场的蝴蝶放飞及相关服务项目等。

（4）无差异进入

无差异进入是指蝴蝶园对各细分市场之间的差异忽略不计，只注重各细分市场之间的共同特征，推出一个品牌，采用一种营销组合来满足整个市场上大多数消费者的需求。无差异进入往往采用大规模促销和轰炸式广告的办法，以达到快速树立蝴蝶园品牌形象的效果。

无差异进入的策略能降低蝴蝶园的经营成本和广告费用，不需要进行细分市场的过多调研和评估。但是风险也比较大，毕竟在现代要求日益多样化、个性化的社会，以一种产品、一个品牌满足大部分需求的可能性很小。

（5）差异性进入

差异性进入是针对蝴蝶园有多个细分子市场为目标市场，分别设计不同的产品、提供不同的营销组合，以满足各子市场的不同需求的进入方式。

差异性进入由于针对的是特定目标市场的需求，成功的概率更高，能取得更大的市场占有率，但相对来说，其营销成本也比无差异进入要高。

## 5.1.4　市场营销战略

战略是确定蝴蝶园长远发展目标，并指出实现长远目标的策略和途径。战略确定的目标，必须与蝴蝶园的宗旨和使命相吻合。战略是一种思想，一种思维方法，也是一种分析工具，一种较长远和整体的计划规划。

市场营销战略是基于蝴蝶园既定的战略目标以及向市场转化过程中必须要关注的客户需求的确定和市场机会的分析。对于蝴蝶园自身优势的分析、自身劣势的反思、市场竞争因素的考虑、可能存在问题的预测、团队培养和提升等综合因素的思考，最终决定了蝴蝶园的市场营销战略，指导蝴蝶园在现代市场营销观念下，为了实现其经营目标，对一定时期内市场营销发展提出总体设想和规划。

由于营销在蝴蝶园经营中的突出战略地位，对于保证蝴蝶园总体战略的实施起着关键作用。所以，蝴蝶园的市场营销战略作为一种重要战略，其主旨是提高蝴蝶园营销资源的利用效率，使蝴蝶园资源的利用效率最大化。

### 5.1.4.1 战略目标

蝴蝶园的市场战略目标应包括：

（1）量的目标：如蝴蝶园年游客流量、利润额、市场占有率等。

（2）质的目标：如提高蝴蝶园形象、竞争力、竞争优势、知名度、顾客满意度等。

（3）其他目标：如新市场开拓、新项目的开发、新促销手段等。

### 5.1.4.2 战略步骤

（1）分析市场机会。

（2）选择目标市场。

（3）确定市场营销策略。

（4）市场营销活动管理。

### 5.1.4.3 战略的基本构成

（1）市场营销目标

包括蝴蝶园长期战略规划，中、短期战略计划，既要确定蝴蝶园的发展方向和目标，又要有蝴蝶园具体的市场营销计划和具体实施战略计划的目标。

（2）市场营销组织

蝴蝶园的营销计划需要有一个强有力的营销组织来执行，需要组建一个高效的营销组织结构，需要对组织人员实施筛选、培训、激励和评估等一系列管理活动。

（3）市场营销控制

在蝴蝶园营销计划实施过程中，需要控制系统来保证蝴蝶园市场营销目标的实现。营销控制包括蝴蝶园年度计划控制、蝴蝶园盈利控制、蝴蝶园营销战略控制等。

### 5.1.4.4 战略的基本内容

（1）创新战略

创新是知识经济时代的灵魂。知识经济时代为蝴蝶园的创新提供了极好的外部环境。创新作为蝴蝶园营销的基本战略，主要包括以下几个方面：

1）观念创新：知识经济对人类旧的传统观念是一种挑战，也对现代营销观念进行着挑战。为了适应新的经济时代，使创新战略卓有成效，必须树立新观念，即以观念创新为先导，带动其他各项创新齐头并进。首先要正确认识和理解知识的价值。知识不仅是蝴蝶园不可缺少的资源，也是蝴蝶园发展的真正动力源。同时，在市场经济条件下，知识本身又是商品，也具有价值。其次，要有强烈的创新意识，自觉地提高创新能力。不创新，只能是山穷水尽，走绝路；创新是提高蝴蝶园市场营销竞争力的最根本最有效的手段。营销创新不是蝴蝶园个别人的个别行为，而是涉及蝴蝶园全体员工的有组织的整体活动。

2）组织创新：组织创新包括蝴蝶园的组织形式、管理体制、机构设置、规章制度等广泛内容，它是蝴蝶园营销创新战略的保证。例如，在组织形式上，许多蝴蝶园还没有完成现代公司制的改造，传统的组织形式在某种程度上成为蝴蝶园创新的阻力。机构设置的不合理、分工过细，都不利于创新。

3）技术创新：随着科技进步的加快，新技术不断涌现，技术的寿命期趋于缩短，技术创新是蝴蝶园营销创新的核心。一般来说，大中型蝴蝶园都要有自己的研究开发机构。要不断开发新技术，满足顾客的新需求，即使是对传统产品，也要增加其技术含量。

4）产品创新：蝴蝶园的技术创新最后要落实到产品创新上，包括项目和服务。由于技术创新频率加快，新产品的市场寿命期也越来越短。

5）市场创新：市场是复杂多变的。消费者的需求是客观存在的。蝴蝶园营销者要善于捕捉市场机会，发现消费者新的需求，寻求最佳的目标市场。我国现在有许多蝴蝶园不注重市场细分，看不到消费者需求的差异性，因而在市场创新中缺乏针对性，导致营销效果和竞争力的降低。在市场创新中，要在科学细分市场的基础上，从对消费者不同需求的差异中找出创新点，这是至关重要的。

总之，在知识经济的时代，创新战略是蝴蝶园生存发展的生命线。在创新战略中，观念创新是先导，组织创新是保证，技术创新是核心，产品创新是关键，市场创新是归宿。

（2）人才战略

创新是知识经济时代的灵魂和核心，但创新要高素质的人才才能实现。知识经济时代，知识和能力是主要资源；知识和能力的载体是人。知识经济时代的竞争，其实质是人与人的竞争，是人的知识、智力、智能的竞争，是人的创新能力、应变能力、管理能力与技巧等综合素质的竞争。因此，蝴蝶园管理者要牢固树立人才本位思想。由于新时代的知识更新节奏加快，对于个人来说，要树立终身学习观念；对单位来说，要树立全员培训观念。

（3）文化战略

蝴蝶园文化包括蝴蝶园的经营观念、企业精神、价值观念、行为准则、道德规范、企业形象以及全体员工对蝴蝶园的责任感、荣誉感等。它不仅是提高蝴蝶园凝聚力的重要手段，同时，又以蝴蝶园企业精神为核心，把员工的思想和行为引导到蝴蝶园的确定发展目标上来，并通过对蝴蝶园所形成的价值观念、行为准则、道德规范等，以文字或社会心理方式对蝴蝶园员工的思想、行为施加影响、控制。价值观是蝴蝶园文化的基石。蝴蝶园的成功与否，关键在于全体员工能否接受并执行其组织的价值观。

蝴蝶园文化战略的特殊重要性，主要在于所依赖的知识和智慧资源，不同于传统经济所依赖的土地、劳动力与资本资源，它是深埋在人们头脑中的资源。知识和智慧的分享是无法捉摸的活动，上级无法监督，也无法强制，只有员工自愿并采取合作态度，他们才会贡献智慧和知识。这是蝴蝶园在制定文化战略时应着重思考的问题。

（4）形象战略

现代社会，消费者对简单的产品广告和销售信息等，已经感到越来越麻木，很难引起消费者的有效注意和识别，更谈不上留下什么深刻印象。在此情形下，这一蝴蝶园与其他蝴蝶园以及相似风景区间的竞争，必然越来越集中到形象的竞争上。蝴蝶园的形象战略就是利用各种手段，通过网络、电影、电视、广告、报纸、杂志、标语等综合手段，不断提高自身声誉，创立自身名牌，使游客根据蝴蝶园的"名声"和"印象"，选择是否进入蝴蝶园消费。

## 5.1.5　市场营销计划

蝴蝶园的市场营销计划，是指蝴蝶园对营销目标以及实现这一目标所应采取的策略、措施和步骤的明确规定和详细说明，是在蝴蝶园市场营销环境调研分析的基础上，制订的关于蝴蝶园实施市场营销行为的战术计划。营销战略是解决如何"做正确的事"，营销计划则是解决如何"正确地做事"。在蝴蝶园的实际经营实践中，营销计划往往碰到无法有效执行的情况，一种情况是营销战略不明确，营销计划只能是"雾里看花"；另一种情况则是营销计划不实际，不能将营销战略转化为有效的营销战术。由此可见，蝴蝶园营销计划充分发挥作用的基础是正确的蝴蝶园营销战略。但是，从另一个角度来看，一个完美的战略可以不必依靠完美的战术，而完美的战术则可以弥补战略的欠缺。这也正是蝴蝶园市场营销计划的又一层含义。

### 5.1.5.1　计划的类型

（1）按计划时间的长短划分

可分为长期营销计划、中期营销计划和短期营销计划。

1）长期计划：期限一般为5年以上，主要是确定蝴蝶园未来营销工作发展方向和奋斗目标的纲领性计划。

2）中期计划：期限一般为1～5年，主要明确蝴蝶园未来几年内营销工作的奋斗目标和实施方案。

3）短期计划：期限通常为1年，如年度计划，主要明确蝴蝶园在一年内营销工作所要完成的具体目标和实施方案。

（2）按计划涉及的范围划分

可分为总体营销计划和专项营销计划。

1）总体营销计划：指蝴蝶园营销活动的全面、综合性计划。

2）专项营销计划：指针对蝴蝶园某一具体内容而制定的计划，如品牌计划、渠道计划、促销计划、定价计划等。

（3）按计划的程度划分

可分为营销战略计划、营销策略计划和营销执行计划。

1）营销战略计划：指针对蝴蝶园将在未来市场占有的地位及采取的措施所做的策划。

2）营销策略计划：指针对蝴蝶园营销活动的某一方面所做的策划。

3）营销执行计划：指针对蝴蝶园各项营销活动的具体执行性计划。比如一项蝴蝶园促销活动，需要对活动的目的、时间、地点、活动方式、费用预算等做具体计划。

### 5.1.5.2　计划的内容

（1）计划概要

计划概要是对蝴蝶园的主要营销目标和措施的简短摘要，目的是使蝴蝶园上级或高层主管迅速了解该计划的主要内容，抓住计划的要点。例如，本年度计划实现销售额2000万元，利润目标为200万元，比上年增加10%；这个目标经过改进服务、灵活定价、加强广告和促销努力，是能够实现的；为达到该目标，今年的营销预算要达到100万元，占计划销售额的5%，比上年提高12%等。

（2）营销状况分析

这部分主要提供与蝴蝶园市场、产品、竞争以及宏观环境因素有关的背景资料。具体内容有：

1）市场状况：列举蝴蝶园目标市场的规模及其成长性的有关数据、游客的需求状况等。

2）产品状况：列出蝴蝶园产品组合中每一个品种近年来的销售价格、游客量、成本、费用、利润率等方面的数据。

3）竞争状况：识别出蝴蝶园的主要竞争者，并列举竞争者的规模、目标、市场份额、产品质量、价格、营销战略及其他的有关特征，以了解竞争者的意图、行为，判断竞争者的变化趋势。

4）营销渠道：描述蝴蝶园产品所选择的营销渠道的类型及其在各种分销渠道上的营销计划、游客数量。

5）宏观环境：主要对蝴蝶园宏观环境的状况及其主要发展趋势做出简要的介绍。包括人口环境、经济环境、技术环境、政治环境、法律环境、社会文化环境，从中判断蝴蝶园某种具体产品的命运。

（3）机会与风险分析

1）对计划期内蝴蝶园营销所面临的主要机会和风险进行分析。

2）对蝴蝶园营销资源的优势和劣势进行分析。

3）在机会与风险、优劣势分析的基础上，对在该计划中所必需注意的主要问题进行分析。

（4）拟定营销目标

拟定营销目标是蝴蝶园营销计划的核心内容，是在市场分析基础上对蝴蝶园的营销目标作出决策。计划应建立财务目标和营销目标，目标要用数量化指标表达出来，要注意目标的实际、合理，并应有一定的开拓性。

1）财务目标：即确定蝴蝶园每一个战略业务单位的财务报酬目标，包括投资报酬率、利润率、利润额等指标。

2）营销目标：财务目标必须转化为营销目标。营销目标包括门票收入、游客量、游客增长率、市场份额、综合收入等。

（5）确定行动方案

确定行动方案就是对蝴蝶园各种营销活动制订详细的操作方案。具体需要阐述以下问题：将做什么、何时开始、何时完成、谁来做、成本是多少等。整个行动计划可以列表加以说明，表中具体说明每一时期应执行和完成的活动时间安排、任务要求和费用开支等，使整个营销计划落实于具体行动，并能循序渐进地贯彻执行。

（6）开展营销预算

营销预算即开列一张实质性的蝴蝶园预计损益表，在收益的一方要说明预计的游客量及门票等销售收入，预计销售收入总额；在支出的一方列出成本开支、成本折旧和营销费用，以及再细分的明细支出，预计支出总额。最后得出预计利润，即收入和支出的差额。蝴蝶园的营销预算报总经理审批后，作为整个蝴蝶园开展营销活动的依据。

（7）进行营销控制

进行营销控制即对蝴蝶园营销计划的执行情况进行检查和控制，用以监督计划的进程。为便于监督检查，具体做法是将计划规定的营销目标和预算按月或季分别制定，营销主管每期都要审查蝴蝶园各部门的业务实绩，检查是否完成实现了预期的营销目标。凡未完成计划的部门，应分析问题原因，并提出改进措施，以争取实现预期目标，使蝴蝶园营销计划的目标任务都能落到实处。

## 5.1.6　市场营销组织

### 5.1.6.1　营销策略

（1）功效优先策略

蝴蝶园市场营销第一位的策略是功效优先策略，即要将蝴蝶园这一旅游产品的实际功能视为影响营销效果的第一因素，并优先考虑其质量及功效。蝴蝶园的各个部门和项目，也要将其工作质量和效果作为影响蝴蝶园综合营销成效的优先考虑因素。

（2）价格适众策略

价格的定位，是影响蝴蝶园营销成败的重要因素。对于求实、求廉心理很重的消费者而言，价格高低直接影响着他们的消费行为。所谓适众，一是蝴蝶园的门票价位要得到目标消费群的认同；二是蝴蝶园的价值要与同类型风景区的价值相当；三是确定销售价格后，所得利润率要与经营相似产品的众多经营者相当。

（3）品牌提升策略

品牌提升策略，就是不断改善和提高蝴蝶园的建设和管理水平，通过各种形式的宣传，提高蝴蝶园的知名度和美誉度的策略。提升品牌，既要求量，同时更要求质。

求量，即不断扩展知名度；求质，即不断提高美誉度。

（4）刺激源头策略

刺激源头策略，就是将蝴蝶园游客视为营销的源头，通过营销活动，不断刺激游客的消费需求及欲望，实现最大限度地服务消费者的策略。

（5）现身说法策略

现身说法策略，就是用真实的人游览蝴蝶园的真实体验的事实作为案例，通过宣传向其他游客进行传播，达到刺激游客消费欲望的策略。通常利用现身说法策略的形式有小报、宣销活动、案例电视专题等。

（6）媒体组合策略

媒体组合策略，就是将宣传蝴蝶园的各类广告媒体按适当的比例合理地组合使用，树立和提升蝴蝶园的形象，刺激游客的消费欲望。

（7）单一诉求策略

单一诉求策略，就是根据蝴蝶园的功能和特征，选准消费群体，准确地提出最能反映项目特色，又能让消费者满意的诉求点。

（8）终端包装策略

终端包装策略，就是根据蝴蝶园的功能和特点，在游客比较集中的时间和场合，直接同游客进行交流，进行各种形式的宣传。终端包装策略的主要形式有：

1）在终端，也就是游览点张贴介绍蝴蝶园的宣传画。

2）在终端拉起宣传蝴蝶园的横幅。

3）在终端悬挂印有蝴蝶园以及主要项目的广告牌等。

4）与终端员工进行情感沟通，影响员工，提高一线管理者对蝴蝶园具体项目和服务的宣传、介绍、推荐的主动性和积极性。

（9）网络组织策略

组织蝴蝶园适度规模且稳定的营销队伍，最好的办法就是建立蝴蝶园营销网络组织。网络组织策略，就是根据营销的区域范围，建立稳定有序的、相互支持协调的、遍布全域范围的各级营销网点，包括单位和个人。

（10）动态营销策略

动态营销策略，就是要根据市场中各种要素的变化，不断调整营销思路、改进营销措施，使蝴蝶园的各种营销活动动态地适应市场变化。动态营销策略的核心是掌握市场中各种因素的变化，而要掌握各种因素的变化就要进行深入细致的市场调研。

### 5.1.6.2　营销组合

影响蝴蝶园营销有两类因素：一类是蝴蝶园外部环境给蝴蝶园带来的机会和威胁，这些是蝴蝶园自身很难控制的；另一类则是蝴蝶园内部环境和资源条件带来的机会和干扰，这些是蝴蝶园自身可以控制的。因此，蝴蝶园的营销组合主要着眼蝴蝶园本身的可控因素。归纳起来有以下三个方面：

（1）产品组合：包括蝴蝶园的产品（包括项目和服务）发展、产品计划、产品设计、产品周期等决策的内容。其影响因素包括产品的特性、质量、外观、附件、品牌、商标、包装、服务等。

（2）价格组合：包括确定蝴蝶园的门票价格、年票价格、单体项目价格、单项服务价格以及制定产品价格的原则与技巧等内容。其影响因素包括分销渠道、区域分布、中间商、宣传方式、交通方式等。

（3）促销组合：指蝴蝶园如何调动游客的消费积极性，以实现扩大蝴蝶园销售的策略。其影响因素包括广告、人员推销、宣传、营业推广、公共关系等。

上述三个方面组合起来就是市场营销组合。市场营销组合的基本指导思想是：从制订产品策略入手，同时制订价格和开展促销，组合成策略总体，以便达到以合适的产品、合适的价格、合适的促销方式扩大蝴蝶园的营销规模、提高蝴蝶园的经营业绩的目的。蝴蝶园经营的成败，在很大程度上取决于这些组合策略的选择和它们的综合运用效果。

### 5.1.6.3　促销手段

（1）反时令促销法

蝴蝶园属于生态观光旅游产品，与其他许多生态观光旅游产品一样，具有明显的季节性和淡旺季之分。通常，旅游产品在旅游旺季时往往十分畅销，在旅游淡季时常常惨淡经营。但现在有些旅游区开始推出反季节项目，反其道而行之，取得了意想不到的效果。比如时值暑夏，却推出室内冰雪项目。蝴蝶园恰好相反，它能在天寒地冻的时节，营造出春暖花开、彩蝶纷飞的效果。这就是人们常说的"反时令促销"。

（2）独次促销法

按照一般规律，大多数商家的经营原则都是必须赚回能赚到的利润。但意大利著名的莱尔商店却相反，采取独次销售法。这个商店对所有的商品仅出售一次，就不再进货了，即使十分热销也忍痛割爱。表面上，这家商店损失了许多唾手可得的利润，但实际上商店因所有商品都十分抢手而加速了商品的周转，赢得了更大的利润。这是因为商店抓住了顾客"物以稀为贵"的心理，给顾客造成一种强烈的印象，顾客认为该商店销售的商品都是最新的，机不可失，失不再来，切不可犹豫。其实，对蝴蝶园的具体项目或服务而言，完全可以参照这种促销方法。

（3）翻耕促销法

翻耕促销法是指以售后服务形式招揽顾客的促销方法。比如在曾经来蝴蝶园游览观光的游客中，按适当比例选择一些登记其姓名、地址、联系电话等，然后，通过预约访问或发调查表的形式，了解顾客过去在本蝴蝶园消费时的感受，征求他们对蝴蝶园或具体项目和服务改进的意见，并附带介绍新的项目和服务。这样做的目的在于增加老顾客对蝴蝶园的好感，并欢迎再次光顾，往往能收到奇效。这种促销方式关键在于建立完善的客户管理系统，能与客户保持经常性的交流和沟通。

（4）降价促销法

降价促销就是采取阶段性降低蝴蝶园门票价格的方式，或者针对具体消费群体降低蝴蝶园门票的方法，迎合游客的心理，吸引游客的光顾。在这种情况下，降价只是手段，提升人流量、增加蝴蝶园的整体收入才是目的。

（5）每日低价促销法

每日低价促销法就是蝴蝶园每天推出低价项目或优惠服务项目，以吸引游客的光顾。它与主要依靠降价促销手段以扩大销售有很大不同，由于每天都有低价项目，所以是一种相对稳定的低价策略。通过这种稳定的低价使游客对蝴蝶园增加信任，节省促销的人力成本和广告费用，使蝴蝶园在竞争中处于有利地位。值得注意的是，低价项目的价格至少要低于正常价格的20%～50%，否则对游客不构成吸引力，达不到促销的目的。

（6）展会促销法

展会促销法就是利用各种形式的博览会、展销会、展示会、推介会等，向广大经销商、旅行社、中介机构以及群众展示蝴蝶园项目，已达到推荐、宣传、促销蝴蝶园的目的。截至目前为止，仅中国林业科学研究院资源昆虫研究所就携蝴蝶园项目先后参加了2007年12月在北京举办的"第一届中国国际林业博览会"、2008年10月在广西南宁举办的"中国-东盟现代农业展示交易会"、2009年11月在广东深圳举办的"中国高新技术成果交易会"和2011年11月在浙江义乌举办的"第二届中国国际林业博览会"，均获得圆满成功。

## 5.1.7　市场营销控制

蝴蝶园的市场营销控制，就是保证蝴蝶园市场营销计划得以完成的一系列手段和措施。概括来说，就是蝴蝶园用于跟踪营销活动过程的每一个环节、确保能够按照营销计划目标运行而实施的一套完整的工作程序。要求蝴蝶园的管理者经常检查市场营销计划的执行情况，看看计划与实际是否一致，如果不一致或没有完成计划，就要找出原因所在，并采取适当措施和正确行动。

### 5.1.7.1　年度计划控制

蝴蝶园年度计划控制，是指在本年度内通过调查、跟踪，掌握蝴蝶园营销计划的落实和营销活动的组织情况，针对其中的偏误部分及时采取调整和纠正措施，控制蝴蝶园的市场营销活动的结果，以便达到或超过预期年度计划目标的营销布局行为。

### 5.1.7.2　盈利控制

盈利控制是分析年度计划控制以外的蝴蝶园各个项目、服务及赢利点、收入来源、成本支出的实际情况，评估其获利能力，从而指导蝴蝶园扩大、缩小或者取消某些项目或服务的营销布局行为。

### 5.1.7.3　效率控制

效率控制是分析出蝴蝶园在特定项目或服务的游客市场活力不高的原因，从而采取更有效的方法提高广告、促销和分销等工作效率的营销布局行为。

#### 5.1.7.4 战略控制

战略控制则是更高层次的蝴蝶园市场营销控制，通过审视蝴蝶园的营销战略、营销计划和营销实践，本着实事求是的原则，评估其是否切合市场实际、符合市场规律、抓住市场机会、同市场营销环境相适应等，然后进行战略性调整的营销布局行为。

## 5.2 蝴蝶园园区经营

### 5.2.1 盈利模式

蝴蝶园的盈利模式是指蝴蝶园在市场竞争中特有的赖以盈利的收入来源以及对应的业务结构。简单地说，就是蝴蝶园的盈利渠道及构成，即：

(1) 蝴蝶园门票收入。

(2) 蝴蝶园特设项目收费收入。

(3) 活蝴蝶销售收入。

(4) 蝴蝶标本及工艺品销售收入。

(5) 蝴蝶旅游及文化产品销售收入。

(6) 蝴蝶放飞综合服务收入。

(7) 蝴蝶园各种专项活动收费收入。

(8) 蝴蝶园餐饮消费收入。

(9) 蝴蝶园宾馆接待收入。

(10) 蝴蝶园场地租赁收入等。

### 5.2.2 票务管理

蝴蝶园的票券，包括蝴蝶园大门票、各景点票、项目票、专项活动票或专门服务票等，它们是蝴蝶园各项经济活动的重要凭证，共同构成了蝴蝶园的各种收入方式和来源。

蝴蝶园的票务管理，则是对蝴蝶园所有有价票券设计、印制、保管、发放、使用、监督、统计等一系列活动所实施的管理行为。

#### 5.2.2.1 票务管理原则

(1) 从严管理的原则

票券是有价证券，是蝴蝶园经济活动的重要凭证，票务工作是蝴蝶园管理的重要方面，因此必须坚持严格管理的原则，即制度化、规范化。

(2) 票款分离的原则

为了确保蝴蝶园票券的安全和有序管理，实行票、款分开，管用分离的原则。

（3）便于监督的原则

蝴蝶园票券从设计、印制、保管、发放、使用到财务管理，每个环节要建立各负其责、互相监督、方便使用的工作机制。

### 5.2.2.2　票务管理机制

（1）领导负责

蝴蝶园应确定一名主要领导分工负责蝴蝶园票务工作。

（2）部门主管

由蝴蝶园办公室或指定部门主管蝴蝶园票务工作。

（3）专人管理

蝴蝶园应安排专职票务管理人员管理蝴蝶园票务工作。其职责是：

1）票券的设计与印制。

2）票券的保管与发放。

3）票券使用中的检查与监督。

（4）售验分设

根据具体情况，配备相应的售票员与验票员。售票员与验票员应分开设立。

### 5.2.2.3　票券设计与印制

（1）票券式样

蝴蝶园票券的式样一般由主票、副券、存根组成，存根联的内容应符合发票管理的有关规定（见图5-1）。

主票，通常就是蝴蝶园的大门票，其设计图案应与蝴蝶园的景观、文化和活动内容相协调，票面必须标明票名、编号、金额、使用期限、副券、存根等。字型用色要讲究艺术效果，以利游人留存纪念。

（2）票券印制

蝴蝶园票券应交指定承印企业印制，套印"全国统一发票监制章、地方税务局监制"字样。

对市物价部门已经批准的各项收费标准，不得擅自变动。如需调整或新添售票项目时，必须按程序报批。

蝴蝶园印制各种票券必须与印刷厂家签订正式合同，并经主管领导批准。

票券上加印广告的，广告图案要求设计美观，不能喧宾夺主，影响票券的正常使用。广告内容应与蝴蝶园氛围相协调，不得有宣传封建迷信、烟、酒、黄色以及其他国家法律、法规禁止的内容。

### 5.2.2.4　票券保管与发放

（1）设立票券专库

蝴蝶园票券库房应具备防盗、防火、防腐、防潮等条件。各种票券在库内应分类

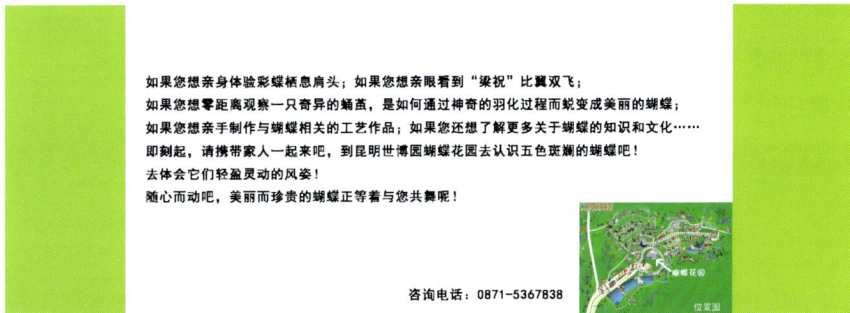

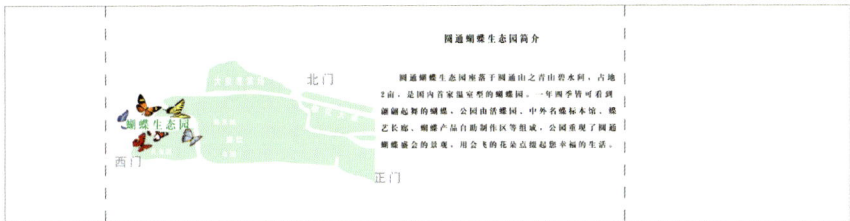

图5-1
各种各样的蝴蝶园门票

上架，码放清楚、整齐。

（2）设立票券账目

蝴蝶园的各种票券要按明细类别建立总账、分类账，并按领票人员分别建立明细账。票券入、出库及交款结账要单据齐全，账实相符。

（3）票券登记造册

1）蝴蝶园各种票券的启用、停用必须登记造册，并经蝴蝶园主管领导签字批准。

2）对废旧票进行销毁、重新启用或改做赠票以及他用的，也必须登记造册，并经蝴蝶园主管领导签字批准。

3）销毁票证至少应由两个部门监销人员签名。

（4）票券发放与核查

蝴蝶园的票券发放应减少环节或层次，由票券专管人员直接受理每个售票员领票单，售票员根据需要填写领票单，并直接向票库领票。

领票单一式三联：票管员、财务、售票员各一联。

财务部应根据领票单定期核查。

（5）票券交款管理

售票员按售票日填写售票交款单（三联）到财务部交款，财务部收款后在售票交款单上加盖名章及收款公章，并留一联入账，售票员留存根一联备查，另一联交票管员作为销票依据。

每售票日各售票处（点）的票款除按规定留存找零现金外，其余均应送交财务部。留存找零现金以及尚未出售的各种票券，均应存放于保险柜内，并设专职人员值班。

### 5.2.2.5　票券使用管理

（1）相关规定

1）蝴蝶园所售各类票券，应严格按照当地政府物价部门规定，在各售票窗口明码标价。

2）售票员唱收唱付，票款当面点清。

3）售票按不同岗位分别限定出错率要求；长短款要据实登记，长款上交，短款自补；大额错款，必须立即报告上级。

4）严禁出售回笼票及其他违反财经纪律的行为。

5）验票员必须当游客面即验即撕，一律不准保留全票。

6）办公室、财务部、经营部应定期或不定期对票务工作进行检查和抽查。

（2）凭票入园

1）蝴蝶园及各景点和活动，一律凭有效票证入内或参加，杜绝偷漏票。

2）旅游团队到蝴蝶园内饭店就餐，凭蝴蝶园管理部门统一印制的入园单入园，单上注明人数，出园时加盖餐厅业务章，每月蝴蝶园与餐厅核对、结算。

3）非购票人入园，一律凭经蝴蝶园明文规定的介绍信、工作证或蝴蝶园制发的入门证入园。

4）经允许入园的车辆，必须在蝴蝶园门口填写联系卡，由所联系的业务部门在联系卡上盖章（或签字），出园时验卡放行。

5）特殊人群（如儿童、老人、军人、残疾人等）入园时，门票一律按照相关文件的减免优惠政策办理。

6）禁止使用涂改、伪造、过期或他人票证进入蝴蝶园；使用涂改、伪造票证者，没收票证并移交公安机关依法处理。

7）冒用他人票证者，暂扣票证，并予以批评教育，若票证本人索取，应问明原因：属丢失被他人捡取冒用者，票证发还本人；属借票证者，予以没收；属租与他人冒用的，没收票证（见图5-2和图5-3）。

### 5.2.2.6　入园签单管理

（1）旅游团体签单

由旅行社组织的大型旅游团体进入蝴蝶园时，可接受旅行社统一签单，但在接受签单前必须与旅行社订立相关合同；订立合同的旅行社必须持有旅游局颁发的经营许可证和工商局颁发的营业执照等。信誉不好的旅行社，应拒绝与其签订合同。

（2）社团组织签单

签订合同的旅行社组织团体进入蝴蝶园时，必须在大门或景点检票窗口签单领取入门凭据（即团体入门券）。该凭据应事先由售票员直接向票管员领取，领票单一式三联，票务管理员、财务、售票员各一联。

（3）个人签单

持有蝴蝶园领导或部门依据授权签单的个人进入蝴蝶园时，必须当面出示签单。不能出示签单者，只能购票入园。

（4）签单结账

旅行社的签单必须与合同相符，售票员验明接收后，将入门券交与旅行社，由验票员点清人数、撕券后放行进入蝴蝶园；存根联与旅行社的签单一同交票管员。票管员按券号查收，每月清算。清算结果经财务处核准后，在存根联上加盖名章及公章，存根联与领票单一起留存备查。财务部每月（或按合同规定期限）持签单与旅行社结款。

## 5.2.3　二次消费

对于一个游客来讲，门票或景点票属于蝴蝶园的一次消费，在吃、住、行、游、购、娱等旅游诸要素中，除门票以外的消费都属于二次消费。蝴蝶园的门票虽然重要，但其调整受到多种因素制约，弹性有限。如何开发蝴蝶园的二次消费，才是真正解决蝴蝶园收益的加速器，是蝴蝶园发展壮大的潜力所在。因此，蝴蝶园必须在二次消费上做文章。蝴蝶园二次消费通常包括以下内容。

### 5.2.3.1　蝴蝶产品消费

目前各地蝴蝶园销售的主要蝴蝶产品包括：

**图5-2** 北京七彩蝶园检票口

**图5-3**
北京蝴蝶园入园检票

（1）活蝴蝶：主要满足各地蝴蝶园和蝴蝶放飞活动的用蝶需求。

（2）蝴蝶标本：主要满足全国各大专院校、中小学校、科研院所、博物馆、科技馆、青少年活动中心、科普宣传教育中心和个人收藏的用蝶需求。

（3）蝴蝶蛹：主要满足青少年蝴蝶养殖试验需求。

（4）蝴蝶工艺品：主要满足游客购买需求。

（5）蝴蝶纪念品：主要满足游客购买需求。

（6）蝴蝶文化制品：主要满足游客购买需求（见图5-4和图5-5）。

**图5-4**
韩国咸平蝴蝶园蝴蝶工艺品及相关产品销售

**图5-5**
德国梅瑙蝴蝶园蝴蝶工艺品及相关产品销售

### 5.2.3.2　蝴蝶园特设项目消费

（1）蝴蝶园代步车

包括多人电瓶观光车、双人电瓶车、单人代步车、自行车等（见图5-6）。

（2）蝴蝶放飞活动

蝴蝶放飞是放飞活蝴蝶，实现人蝶互动，让游客实际参与蝴蝶园旅游项目的重要形式。放飞蝴蝶的过程，常常比喻放飞心情、放飞理想，游客通常笑意盈面、喜形于色。对于蝴蝶园而言，园内放飞仅仅是一种体验性的蝴蝶放飞形式；而园外各种形式的蝴蝶放飞活动，则是实现蝴蝶园利益延伸的重要手段（见图5-7），比如：

1）节日放飞：利用节假日开展的蝴蝶放飞活动。

2）庆典放飞：利用各种庆祝、庆功、开业、开幕、开张、集会等庆典仪式开展的蝴蝶放飞活动。

3）婚庆放飞：专为新婚夫妇举办婚礼或婚庆仪式开展的蝴蝶放飞活动。

4）礼仪放飞：专为蝴蝶园蝴蝶定时放飞表演和贵宾接待开展的蝴蝶放飞活动。

5）体验放飞：游客以及少年儿童出于科学体验和兴趣爱好开展的蝴蝶放飞活动。

6）舞台放飞：因舞台剧情需要进行的蝴蝶放飞活动。

**图5-6**　南宁良凤江蝴蝶园代步车项目

**图5-7**　形形色色的蝴蝶放飞活动

（3）素质教育活动

蝴蝶园目前开展的素质教育活动主要包括（见图5-8和图5-9）：

1）蝴蝶识别：为青少年学习蝴蝶形态知识进行蝴蝶鉴定而开展的科普实践活动。

2）蝴蝶养殖：为青少年学习蝴蝶养殖知识、训练蝴蝶养殖技能而开展的科普实践活动。

3）标本制作：为青少年学习蝴蝶标本制作知识和技术而开展的科普实践活动。

4）工艺品制作：为青少年学习蝴蝶工艺品制作知识和技术而开展的科普实践活动。

**图5-8**
昆明圆通山蝴蝶园的蝴蝶书签制作项目

**图5-9**
南宁良凤江蝴蝶园的蝴蝶标本加工项目

### 5.2.3.3 蝴蝶园专项活动消费

（1）蝴蝶节：有条件的蝴蝶园，可以根据自身能力，举办一年一度的大型以蝴蝶及蝴蝶文化为主题的蝴蝶节。蝴蝶节通常开展系列活动，来宾的综合消费自然是蝴蝶园的重要收入来源（见图5-10）。

（2）婚庆活动：指新婚夫妇及其亲朋好友来蝴蝶园举办婚礼、婚庆、结婚纪念、婚纱外景摄影等活动的系列消费（见图5-11）。

（3）蝴蝶音乐会：有条件的蝴蝶园，可以根据自身能力，举办蝴蝶主题晚会或一年一度的大型蝴蝶及蝴蝶文化主题音乐会，并以此来吸引感兴趣的爱好者（见图5-12和图5-13）。

**图5-10**
蝴蝶节开幕式

**图5-11** 婚庆活动

**图5-12** 大理蝴蝶晚会

（4）儿童专项活动：包括每年开展以热爱自然、环境保护、幸福生活、和谐发展等为主题的科技夏令营活动，举办儿童摄影、儿童绘画、儿童作文、儿童诗歌、儿童素质技能大赛等，也同样可以创造系列消费行为（见图5-14）。

### 5.2.3.4　蝴蝶园餐饮消费
（1）餐厅消费：指蝴蝶园中为游客提供就餐服务获得收益的行为（见图5-15）。
（2）茶园消费：指蝴蝶园中为游客提供茶水服务获得收益的行为（见图5-16）。

### 5.2.3.5　蝴蝶园住宿消费
（1）宾馆消费：指蝴蝶园中为游客提供住宿服务获得收益的行为。
（2）野营区消费：指蝴蝶园中为游客提供野营服务获得收益的行为。

**图5-13** 蝴蝶音乐会舞台（韩国）

**图5-14** 蝴蝶园儿童活动

### 5.2.3.6 蝴蝶园娱乐消费

蝴蝶园娱乐消费是指蝴蝶园中为游客提供娱乐服务获得收益的行为，如游乐园、卡拉OK、舞厅、保龄球、桑拿等。

图5-15　奥地利维也纳蝴蝶园外的快餐店

图5-16　德国梅瑙蝴蝶园边的茶水部

## 5.2.4　旅游房地产

近年来，随着旅游消费的不断增长和人们旅游观念的日渐成熟，我国旅游业在经历了初期单纯以观光为目的的发展阶段后，人们开始不再追求花最少的钱，用最短的时间，玩尽可能多的景点这种浮光掠影、走马观花式的旅游，而是开始追求旅游过程中高质量的休闲和享受，渴望身心的彻底放松。此时人们的旅游方式正由观光型向休闲度假型转变。例如，到风景秀丽的地方小住几日，或到度假区修心养性一番，远离喧嚣的城市，在大自然中与家人同享天伦之乐。旅游市场的这一变化，催生出一种旅游边缘产业——旅游房地产，这一新型边缘产业的产生对旅游业发展起到了积极的推动作用。

如今，我国的旅游房地产概念已经浮出了水面，市场运营已初露端倪，而且发展潜力巨大。同时，国家和地方政府相继出台了一系列推动旅游和相关产业发展的新政策，不仅为旅游业发展提供了可持续性发展的动力保证，而且也为房地产业营造了一个广阔的发展平台。

面对旅游房地产业如此巨大的发展空间，各地房地产业和旅游业应该发挥本地的风景优势，以及结合其本身的文化、经济、交通、区域发展等诸多有利条件来大力发展旅游房地产业。当然，在发展旅游房地产业的同时，必须保持一定的理性，以至于不让风景旅游区受到损坏或破坏。

蝴蝶园理应顺应这种旅游业的发展趋势。

蝴蝶园的旅游房地产是指以旅游度假为目的的蝴蝶园房地产开发、营销模式。包括利用蝴蝶园的优越自然条件、地理位置开发的具有投资回报和多种功能的景区住宅、度假村项目等，以满足人们休闲度假旅游的需求。

目前，旅游房地产按其所有权和使用权的不同可分为以下几种形态：

（1）分时度假（时权酒店）：客户支付一定的费用就可以拥有一定时段的蝴蝶园物业居住和使用权。

（2）产权酒店：指将蝴蝶园酒店的每一个单位分别出售给投资人，同时投资人可以委托酒店管理公司或分时度假网络进行管理，用于营业，获取一定的投资回报。

（3）主题社区或景区住宅：这类项目实际上是将蝴蝶园旅游休闲设施和住宅两大块拼凑在一起，但前者不出卖产权及使用权给个人，后者实际就是商品住宅，可以购买完全产权。

（4）房地产大盘或者新城区项目：由于一些蝴蝶园的开发面积很大，周围有需要保护或可以借力的生态环境，可以根据国家相关法律、政策和地方政府规定，划定适当区域作为大型房地产或新城区开发项目，以增加蝴蝶园开发和建设的整体效益。

# 5.3　蝴蝶园产品经营

蝴蝶园产品经营，是将整个蝴蝶园视为一个完整的独立产品进行经营，是蝴蝶园经营策略和经营计划得以实现的重要手段，是蝴蝶园形象与蝴蝶园技术高度统一的完美经营形式，是以开发、设计为龙头，正确调整蝴蝶园的各项活动，创造出越来越具体化的属于蝴蝶园自身的表达方式，从而逐渐形成蝴蝶园的产品与文化形象。因此，蝴蝶园产品经营从本质上讲，就是根据游客需求，有计划有组织地研究与开发蝴蝶园各种管理活动，有效调动设计部门、建设部门以及管理部门的创造性思维，把市场与消费者的认识转换在蝴蝶园的各项活动中，以新的更合理、更科学的方式影响和改变人们的生活，并为蝴蝶园获得最大限度的利润而进行的一系列产品策略与活动的管理。蝴蝶园产品经营的目标，就是要使蝴蝶园这个产品能够实现游客满意和市场竞争优势的长期统一。

蝴蝶园产品经营主要包括：

（1）打破壁垒，整合资源，以便实现蝴蝶园价值的最大化。

（2）实现面向市场的产品规划，确保与蝴蝶园发展战略的一致性，快速、合理响应游客需求，提高游客满意度。

（3）利用决策检查规避蝴蝶园投资风险，利用技术检查规避蝴蝶园技术和质量风险。

## 5.3.1　产品介绍

蝴蝶园产品从本质上讲是一个旅游产品，因此具有旅游产品的特点和属性。关于旅游产品的概念，有两个不同角度的解释，即一是从经营者的角度出发，旅游产品是旅游业者通过开发、利用旅游资源提供给旅游者的旅游吸引物及其用以满足其旅游活动需求的全部服务的组合；二是从旅游者的角度出发，旅游产品就是指旅客花费了一定的时间、费用和精力所换取的一次旅游经历。以此为据，蝴蝶园产品就是蝴蝶园向游客提供的游览观光内容以及所需要的各种服务的总和，是旅客花费了一定的时间、费用和精力所换取的一次体验蝴蝶及其蝴蝶文化的旅游经历。

按照1999年中国国家旅游局的旅游产品分类方法，旅游产品大致可以分为以下五种类型：

（1）观光旅游产品：自然风光、名胜古迹、城市风光等。

（2）度假旅游产品：海滨、山地、温泉、乡村、野营等。

（3）专项旅游产品：文化、商务、体育健身、业务等。

（4）生态旅游产品：生态旅游最初是作为一种新的旅游形式出现，主旨是保护环境、回归自然，随着其不断发展，这一产品已经发生了许多新的变革，无论从概念、方式、要求等方面都有很大的创新，成为旅游业可持续发展的重要方向。

（5）旅游安全产品：旅游保护用品、旅游意外保险产品和旅游防护用品等保障旅游游客安全的工具产品。

蝴蝶园是以人工重塑和强化自然元素并与自然环境相结合的方式，以蝴蝶这种人们熟悉的自然物种及其所承载的历史、文化和艺术价值，以创新思维和创新模式创造出的旅游吸引物，从而达到吸引游客并为游客提供服务，以实现其经济目标的旅游产品。因此，蝴蝶园兼具观光旅游和生态旅游的双重性质。

## 5.3.2　产品定位

### 5.3.2.1　产品定位的概念和意义

产品定位，是经营者为创立产品的品牌特色、树立产品的特定市场形象，以满足消费者某种需求和偏爱的心理意向和行为方式所采取的产品策略及营销组合活动。产品定位并不是指产品本身，而是指产品在潜在消费者心目中的印象，即产品在消费者心目中的地位。产品定位的目的，就是企业对所经营的产品赋予某些特色，使产品在用户中树立某种特定的形象，从而达到吸引用户注意，以实现其经济目标。

产品定位通常体现在实体的构造、形状、成分、性能、命名、商标、包装、价格等直观方面，以及满足消费者豪华、古素、艳丽、雅淡等不同的心理需求。产品定位的基本策略有两种：一是与竞争对手的产品相对比，显示出独特性；二是与自己的系列产品相比较，显示出创新性。产品的独特性是产品定位"活"的灵魂，是战胜竞争对手最有力的武器。产品定位科学恰当，将有利于触发消费者求新、求美、求名、惠顾动机与习惯性消费的行为。

蝴蝶园的产品定位，就是为建立蝴蝶园这种旅游产品在消费者心目中的特定地位，所采取的产品策略及营销组合活动。蝴蝶园产品定位与其他旅游产品定位大同小异，关键是在蝴蝶身上下工夫，利用蝴蝶及其蝴蝶文化作为产品特色，满足人们对知识追求、爱情追求和环保追求的心理和情感需求。

蝴蝶园是以活蝴蝶为"灵魂"，具有独特而浓厚的蝴蝶及蝴蝶文化氛围的旅游风景区，这一点是与其他公园或风景区的关键区别，并且由于其技术门槛高，不易被模仿，而在同类旅游产品中显得更具竞争优势。

### 5.3.2.2 产品定位与市场定位的差别

当前市场中，有很多人对产品定位与市场定位不加区别，认为两者是同一个概念，其实两者还是有一定区别的。具体说来，市场定位是指企业对目标消费者或目标消费者市场的选择；产品定位，是指企业用什么样的产品来满足目标消费者或目标消费市场的需求。从理论上讲，应该先进行市场定位，然后才进行产品定位。产品定位是对目标市场的选择与企业产品结合的过程，也是将市场定位企业化、产品化的过程。

蝴蝶园的市场定位就是蝴蝶园经营者对蝴蝶园目标消费者或目标消费者市场的选择；蝴蝶园的产品定位是蝴蝶园经营者希望提供一个什么样的蝴蝶园产品来满足目标消费者或目标消费市场的需求。蝴蝶园产品定位的计划和实施通常以蝴蝶园市场定位为基础，因而受市场定位的指导。一般说来，蝴蝶园产品定位应该比蝴蝶园市场定位更加深入人心才是。

### 5.3.2.3 产品定位与品牌定位的差别

品牌定位是蝴蝶园产品及其品牌，基于顾客的生理和心理需求，寻找其独特的个性和良好的形象，从而凝固于消费者心目中，占据一个有价值的位置。蝴蝶园品牌定位是针对蝴蝶园产品品牌的，其核心是要打造蝴蝶园的品牌价值。品牌定位的载体是产品，其承诺最终通过产品兑现，因此必然已经包含产品定位于其中。

蝴蝶园产品定位是指蝴蝶园产品在未来潜在游客心目中所占有的位置。为此要从蝴蝶园产品的特征、形象、服务等多方面进行研究，并顾及竞争对手的情况。所以，需要通过市场调查掌握市场和消费者消费习惯的变化，并在必要时重新调整对蝴蝶园产品的定位。

### 5.3.2.4 产品定位的方法

（1）贵在坚持

蝴蝶园的产品定位不能朝三暮四，必须咬定青山不放松，坚持自己的风格，坚持自己的选择，这样更能赢得用户的认同，成功的机会才会更大。否则，容易把蝴蝶园带向多元化的陷阱。

（2）有序提升

蝴蝶园的发展，通常都是由小到大，由弱到强，由不完善到相对完善。品牌也要由追求知名度向追求美誉度调整。产品定位自然要随着蝴蝶园的发展而不断调整、有序提升，在大方向不变的基础上，适当提高对自身的要求，逐渐走向成熟、走向稳定。

（3）善于放弃

细分意味着部分放弃，定位意味着局部牺牲。要使蝴蝶园产品定位更科学、获得更加满意的效果，就必须有所放弃、有所牺牲。对产品而言，十个让人犹豫不决的理由，还不如一个让人非买不可的理由。

#### 5.3.2.5 产品定位的步骤

第一步，分析本蝴蝶园与类似公园或风景区的产品特点。

第二步，将本蝴蝶园与竞争者进行比较，详细列出其关键点对目标市场正面及负面影响的差异性；要注意，有时候，表面上看来是负面效果的差异性，稍加调整，也许会变成正面效果。

第三步，列出蝴蝶园的主要目标市场。

第四步，扼要指出蝴蝶园主要目标市场的欲望、需求等特征。

第五步，将本蝴蝶园的产品特征与目标市场的需求、欲望进行连线，注意其中还有哪些消费者最重要的需求、欲望未被本蝴蝶园或竞争者满足。

第六步，确定本蝴蝶园的产品定位方案。

## 5.3.3 产品跟踪

#### 5.3.3.1 跟踪目的

（1）及时发现蝴蝶园问题，适时调整蝴蝶园状态。

（2）完善蝴蝶园服务功能，提高蝴蝶园管理水平。

（3）确保蝴蝶园产品质量，争取蝴蝶园最大效益。

#### 5.3.3.2 跟踪类型

（1）按时间划分

1）长期跟踪：即按年或数年跟踪。

2）短期跟踪：即按月或数月跟踪。

3）临时性跟踪：主要用于蝴蝶园个别项目的短时间、阶段性、任务型跟踪。

（2）按目的划分

1）产品建设情况跟踪。

2）产品管理情况跟踪。

3）产品使用情况跟踪。

4）产品营销情况跟踪。

#### 5.3.3.3 跟踪方法

（1）邮寄跟踪卡

由蝴蝶园负责质量管理的部门首先设计出合适的跟踪卡，然后将跟踪卡邮寄给游客，请游客按要求填写后寄回。跟踪卡内容要通俗易懂、填写简便。这种方式的优点是范围广、费用低、容易实施；缺点是跟踪卡回收率很难保证，另外由于用户的素质参差不齐，跟踪项目填写的准确性也很难保证。采用这种方式时，要注意考虑邮寄对象的心理接受能力。

（2）现场发放跟踪卡

当游客来蝴蝶园参观游览时，由蝴蝶园指派质量管理人员直接向其发放跟踪卡，请游客填写后当场收回。这种方式的优点是实施周期短、费用低；缺点是只适合容易直观评价的简单项目。采用这种方式时，应加强现场宣传工作，可采取向游客发纪念品等办法进行鼓励，以争取游客的大力配合。

（3）电话跟踪

由蝴蝶园负责质量管理的部门通过电话直接向游客了解情况。其优点是省时、省力、费用低、速度快；缺点是受通信条件限制，跟踪的系统性差。采用这种方式时，应事先进行跟踪调查准备，做好跟踪记录。

（4）营销人员的信息反馈

通过蝴蝶园市场营销业务人员进行及时的信息反馈，掌握有关蝴蝶园的第一手市场反映情况。这种方式的优点是反应迅速，可以及时掌握产品质量的第一动态；缺点是反馈信息的准确性不够。

（5）上门走访

通过蝴蝶园的质量管理工作人员定期或不定期地上门走访重点游客，了解游客对蝴蝶园工作的意见，是游客比较欢迎的方式。其优点是可获真实、准确的情况，易发现问题，利于蝴蝶园工作的改进；缺点是费时、费力，不可能经常进行。采用这种方式时，应事先通知客户，双方都做好相应的准备。注意一定要派技术水平高、比较熟悉情况的人员参与走访。

（6）集中征求意见

蝴蝶园通过召开客户座谈会、年会等形式，集中了解客户信息。这种方式的优点是客户意见比较集中，情况比较准确；缺点是人力、物力、财力消耗较大。采用这种方式时，实施蝴蝶园应尽量邀请比较典型的客户代表参加，也可与其他大型活动（如订货展销会等）结合进行。

## 5.3.4　产品优化

### 5.3.4.1　优化目的

蝴蝶园产品优化，就是在不改变蝴蝶园性质的情况下，对蝴蝶园项目和结构进行调整，使其具有更好的形象、更好的服务，产生更佳的效果、更大的价值。

### 5.3.4.2　优化方法

（1）控制成本

蝴蝶园控制成本的基本原则是：厉行节约、按目标控制、全员控制和全过程控制。基本方法如下：

1）预算控制法：预算是蝴蝶园未来一定时期计划的货币数量表现；预算成本是按标准成本计算的一定业务量下的成本开支额；该方法是以预算指标作为控制蝴蝶园成本费用支出的依据。通过分析对比，找出差异，采取相应的改进措施，来保证蝴蝶园成本费用预算的顺利实现。

　　2）制度控制法：利用国家及旅游管理部门的相关规定以及蝴蝶园自身的规章制度来控制蝴蝶园的各项成本费用的开支。

　　3）保本点分析法：保本点是指蝴蝶园经营达到不赔不赚时应取得的营业收入的数量界限，以此来控制蝴蝶园的各项成本费用的开支。

　　(2) 改进管理

　　1）完善蝴蝶园园区建设，美化园区环境。

　　2）加强制度建设，提高管理水平，增强服务意识。

　　3）确保设施和设备完好、工作正常。

　　4）与时俱进，紧紧围绕蝴蝶和蝴蝶文化主题，不断引进新项目、新技术、新设备、新材料，丰富并提升自身品质和内涵。

　　5）一专多能，充分利用现有资源和条件，努力满足游客的多重需求和需求变化。

　　6）加强与游客的交流，虚心接受游客意见，不断改进蝴蝶园的建设、管理和经营。

# 5.4　蝴蝶园品牌经营

## 5.4.1　品牌定位

　　品牌定位是市场定位、产品定位的核心和集中表现。由于品牌是传播产品相关信息的基础，是游客选购消费的主要依据，蝴蝶园品牌便理所当然成为连接蝴蝶园与消费者的桥梁。蝴蝶园一旦选定了目标市场，就应设计并塑造自己相应的产品、品牌及企业形象，以争取目标消费者的认同。总而言之，蝴蝶园市场定位的最终目标，还是为了实现其产品的销售。

### 5.4.1.1　定位目的

　　蝴蝶园在产品定位的基础上，对产品特定的文化取向及个性差异上的商业性决策，取决于建立一个与目标市场有关的品牌形象的过程和结果。品牌定位的本质就是将产品转化为品牌，以利于潜在顾客的正确认识。换而言之，为蝴蝶园确定品牌，必须挖掘消费者感兴趣的产品特质，为自己的品牌在市场上树立一个明确的、有别于同类产品的、符合消费者心理需要的形象，其目的就是为蝴蝶园选择一个适当的市场范围，让蝴蝶园在消费者的心目中占领一个特殊的位置。当消费需要突然产生时，人们会立刻想到这个品牌，如同在炎热的夏天突然口渴时，人们会立刻想到"可口可乐"饮料的清凉形象一样。

　　蝴蝶园的品牌定位是蝴蝶园品牌传播的客观基础；蝴蝶园的品牌传播又依赖于蝴蝶园的品牌定位。良好的品牌定位是品牌经营成功的前提，它能为蝴蝶园进占市场、拓展市场起到导航作用。如若不能有效地对品牌进行定位，以树立独特的消费者可认同的品牌个性与形象，必然会使自己经营的蝴蝶园淹没在众多产品质量、性能及服务雷同的产品之中。没有蝴蝶园品牌整体形象的预先设计（即品牌定位），那么，品牌传播就难免盲从而缺乏一致性。通过品牌运营手段的整合运用，所确定的蝴蝶园品牌的整体形象就会驻留在消费者心中，这是品牌经营的直接结果，也是品牌经营的直接目的。如果没有正确的品牌定位，无论其产品质量再高，性能再好，无论怎样使尽促销手段，也很难获得理想的经营效果。

成功的品牌都有一个共同的特征，就是以一种始终如一的形式将品牌的功能与消费者的心理需要连接起来，通过这种方式将品牌定位信息准确传达给消费者。因此，蝴蝶园也应通过对自身品牌的定位和宣传，建立对目标人群最有吸引力的竞争优势，并将这种竞争优势逐步转化为游客的心理认知。

追求市场的领导者地位，比如世界排名第一、全国排名第一、行业排名第一、市场占有率第一、市场销售量第一等，是许多企业经营者尤其是知名企业经营者的重要目标，而品牌塑造，则是实现这一目标的重要手段。品牌定位的终极目标，就是要将产品的影响力推向多大规模的地域空间，将产品销售的目标客户锁定在多大范围的消费人群，以便在现有资源和条件的基础上，实现经营对象经济价值和社会价值的最大化。作为一种新兴的旅游产品，蝴蝶园在品牌定位问题上也应借鉴和学习其他旅游产品的成功经验。

### 5.4.1.2　定位意义

蝴蝶园品牌定位的意义在于：

（1）创造蝴蝶园品牌的核心价值。成功的蝴蝶园品牌定位可以充分体现其品牌的独特个性、差异化优势，这也正是蝴蝶园品牌的核心价值所在。品牌专家们普遍认为，品牌的核心价值是一个品牌的灵魂所在，是消费者喜欢乃至爱上一个品牌的主要力量。因而，品牌核心价值是品牌定位中最重要的部分，它与品牌识别体系共同构成了蝴蝶园品牌的独特定位。

（2）通过对品牌的认同，为游客选择提供心理向导。当消费者可以真正感受到蝴蝶园品牌的优势和特征，并且被品牌的独特个性所吸引时，就有可能建立蝴蝶园与游客之间相对长期、稳固的关系。

（3）为蝴蝶园产品的进一步开发和制订营销计划指引方向。蝴蝶园的品牌定位，可以实现其各种资源的进一步聚合，使蝴蝶园的各项工作更加遵循一个共同的价值目标、各项营销计划都能够不偏离品牌定位的指向，从而实践该品牌向消费者所做出的承诺。

### 5.4.1.3　定位方法

（1）抢先占位战略：即首先占领市场，做到人无我有，以抢先赢得游客群和游客心理认同。

（2）关联强势品牌：如果发现某个地区、某个城市的首要位置，已为类似产品的强势品牌所占据，就设法让蝴蝶园自身品牌与该强势品牌产生关联，使消费者在首选强势品牌的同时，紧接着联想到自己，作为补充选择。

（3）攻击强势品牌：如果发现在消费者内心所接受的强势品牌有潜在弱点，就要抓住机会，并由此突破，重新定义原强势品牌为不当选择，让蝴蝶园自身的新品牌取而代之。

## 5.4.2 品牌宣传

优秀的企业离不开优秀的产品，优秀的产品离不开优秀的品牌，优秀的品牌离不开优秀的宣传。蝴蝶园也一样。蝴蝶园目前的主要宣传方式有以下三种。

### 5.4.2.1 广告宣传

广告宣传就是充分利用各种媒体开展蝴蝶园宣传活动。宣传活动主要包括：

（1）纸媒介宣传：即利用各种报刊、纸质宣传页、内部刊物等进行蝴蝶园宣传（见图5-17）。该类宣传的优点是传统、熟悉、低廉、便于操作；缺点是司空见惯、宣传力度不够。

（2）广播电视宣传：利用全国性、地区性各种电视、广播媒体等进行蝴蝶园宣传。该类宣传的优点是力度大、具有公信力、易产生轰动效应；缺点是价格昂贵。

（3）室内媒介宣传：利用室内墙体壁画、壁挂、壁框、标语横幅、室内橱窗等进行蝴蝶园宣传。该类宣传的优点是价格便宜、容易操作；缺点是范围小、宣传效果有限。

（4）互联网宣传：利用网络进行蝴蝶园宣传（见图5-18）。该类宣传的优点是新颖、快速、范围广、易找到目标人群，缺点是不太符合目前大多数人的习惯。

**图5-17** 纸媒介宣传

**图5-18** 互联网宣传

（5）户外媒介宣传：利用室外楼顶、墙体设置的霓虹灯、LED电子屏幕、广告牌，以及橱窗、移动车体、路牌等进行蝴蝶园宣传（见图5-19）。该类宣传的优点是流行、醒目、易操作、价格适中；缺点是影响范围有限。

**图5-19**
户外媒介宣传

### 5.4.2.2　公关活动

（1）日常公关活动

1）美化蝶园环境，营造蝴蝶氛围，树立蝴蝶园正面形象。

2）加强内部职工教育，礼貌待客，文明示好，提高接待服务质量。

3）赠送小型蝴蝶园纪念品等。

（2）专项公关活动

1）举办新闻发布会。

2）举办节假日优惠活动。

3）参加全国或区域专项博览会。

4）参加旅游产品展销会。

5）参加旅游项目推介会等。

### 5.4.2.3　文化推广

（1）举办蝴蝶节。

（2）举办大型婚礼活动。

（3）举办蝴蝶主题音乐会。

（4）拍摄电影、电视剧。

（5）拍摄专题电视片等。

### 5.4.3　品牌维护

#### 5.4.3.1　维护的意义

（1）有利于巩固品牌的市场地位

蝴蝶园品牌在竞争市场中的知名度、美誉度下降以及市场占有率降低等品牌失落现象被称为品牌老化。任何品牌都存在品牌老化的可能，尤其是在当今市场竞争如此激烈的情况下。因此，不断对蝴蝶园的自身品牌进行维护，是避免品牌老化的重要手段。

（2）有利于保持和增强品牌生命力

蝴蝶园品牌的生命力取决于消费者的需求程度。因此，只有充分利用各种有效手段不断对蝴蝶园品牌进行维护，努力保持其满足消费者不断变化的需求，才能确保该品牌在激烈竞争的市场上始终保持其旺盛的生命力。反之就可能出现品牌老化现象，以至于失去其价值和意义。

（3）有利于预防和化解危机

市场风云变幻，消费者的维权意识也在不断提高，蝴蝶园的自身品牌必然面临来自各方面的威胁。一旦蝴蝶园没有预测到危机的来临，或者没有应对危机的策略，就会面临极大的危险。蝴蝶园品牌维护的主要手段就是不断提升其服务的质量，这样，就可以有效地防范内部原因造成的品牌危机，同时强化蝴蝶园品牌的核心价值，进行理性的品牌延伸和品牌扩张，从而有利于降低危机发生后的波及风险。

（4）有利于抵御竞争品牌

在竞争市场中，蝴蝶园的市场表现将直接影响到蝴蝶园品牌的价值。不断对其品牌进行维护，有利于蝴蝶园在竞争市场中始终保持竞争力。同时，对于假冒品牌也会起到一定的抵御作用。

#### 5.4.3.2　维护的方法

蝴蝶园的品牌发展，在经过形成期与成长期后，就进入了成熟期或知名期，即品牌业已发展成为国家级、省级或区域性的著名品牌。这一阶段，蝴蝶园的品牌发展战略应随机调整为品牌维护战略。蝴蝶园的品牌维护包括自我维护、法律维护和经营维护。

（1）品牌发展的自我维护

蝴蝶园品牌的自我维护手段，主要渗透在品牌的设计、注册、宣传、内部管理以及各项品牌运营活动中。实际上，每个蝴蝶园在其品牌的创立阶段，就已开始注意自我维护。因此，在我们所定义的品牌维护阶段，应该是指"蝴蝶园自身品牌的不断完善和优化以及品牌的防伪和保密等措施"，具体包括产品质量战略、技术创新战略、防伪打假战略与品牌秘密保护战略。

（2）品牌发展的法律维护

蝴蝶园品牌的法律维护包括商标权的及时获得、商标的法律保护、名称的法律保护以及品牌受挫时的反制措施。重视蝴蝶园品牌商标的注册工作，可以使品牌获得法律保护，这是保护品牌最为有效的手段之一。根据"注册在先"的原则，任何预创品牌的企业都必须及时注册自己的商标，切勿等产品出名之后再行注册，以免被他人抢注。为了防止假冒与侵权，蝴蝶园还应将与自己商标相近似的文字、图形进行注册。注册的同时还应注意商标的管理工作，特别是加强对商标标识的印刷、保留、使用和专用权保护等方面的管理。一经发现他人申请的商标与自己注册的商标相同或相似时，应及时提出异议，运用法律手段保护自己的品牌。

（3）品牌发展的经营维护

当蝴蝶园品牌发展进入成熟期后，不仅要通过自我完善使产品得到不断更新以维持客户对品牌的忠诚度，还要采取法律措施以确保蝴蝶园品牌不受任何形式的侵犯，更应通过经营手段使自身品牌作为一种资源加以充分利用，促进品牌价值不断提升，从而构成蝴蝶园品牌形象的软实力。蝴蝶园特定的文化，体现着蝴蝶园品牌形象的特定风格。包括它的价值观念、管理哲学、历史与传统、榜样人物、职业意识、职业道德、礼仪规范、口号、训诫、园歌、园旗、园服以及各种宣传品等，都会鲜明地传递出一个蝴蝶园品牌的形象特色。

蝴蝶园要想实施品牌战略，就必须树立质量第一的思想。蝴蝶园在实施品牌质量战略时，首先要根据市场调查所掌握的不同市场需要，分别确定不同的质量目标。其次要明确质量标准，加强质量管理，包括质量管理制度、全员质量管理、全过程质量管理以及其他特定要求的管理，并在此基础上进行质量检验和质量监督。

一个成功品牌的背后，大多隐藏着丰富的文化内涵。蝴蝶园品牌的文化传统和价值取向是蝴蝶园品牌塑造的重心所在。一般来说，只有品牌中的文化部分，才是唤起人们心理认同的重要因素，有时甚至作为一种象征深入到消费者的心中，从而能够赢得消费者及他们的忠诚。品牌文化是有它的时代性、民族性、大众性的，能够反映蝴蝶园精神、蝴蝶园风貌以及蝴蝶园内外共同的心理。通过产品设计、广告宣传准确传播并不断强化这种品牌文化，就能不断积累有效的品牌资产。因此，蝴蝶园在其品牌维护实践中，尤其应该引起注意。

## 5.4.4　品牌控制

### 5.4.4.1　品牌延伸控制

一个谙熟市场营销法则的蝴蝶园可以同时拥有几个品牌，因为市场细分概念要求得到不同目标消费群的广泛认同。需求的层次性，决定了一个品牌是不可以占据各个细分市场的。因此，不同品牌针对不同细分市场下顾客需求的异质性，以满足各类需求而达到垄断或市场最大化目的，是有实力的大蝴蝶园应该采用的积极态度和手法。

巧妙的品牌联动策略，能促使蝴蝶园的品牌延伸。当一个蝴蝶园品牌被广泛使用在旗下的所有产品上时，通过品牌的影响力和感召力，可以迅速占领市场，不失为良机妙策。但由于担心把所有鸡蛋放在同一个篮子里的风险，考虑到自身的抗风险能力，很多蝴蝶园还是要慎用这一法则。

### 5.4.4.2　品牌细分控制

和其他产品一样，蝴蝶园品牌也会出现同质化现象，管理者要想避免这一现象的发生，就应适时进行品牌的细分。比如现在的很多房地产公司，所售卖的房地产项目的全部诉求就是居住这一基本功能，而没有很好地体现项目的附加值。一些眼光比较独到的开发商，开始关注诸如环境、交通、教育、人文、升值等附属特征，并给予极力推崇，在开发成本相同的情况下，楼盘收益得到明显改善。这种现象说明在任何市场，企业不是没有作为，而是没有真正了解品牌建设的趋势，没有认清品牌同样可以用细分法则来促进销售。蝴蝶园当然也不例外。

### 5.4.4.3 重视"草原现象"

什么样的品牌最长久？实际上并没有最长久的品牌。蝴蝶园品牌的建立需要不间断地进行宣传，这其中包含了公共宣传。公共宣传不完全是进行广告的狂轰乱炸，也不是一相情愿地标榜自己的"最好"，而是要让消费者随着时间推移而对该蝴蝶园品牌有更加全面和深刻的认知。有人说正确的品牌宣传应该是一种"草原现象"，没有人留意草的生长，当你发现时，往往已经是广袤草原了。由此可见，蝴蝶园的品牌维护是从品牌诞生伊始的一项长期性工作，任重道远。

## 5.4.5 品牌评估

### 5.4.5.1 评估的目的

科技的发展使得现代企业实施规模化经济和提升营销效率成为可能，促使很多企业向着更加广泛的空间发展。于是，品牌兼并、收购和合资热潮兴起，这让许多企业意识到对现有的品牌资产的价值进行更好的掌握是十分必要的。

蝴蝶园品牌是蝴蝶园重要的无形资产。寻找权威评估机构，及时对蝴蝶园的品牌价值进行评估，科学量化蝴蝶园的品牌价值，并通过各类媒体及时发布品牌评估及评价资料，将有利于向上级主管部门、投资者和广大游客及时传递蝴蝶园的实力、展示蝴蝶园的形象，为促进蝴蝶园的全面发展提供价值参考。

### 5.4.5.2 评估的意义

（1）提振投资信心

实施品牌评估，有利于蝴蝶园的资产负债表结构更加健全。通过将蝴蝶园品牌资产化，蝴蝶园负债降低，贷款比例降低，显示蝴蝶园资产的担保能力增强，获得银行贷款的可能性必然大大提高，从而形成金融市场对蝴蝶园价值更加有效、客观、正确地评价，以此提振投资者的信心。

（2）促进延伸发展

将蝴蝶园品牌从其他资产中分离出来，当作可以交易的财务个体的做法，为合资与品牌繁衍奠定了稳定的基础。品牌的价值，很多未作评估，在与他人合资时，草率地把自己的品牌以低廉的价格转让，由此吃亏的例子不在少数。

（3）提高决策效率

实施品牌评估，有利于股东正确认识蝴蝶园形象资产的实际价值，从而指导、监督蝴蝶园的营销和管理人员，对品牌投资做出更加明智的决策，合理分配资源，减少投资的浪费。

（4）激励员工信心

对蝴蝶园品牌价值做出评估后，不但可以向蝴蝶园以外的人传达品牌的状态和信息，而且还会反过来影响蝴蝶园内部的各阶层员工，在传递品牌信念的同时，也在激励着蝴蝶园员工的信心。品牌价值越高，员工的自豪感越强，激励作用也就越大。

（5）提高社会声誉

品牌评估的最大作用则是可以有效提高蝴蝶园的社会声誉。品牌的知名度越大、美誉度越高，其社会影响越大，在市场上的地位越显赫，给蝴蝶园带来的实际效益可能越大。

### 5.4.5.3　评估的内容

（1）品牌名称

品牌名称是指赋予蝴蝶园的文字符号，它以简洁的文字概括了蝴蝶园最重要的特征和最本质的内涵。名称的品牌价值，在于它让消费易读、易懂、易分辨，在于它能引起消费者的注意和兴趣、刺激消费者的好奇心，在于它能使消费者感到有魅力、有特点、有新鲜感，能对之产生好感、产生消费冲动等。

（2）商标

商标是用来帮助人们识别产品的图形及文字组合，它以简洁的线条组合，反映蝴蝶园及其产品的本质特性和关键信息，能起到明示和凸显蝴蝶园形象和特点的作用。判断蝴蝶园商标价值的高低，应考虑其是否能引起消费者注目，顺应社会潮流，反映产品的特征；是否有欣赏价值，使人看了能产生一种愉悦、轻松的感觉；其设计的具体性和整体性体现如何；是否能满足蝴蝶园管理者和游客的心理需要等。

（3）寿命

寿命是指蝴蝶园品牌延续的时间。理论上讲，时间越长，价值越高。

（4）个性

强有力的蝴蝶园品牌，几乎可以成为蝴蝶园产品类别的代名词，可以让消费者仅仅通过品牌本身，就能直接识别它们的产品或服务。

（5）质量

任何品牌，当然包括蝴蝶园品牌，质量及其可靠性，永远是该品牌建立大众信誉的基础。

（6）游客态度

游客通过媒体对蝴蝶园的介绍，通过亲属和朋友的推荐，以及自己的亲身体验，会对该蝴蝶园形成一种态度，这种态度对蝴蝶园的经营影响很大。比如游客对蝴蝶园的技术水平、质量与价格比、功能与价格比等的态度；对蝴蝶园亲身体验后的感觉和满足程度等。

（7）认知度

好名字和设计美观的商标，往往能够给很多人留下深刻印象。所以，在对蝴蝶园品牌的评估中，要衡量其品牌的游客认知水平、认可程度。

（8）知名度

蝴蝶园的品牌知名度通常被分为3个明显不同的层次。

1）品牌识别：辨别蝴蝶园品牌知名度的最低层次，是根据品牌消费者在日常生活中形成的记忆，测试确定品牌的影响程度。如通过电话调查，给出同类产品的一系列品牌名称，要求被调查者说出他们以前听说过哪些品牌，如果被测试品牌名列其中，即说明该品牌被识别。品牌识别虽是品牌知名度的最低水平，但在消费者选择品牌时却是至关重要的。

2）品牌回想：辨别蝴蝶园品牌知名度的中间层次，也是根据品牌消费者在日常生活中形成的记忆，测试确定品牌的影响程度，与品牌识别不同的是，品牌回想是在不向被调查者提供品牌名称的情况下，让被调查者说出产品的品牌。能引起消费者回想的品牌，其知名度通常高于处于被消费者识别状态的品牌。品牌回想往往与较强的品牌定位相关联。

3）第一提及品牌：这是一个特殊的状态，是蝴蝶园品牌知名度的最高层次。确切地说，这意味着该蝴蝶园品牌在人们心目中的地位高于其他品牌，蝴蝶园如果拥有这样的主导性品牌，也就具备了强有力的竞争优势。

（9）联想度

透过蝴蝶园品牌，便会联想到它所代表的形象，而这一形象正是消费者所感兴趣的。联想的产生，会在一定程度上导致消费的冲动或欲望，这种冲动或欲望本身，同样蕴涵着品牌的价值。

（10）连续性

要求蝴蝶园品牌在使用过程中不能间断。间断越多，价值越低。

（11）媒体认同度

一般来说，蝴蝶园品牌要保持它在市场上的影响力，必须始终得到媒体的认同。认同度越高，价值越大。

（12）盈亏情况

蝴蝶园的盈利能力当然是其品牌价值评估的重点。

（13）专利权

对于所有的蝴蝶园来说，专利都是品牌评估的重要内容。其评估包括专利归属、保护年限、专利作用、价值、适用条件等。

### 5.4.5.4 评估的步骤

第一步，评估蝴蝶园品牌的现时获利状况。

首先，由一些独立评估机构的专业评估师，根据相关资料，确定品牌所标识的产品年销售收入、成本、税金，确定税后净利润。具体方法是利用公式，即

该品牌产品销售收入－对应成本－对应的产品销售税金－对应所得税＝税后净利

其次，从产品的净利中扣除行业平均净利，得出品牌的现有获利能力，以 $P$ 表示。

该法计算的指标是净利，而不是利税总额，因为用净利计算的品牌价值，剔除了不同品牌所驱动的不同产品的不同税率的影响，具有可比性。

第二步，建立蝴蝶园品牌综合能力的指标评价体系，计算品牌的市场力量系数。这些指标包括市场占有率、品牌的保护情况、品牌的支持情况、品牌的市场特性、品牌本身所表示的趋势感、品牌的力量、品牌的寿命等。

在这一步采用的方法主要是专家打分法，即首先设各指标的现有基数值为1，然后通过专家团来评判各指标在未来寿命年内的变动率，如果某年以前评定六项指标变动率分别为 $A_i$、$B_i$、$C_i$、$D_i$、$E_i$、$F_i$，则该年的市场力量系数为

$$L_i = (1+A_i) \times (1+B_i) \times (1+C_i) \times (1+D_i) \times (1+E_i) \times (1+F_i)$$

各年市场力因子系数之和 $L$，即为未来寿命期内总的市场力量系数。用市场力量因素来调整未来蝴蝶园的市场竞争力，是基于市场力量指标和超额利润指标从不同的方面反映市场竞争力，但由于现实因素的复杂性，二者并不一致，为提高评估结果的客观性和准确度，把一个问题从两个角度评定。

运用此种方法的关键，是挑选的专家对蝴蝶园品牌未来市场力量的各项指标有一个清楚的把握，这样评判的品牌未来市场力量指标才具有可行性。实际上，在市场经济的运行中，大多数模型和信息都是由评估师和数学家们通过判断的方式得到的，一般也是具有前置条件的。对于所设定的权重，应由有相当市场经验的评估事务所来确定，因为他们经验丰富，对问题的规律把握更具权威性，因而其预测出的未来品牌市场力量指标更具参考价值。

第三步，测定蝴蝶园品牌的价值（$V$）。这是最关键也是最见效益的一步，只需用公式 $V=P \times L$ 计算出最终结果即可。其中，$P$ 代表现有获利能力，$L$ 代表总的市场力量系数。

第四步，检验测试。任何一项评估结果都可能有偏差，因此为了做到真实有效，公正客观地反映被评品牌的价值，在所有评估工作基本完成后，要进行可信度和效度检验的反馈测试。如果多次计算的结果相近或相同，说明评估信度较高，评估结果才可靠。按照统计资料和调整的因素进行效度验证是保证评估结果有效性、客观性的常用方法。该方法是把蝴蝶园品牌的现有获利能力作为基数，使品牌的价值建立在客观的基础上，有了真实的现在，才会有客观的未来。通过对蝴蝶园品牌市场力量因素系数的计算和分析，把品牌利润指标以外的价值内容反映在内，并且延伸到未来，将未来的获利能力涵盖其中，把一个问题从两个角度互相补充地考察，保证了品牌价值的完整性，并使蝴蝶园的品牌价值体现未来的市场竞争力；全面、客观、现实，并与未来相结合。

### 5.4.5.5 评估的方法

（1）成本计量法

对于蝴蝶园品牌而言，其资产的原始成本占据着不可替代的重要地位，因此，对其品牌的评估应从资产的购置或开发的全部原始价值，以及考虑品牌再开发成本与各项损耗价值之差两个方面考虑。为此，前一种方法又称为历史成本法，后一种方法又称为重置成本法。

评估品牌最直接的方法是计算其历史成本，而历史成本法考虑的是直接依据蝴蝶园品牌资产的购置或开发的全部原始价值进行估价，计算对该品牌的投资，包括设计、创意、广告、促销、研究、开发、商标注册，甚至专属于创建该品牌的专利申请费等一系列开支。蝴蝶园品牌的成功，是各方面积极配合的结果，很难计算出真正的成本，因为已经把这些费用计入了产品成本或期间费用。怎样把这些费用再区分出来是一个相对困难的事情。即使可以，历史成本的方法也存在一个很大的问题，它无法反映现在的价值，因为未将过去投资的质量和成效考虑进去。使用这种方法，会高估失败或较不成功的品牌价值。

重置成本法主要考虑品牌重置成本和成新率，此二者的乘积即是品牌价值。重置成本是第三者愿意为该品牌的出价，相当于重新建立一个全新品牌所需的成本。蝴蝶园自创品牌由于财会制度的制约，一般没有账面价值，则只能按照现时费用的标准，估算其重置的价格总额。外购品牌的重置成本一般以品牌的账面价值为依据。而成新率是反映品牌的现行价值与全新状态重置价值的比率。一般采用专家鉴定法和剩余经济寿命预测法加以判定。

重置成本法的基本计算公式为

$$品牌评估价值 = 品牌重置成本 \times 成新率$$

其中

$$品牌重置成本 = 品牌账面原值 \times \frac{评估时物价指数}{品牌购置时物价指数}$$

$$品牌成新率 = \frac{剩余使用年限}{已使用年限 + 剩余使用年限} \times 100\%$$

使用这种方法的一个最大弊端是：重新模拟创建一个与被评估品牌相同或相似的品牌的可能性和可行性均很小，且太浪费时间。

（2）市价计量法

这种方法是资产评估中最方便的方法，如今也有人将其适用于品牌评估之中。它是通过市场调查，选择一个或几个与评估蝴蝶园品牌相类似的品牌作为比较对象，分析比较对象的成交价格和交易条件，通过对比估算出品牌的价值。参考的数据有市场占有率、知名度、形象或偏好度等。应用市价计量法，必须具备两个前提条件：一是要有一个活跃、公开、公平的市场；二是必须有一个近期、可比的交易参照物。

（3）收益计量法

收益计量法又称收益现值法，是通过估算蝴蝶园未来的预期收益（一般是"税后利润"），并采用适宜的贴现率折算成现值，然后累加求和，借以确定蝴蝶园品牌价值的一种方法。其主要影响因素有：①超额利润；②折现系数或本金化率；③收益期限。

收益计量法是目前应用最广泛的方法，因为对于蝴蝶园品牌的拥有者来说，未来的获利能力才是真正的价值，所以要计算品牌的未来收益或现金流量。该种方法通常是根据蝴蝶园品牌的收益趋势，以未来每年的预算利润加以折现，具体则是先制订业务量计划，然后计算出收入，再扣除成本费用计算利润，最后折现相加。

收益计量法计算的蝴蝶园品牌价值由两个部分组成：一是品牌过去的终值（过去某一时间段上发生收益价值的总和）；二是品牌未来的现值（将来某一时间段上产生收益价值的总和）。其计算公式为这两部分之和。

# 5.5  蝴蝶园连锁经营

中国《商业特许经营管理办法》第二条规定：本办法所称商业特许经营（以下简称特许经营），是指通过签订合同，特许人将有权授予他人使用的商标、商号、经营模式等经营资源，授予被特许人使用；被特许人按照合同约定在统一经营体系下从事经营活动，并向特许人支付特许经营费。根据这一规定，特许经营作为特殊经营模式的特征是特许人通过合同转让使用自己的商标、商号、经营模式等在内的特许经营权，取得特许经营权的被特许人按照合同在统一经营体系下从事经营活动，并向特许人支付特许经营费。双方的合作基础分别是特许人的知识产权和经营模式，以及被特许人的投入资本。特许人一般会通过合同掌握特许加盟店的最终管理权，而被特许人对自己的投资拥有所有权。双方通过合作各取所需，互利双赢。

值得注意的是，特许经营中特许人和被特许人之间并没有隶属关系，双方并非母子公司，也不是合伙人，也不属于代理。确切地说，是特许人把自己的商标、专利和管理技术等知识产权授权被特许人有偿使用，由此以整体统一的商业形象和管理模式对外营业。而对于所有的被特许人来说，彼此之间是没有直接关系的。

蝴蝶园特许连锁经营是指蝴蝶园将自己所拥有的商标、品牌、项目、专利和专有技术、经营模式等以特许经营合同的形式授予被特许者使用，被特许者按合同规定，在特许者统一的业务模式下从事经营活动，并向特许者支付相应的费用。由于特许蝴蝶园的存在形式具有连锁经营的统一形象、统一管理等基本特征，也称之为特许连锁。

## 5.5.1  连锁经营的类型

（1）直营连锁：蝴蝶园直营连锁，指连锁经营的所有蝴蝶园都是由同一经营实体所有的一种连锁经营类型。

（2）自愿连锁：蝴蝶园自愿连锁，指连锁经营的所有蝴蝶园资本所有权独立、采用统一模式、协调经营、协议定价的一种连锁经营类型。

（3）加盟连锁：蝴蝶园加盟连锁，又称蝴蝶园特许经营、契约连锁或特许连锁，指连锁经营的所有蝴蝶园均以单个蝴蝶园经营权的授权为核心的一种连锁经营类型。

## 5.5.2  连锁经营的形态

（1）标准连锁：指连锁经营的所有蝴蝶园采取由配送中心统一配货的方式来操作，各连锁蝴蝶园无独立进货和自由操作的权限。标准连锁经营一般要求统一标志、统一模式、统一管理、统一形象、统一服饰、统一配货、统一结算、统一蝶园文化等。

（2）非标准连锁：指连锁经营的所有蝴蝶园，除统一标志以外，其余的经营形态全部由各蝴蝶园来完成，也可以称之为"准连锁"蝴蝶园，其目的就是快速占领市场，缩短与对手竞争的时间。

（3）加盟式连锁：指连锁经营的所有蝴蝶园，只要交纳一定数量的加盟费，就可成为该连锁蝴蝶园中的一员。

## 5.5.3　连锁经营的优势

（1）连锁经营作为一种现代商业运作模式，已成为时代潮流的发展方向，其独特的经营机制显现出强大的生命力。

（2）在市场经济迅猛发展的今天，以消费者为中心的市场模式已是大势所趋，而连锁经营正适应了这种模式的变革。

（3）连锁经营是商业运作的高级形式。实践证明，连锁经营是前所未有的最成功的市场策略。

（4）根据全球性市场调查，超过92%的由独立经营转为连锁经营的案例说明，连锁经营获得成功的比率极大。

（5）统计表明，独立开办公司的业主，成功率不到20%，而加入连锁体系开办的企业，成功率高达90%。

（6）连锁经营的最大优势是：获得一个成功的经营模式，直接拥有他人的成功经验和品牌优势，站在巨人的肩膀上创业。

（7）连锁经营的加盟方同样也是独立法人，享有管理权和支配权。

（8）收取固定加盟金、保证费，不收取每年固定许可金、管理费等，采取资源共享的方式，协同发展，更能实现创业方和加盟方的利益双赢。

（9）众多的连锁子系统围绕连锁主系统运行，形成规模巨大的经营系统，将现代化大工业、大生产的组织原则应用于商业、服务业领域，达到了提高协调运作能力和规模效益的目的。

以上其他企业连锁经营所表现出的巨大优势以及创造出的成功经验，对蝴蝶园也一样适用。

## 5.5.4　连锁经营的操作

### 5.5.4.1　标准化

蝴蝶园连锁经营的组织形式，是由众多蝴蝶园构成的一种经营联合体，连锁形象地揭示了这一联合体中每个单位要素的性质是无区别的。基于这个基本特征，标准化得以广泛使用。当用标准化来统一众多连锁蝴蝶园的经营服务活动时，连锁各蝴蝶园的经营就不光"貌"似，而且"神"合了。

蝴蝶园的连锁经营是将已获得的经验和技术转化为可操作的标准化形式，并运用标准化可传达性、可复制性和可操作性来开展连锁经营。标准化的使用，使庞大的连锁蝴蝶园体系在专业化分工基础上按设计规定的工作标准去操作，工作目标明确，操作界限清楚，以明确的工作标准克服因人而异、因园而异的复杂因素，简化了经营管理和业绩的考核，便于总部对连锁蝴蝶园的监控。

标准化是个体系，标准的制订应全面周详、清晰易懂、可操作性强，并在实施运行中根据市场变化而相应调整。

### 5.5.4.2  专业化

蝴蝶园的连锁经营是把每个相互独立的蝴蝶园有机地组合在一起，形成一个高度集中的经营体系，并实现决策、建设、管理、营销、配货、广告、策划、培训等统一和协调，从而提高了蝴蝶园运行的专业化程度和经营效率。

专业化程度的提高，使得蝴蝶园各个岗位的工作相对简单化，使每个岗位的员工易于操作，提高了工作效率，进而降低了人工成本，简单化使专业化程度进一步提高。比如专业化的营销队伍，必然促使蝴蝶园营销服务水准的提高，迎合了现代消费的需求。

### 5.5.4.3  规范化

蝴蝶园连锁经营，其实质是一种集团性经营，是连锁总部管控下若干个蝴蝶园统一进行的无差别建设、管理和服务活动，因此，需要以规范化克服经营管理中的差别性。统一经营管理，分散营销服务，就是要求连锁蝴蝶园不光建立一个有效的管理体系和一套完好的管理制度，还必须按统一规范的指令行事。标准化的经营服务和专业化的经营方式依靠规范化的管理来达到目的，要使众多的连锁蝴蝶园在总部的统一组织下有条不紊地开展经营活动，规范化管理是最重要的一个方面。

蝴蝶园连锁经营的成败取决于其经营管理水平。整个营运过程的专业化分工，必然要求规范化运行，如布园选址、规划设计、设备配置、项目布局、人事培训、采购配送、促销宣传、会计核算、财务管理、财产保险、法律事务、房地产、经营方针和经营规划、经营决策等各项职能由总部承担；货物保管、设备使用、安全保卫、营销服务、现场管理、资金回笼、商业信息等职能由各连锁蝴蝶园承担。因而，连锁总部要求所有下属蝴蝶园必须执行总部指令，规范经营活动，提高各个蝴蝶园的运作质量和效率。

### 5.5.4.4  现代化

蝴蝶园的连锁经营，作为最具代表性的现代蝴蝶园经营组织形式，必须依靠现代化的管理工具和管理技术，才能真正发挥蝴蝶园连锁经营的优势，极大地提高蝴蝶园的总体经营效率。

现代化的主要特征之一，是信息技术日益渗透到商业组织经营管理中。蝴蝶园的连锁经营运作，存在着人流、物流、资金流和信息流。信息流综合反映了其他三流的动态变化，信息系统处理着各种数据信息，将复杂的数据信息统计汇总成决策者所需要的各种有效信息。运用计算机管理，可以处理大量的商业信息和管理信息，使复杂的经营和管理事务得以迅速、快捷地处理，并运用现代网络等传输工具发出指令，使连锁总部管理决策层随时了解各连锁蝴蝶园的经营信息，掌握各连锁蝴蝶园的经营动态，从选择供应商、订货、运输、配送、储存、上架、销售到统计、汇总、计算、分析，从促销模拟、销售策划到业绩评比、工作考核等，均实施电脑化管理，使整个蝴蝶园连锁系统的经营和管理处于灵敏和最佳的应对状态。

# 5.6　蝴蝶园延伸项目开发

蝴蝶园延伸项目开发，就是充分利用蝴蝶园的现有资源条件（比如地理区位、土地资源、生态资源、植被资源、技术资源、设备设施资源、游客资源等），围绕蝴蝶园的主体经营活动，延伸开发与之相关的蝴蝶及其蝴蝶文化项目和产品。

蝴蝶园的延伸项目开发是蝴蝶园经营活动的进一步深化，其目的不外充分利用蝴蝶园已有或潜在的各种资源，进一步提升蝴蝶园的经营品质，丰富蝴蝶园的经营内涵，扩大蝴蝶园的社会影响，增加蝴蝶园的经营收入。

蝴蝶园本身属于旅游业范畴，而蝴蝶园的延伸项目开发则远远超出了旅游业的范围。可以肯定地说，蝴蝶园的延伸项目开发是实现蝴蝶园可持续发展的重要战略举措。根据目前国内外蝴蝶园延伸项目开发的社会实践，经大致归纳，其内容横跨蝴蝶养殖业、蝴蝶加工业、蝴蝶商贸业和蝴蝶文化产业四大系列，形式林林总总，初步表现出蝴蝶产业化的端倪。随着这些延伸项目的不断发展和完善，对于项目实施地的社会和经济发展产生了不可估量的影响，形势令人鼓舞。

## 5.6.1　蝴蝶养殖项目

### 5.6.1.1　蝴蝶园开发蝴蝶养殖项目的意义

（1）丰富蝴蝶园的经营内涵。蝴蝶园开发蝴蝶养殖项目，可以将蝴蝶养殖过程景观化，是蝴蝶园开展科普教育、寓教于乐的重要形式。

（2）降低蝴蝶园的经营成本。蝴蝶园开发蝴蝶养殖项目，就地利用蝴蝶园场地资源，适地适蝶，生产部分适合当地生长的活蝴蝶，用于观赏园放飞，可以增加放飞蝶种的活力，延长放飞蝶种的寿命，从而大大降低蝴蝶园的经营成本。

（3）提升蝴蝶园的经济效益。蝴蝶园开发蝴蝶养殖项目，一方面蝴蝶的自养自用可以部分降低蝴蝶园经营成本，另一方面富余的活蝴蝶还可以调剂供给其他蝴蝶园，以提高本蝴蝶园的经济效益。

### 5.6.1.2　蝴蝶园开发蝴蝶养殖项目的原则

（1）一场多能原则

在蝴蝶园中开辟蝴蝶养殖场，既是为了生产蝴蝶，增加蝴蝶数量，满足观赏园的用蝶需求，也是为了丰富蝴蝶园的经营内涵，增加蝴蝶园游览观赏的内容和深度。从某种意义上讲，蝴蝶园中的蝴蝶养殖场，其观赏功能甚至大于生产功能。

（2）相对集中原则

蝴蝶园养殖蝴蝶品种不易过多，应相对集中，最多不超过10个品种，这样：

1）有利于集中栽植蝴蝶寄主植物。

2）有利于寄主植物的维护、管理和更新。

3）有利于蝴蝶养殖技术的培训。

4）有利于提高蝴蝶的养殖效率。

（3）适地适蝶原则

蝴蝶园养殖的蝴蝶最好是适合观赏的当地蝶种，相比外来蝶种而言，其好处如下：

1）寄主植物相对易得，蝴蝶养殖相对容易。

2）适应当地环境气候，蝴蝶生命力相对旺盛。

3）减少包装环节，蝴蝶损坏相对较小。

4）减少运输时间，蝴蝶寿命相对较长。

（4）随养随用原则

在蝴蝶园养殖蝴蝶，几乎可以顺心所欲，养什么、用什么，随时养、随时用，基本不受限制。这样，不仅减少了天敌危害的可能性，疾病感染率相对较低，而且蝴蝶鲜活、健康、完整，不像远距离供蝶那样，必须积攒到一定数量，按照事先约定的蝶种、数量、规格、质量和时间，提前计划、提前准备、提前办理运输、检疫等各种手续，妥善包装、及时托运，否则就会造成问题甚至经济损失。

（5）灵活调配原则

蝴蝶园养殖蝴蝶，不是养多少、用多少，而要积极运筹、善于与友邻蝶园相互调剂。当短时间生产量过大时，应及时调出，减少积压；当蝶园保蝶量过少、影响观赏效果时，应根据需求及时调入。这样，既可以降低成本，又可以增加收入，可谓两全其美。

### 5.6.1.3　蝴蝶园开发蝴蝶养殖项目的方法

（1）办证

根据《中华人民共和国野生动物保护法》，凡进行蝴蝶养殖，养殖单位或个人，必须到当地林业部门申请办理《野生动物驯养许可证》。蝴蝶园如果要开发蝴蝶养殖项目，也必须办理相关证件，否则，属于非法养殖。

（2）选址

在蝴蝶园中建设蝴蝶养殖场，其场址选择非常重要。一般应注意：

1）不应影响蝴蝶园的其他主题工程、基础工程和配套工程建设。

2）土壤酸碱度在6～8。

3）便于排水、灌溉。

4）交通方便，便于物资运输。

5）易于人流疏导。

（3）建设

在蝴蝶园中建设蝴蝶养殖场,其设施与环境应注意与蝴蝶园的整体形象和风格相协调。

1）蝴蝶养殖所用建筑要美观,适于观赏、摄影。

2）蝴蝶养殖场环境要自然优美,适于游览、体验。

3）养殖蝴蝶的寄主植物要讲究栽植方式、整形方式和管理方式,要求排列整齐,视觉效果好。

4）养殖蝴蝶的蜜源植物要求有点、有线、有面,形成色斑、色带、色块,既满足蝴蝶的采蜜需求,又满足游客的观赏需求。

（4）内容布局

参见第三章蝴蝶主题公园建设中的蝴蝶养殖园建设部分。

## 5.6.2　蝴蝶加工项目

### 5.6.2.1　蝴蝶园开发蝴蝶加工项目的意义

（1）资源循环

在蝴蝶园开发蝴蝶加工项目,可以实现蝴蝶资源的循环利用。将观赏园中死亡的蝴蝶收集起来,加工成蝴蝶标本、蝴蝶工艺品等,使废物资源化,进行第二次再利用,其意义不言而喻。

（2）资源增值

在蝴蝶园开发蝴蝶加工项目,使废旧的蝴蝶通过加工,变化成更具观赏和收藏价值的工艺品和艺术品,可以满足游客对于居室和工作环境的装饰、美化需求和个性化的审美需求,其产品的市场价值将远远高于蝴蝶的原料价值。

（3）增加游客的参与性

在蝴蝶园开发蝴蝶加工项目,可以增加项目的参与性和趣味性,将此作为蝴蝶园举办的专项经营活动,比如开展蝴蝶工艺品制作比赛等,能够更深入地吸引游客,尤其是广大青少年。

### 5.6.2.2　蝴蝶园开发蝴蝶加工项目的原则

（1）因地制宜原则

在蝴蝶园开发蝴蝶加工项目,应根据自身的资源条件、环境条件、设施条件和技术条件,选择切实可行、易于操作的加工项目。

（2）收旧利废原则

在蝴蝶园开发蝴蝶加工项目,要尽可能实现废旧蝴蝶的再次利用和循环利用,包括蝴蝶尸体、残翅、鳞片、粪便在内的所有物质,都要争取做到物尽其用。

（3）突出特色原则

在蝴蝶园开发蝴蝶加工项目,一定要立足蝴蝶做文章,要以蝴蝶及其相关材料为加工原料或加工创意,生产具有蝴蝶成分、蝴蝶元素、蝴蝶色彩、蝴蝶形象、蝴蝶内涵的个性化蝴蝶加工产品。

### 5.6.2.3　蝴蝶园开发蝴蝶加工项目的方法

（1）认真开展市场调研

通过市场调研，摸清市场现有蝴蝶加工产品的类型、规模、销售情况、目标客户、市场反映等，对相关调研数据进行认真分析，以便知己知彼、力求做到胸有成竹。

（2）慎重选择加工项目

在市场调研的基础上，再根据自身的资源条件、环境条件、设施条件和技术条件，按照上述原则，选择适合自身、切实可行、易于操作的加工项目。

（3）科学构思产品设计

产品是蝴蝶加工价值的直接载体。产品的外观、形象、功能、美感、声誉等，将会影响产品的销售和价值实现，进而影响蝴蝶加工项目的命运和可持续发展。所以，在进行蝴蝶加工产品设计时，不仅要关注产品的外在表现，更要关注产品的内在因素，比如游客拥有产品时的心理满足感。

（4）严格控制产品生产

任何时候，产品的质量都是考量产品价值的重要因素，蝴蝶加工产品也不例外。但好的质量需要在其生产过程中层层把关，每一道工序都必须严格要求、严格检验，否则，就无法保证蝴蝶加工品的质量。

**图5-20**　蝴蝶标本加工

（5）精心策划产品销售

作为蝴蝶园开发蝴蝶加工项目，目的是获得经济利益。无论多么好、多么美、多么高质量的蝴蝶加工产品，最终都必然要接受市场的检验，也就是消费者是否认可并愿意花钱购买。因此，再好的产品，只有通过精心策划的产品销售和热情周到的售后服务，才能让消费者真正动心，从不知道到知道、从不了解到了解、从不购买到购买（图5-20）。

## 5.6.3　蝴蝶贸易项目

### 5.6.3.1　蝴蝶园开发蝴蝶贸易项目的意义

产品买卖的过程，就是贸易。蝴蝶及其加工品、衍生产品，只有通过买卖才能实现其价值，这就是蝴蝶园开发蝴蝶贸易项目的意义所在。

### 5.6.3.2　蝴蝶园开发蝴蝶贸易项目的原则

开展蝴蝶及其加工品的贸易活动，必须遵循以下原则：

（1）遵纪守法

进行蝴蝶及蝴蝶加工产品的贸易，一定要遵守国家的法律、法规和相关政策，要遵守有关的国际公约，不得乱捕滥猎、非法交易。

（2）持证经营

进行蝴蝶及蝴蝶加工产品的贸易，必须持证经营。根据国家规定，野生动植物及其产品的贸易，经营者需向当地林业部门申办相关证件。经营国家保护的野生蝴蝶及标本，按规定，必须经过相关各级林业主管部门的专门批准，一类保护品种必须经国家林业局批准。

（3）严格管理

根据目前国内外的实践经验，进行蝴蝶及蝴蝶加工产品的贸易，通常是划定专门区域、由经过专门培训的专业人员进行管理。目的在于：

1）严格检查，严防非法经营。

2）专业服务，理性蝴蝶贸易。

3）深入一线，随时掌握情况。

4）加强监督，确保公平交易。

### 5.6.3.3　蝴蝶园开发蝴蝶贸易项目的方法

（1）办证

根据《中华人民共和国野生动物保护法》，凡进行蝴蝶贸易，无论单位或个人，必须到当地林业部门申请办理《野生动物经营许可证》、《野生动物运输许可证》、《动植物检疫证》等相关证件。蝴蝶园如果要开发蝴蝶养殖项目，也必须办理相关证件，否则，属于非法经营。

（2）开辟贸易场所

蝴蝶园开发蝴蝶贸易项目，应开辟专门贸易场所，并且规定蝴蝶及其加工品的贸易活动，只能在此场所中进行，否则应予以取缔。

（3）指定专人负责

蝴蝶园开发蝴蝶贸易项目，应指定专人负责，明确岗位职责，制订相关制度，落实各级责任。赏罚分明，奖惩兑现。

## 5.6.4　蝴蝶文化项目

### 5.6.4.1　蝴蝶园开发蝴蝶文化项目的意义

（1）蝴蝶文化项目蕴涵着巨大的商业价值。

（2）蝴蝶文化产品的开发一般不受自然气候的影响。

（3）蝴蝶文化开发，是知识创新、产业创新、市场创新的最佳形式。

（4）蝴蝶园开发蝴蝶文化项目，具有先天优势。

### 5.6.4.2　蝴蝶园开发蝴蝶文化项目的原则

（1）以人为本

一方面，进行蝴蝶文化项目的开发，其目的是为人服务，是满足目标消费者的精神和文化需求；另一方面，蝴蝶文化开发从本质上讲是人的智慧的开发。因此，蝴蝶文化开发不仅离不开人，而且要真真实实重视人才、尊重人才，采取一切办法吸引人才，努力为人才发挥聪明才智创造条件，否则，蝴蝶文化的开发只是空谈，很难产生实际效果。

（2）以蝶为先

蝴蝶园的蝴蝶文化开发项目，要始终坚持以蝴蝶为重要元素，一切从蝴蝶出发，紧紧围绕蝴蝶的文化属性做文章，尤其要关注蝴蝶所涉及的爱情文化和蝶变文化，注重蝴蝶文化中对人类美好意向和崇高价值的追求和辐射，让美丽传播美丽，让梦想传递梦想。

（3）因地制宜

蝴蝶文化开发与蝴蝶园所处位置、人文环境、文化氛围、人才条件等关系密切，必须因地制宜、因时制宜、因事制宜、量力而行。

（4）与时俱进

蝴蝶文化开发只有项目规模的大小而没有项目意义的大小之分。无论大小项目，只要是紧扣时代脉搏的、折射时代精神的、反映时代变化的、弘扬时代正气的，就一定具有其生长的空间、存在的价值。所以，蝴蝶园的蝴蝶文化开发，一定要与时俱进，弘扬真、善、美，鞭挞假、恶、丑，始终为社会提供具有高尚情趣的精神产品。

### 5.6.4.3　蝴蝶园开发蝴蝶文化项目的方法

（1）发现和引进人才

文化开发必需引进人才。发现真正有实力、高水品的人才，采取有效措施引进人才，并为他们创造安居乐业的生活和工作条件，是蝴蝶园开发文化项目的成功之道。

（2）发现和引进项目

以蝴蝶为题材的文化项目，内涵丰富、容量巨大，可以涵盖教育、文学、影视、戏剧、音乐、绘画、摄影、婚庆、动漫、数码等多个门类。当然，发现和引进好的蝴蝶文化项目，同样需要有真才实学、有鉴赏能力的专业人才为此努力。

（3）创造适宜文化开发的环境

文化创造需要适宜的环境。一个好的文化环境的形成，需要有好的领导、好的群众、好的制度、好的机制，还要逐步养成好的习惯，逐步形成好的氛围、好的传统。这样，好的蝴蝶文化产品才会层出不穷。

（4）不以成败论英雄

通常情况下，蝴蝶文化产品的开发不是一朝一夕就能立竿见影。开发文化产品速度相对较慢、周期相对较长，而且失败的可能性较大，这是常识，所以不能以成败论英雄。但是，蝴蝶园要想多出成果、快出成果，还是要给出成果者以必要的物质和精神鼓励。尤其是对出高质量、高水平，并造成较大社会影响的文化成果，更要重奖。对失败者讲究宽容只是手段，其最终目的仍然是为了给机会让其再出成果、出好成果。

# 第六章 国内蝴蝶园概览

中国的蝴蝶园最早出现在宝岛台湾，可以追溯到20世纪的50年代，是在台湾省南投县埔里镇的余木生先生创建的木生昆虫博物馆中，至今已有60多年的历史。而在中国大陆，蝴蝶园则是伴随着中国的改革开放，随着中国社会的经济发展和人民生活水平的普遍提高而产生和发展起来的新型游览观光项目。

据粗略统计，截至目前为止，全国各地已先后建设大大小小、形形色色的蝴蝶园30多个，主要分布在中国的台湾、北京、云南、海南、四川、贵州、广东、广西、陕西、辽宁、河南等地。总的情况可以概括为：规模大小不一，发展速度惊人；形式千奇百怪，质量参差不齐；群众喜闻乐见，市场潜力巨大。但是，也要看到，与国外尤其是发达国家相比，中国的蝴蝶园总体来讲存在起步晚、规模小、投资少、技术含量低、建设质量差、管理粗放等问题。其中一些蝴蝶园甚至出现有名无实、挂羊头卖狗肉的现象。有少数蝴蝶园由于种种原因难以为继，不得不关闭掉。因此，要想推动我国蝴蝶园的建设事业朝着技术含量更高、表现形式更美、展示内容更具品位、传达信息更加丰富、综合宣传和教育效能更加全面的方向发展，还有许许多多艰苦细致的工作要做。

本章选择全国各地的24个蝴蝶园加以介绍，其中有云南4个、台湾3个、海南3个、北京2个、四川2个、福建2个、广西2个、广东2个、湖南1个、辽宁1个、湖北1个、陕西1个，以利后来者参考和借鉴。由于收集相关资料的时间跨度较长，其中有些蝴蝶园可能已经发生了比较大的变化，这里只能以收集资料时的情况作为依据。另外，所介绍的蝴蝶园、蝴蝶谷或蝴蝶花园，不论其规模大小、建设先后、名称如何，一律按省区随机排列，并以蝴蝶园相称。

# 6.1 北京植物园蝴蝶园

北京植物园蝴蝶园位于北京西郊的北京植物园内，与植物园大温室——万生园毗邻，是2005年利用原植物园老温室改建而成，2007年为了迎接北京奥运会又进行了修缮和改造，以后每年都在充实和完善。蝴蝶园占地约5000m²，其中建有3幢独立玻璃温室和1幢阳光板温室，玻璃温室每幢200多平方米，阳光板温室400m²。园中设有活蝴蝶放飞区、蝴蝶标本展示区、蝴蝶科普实验区以及蝴蝶羽化室、各种蝴蝶蜜源植物、背景植物、小桥流水等蝴蝶生态景观；园外是观赏花卉、常绿乔灌木等园林环境景观。蝴蝶园还设有专门的游客服务区（见图6-1和图6-2）。

该蝴蝶园的特点是地处京西香山脚下的北京植物园内。北京植物园是国家级AAAA旅游景区、全国林业科普基地、全国野生植物保护科普教育基地、全国青少年科技教育基地、中央国家机关思想教育基地、北京市科普教育基地、北京市首批精品公园。蝴蝶园毗邻万生园，万生园是由中国国家前主席江泽民题字，建筑面积达9800m²，是目前亚洲最大、世界单体温室面积最大的展览温室。因此，蝴蝶园的外部景观大气磅礴，属于中国北方城市园林中的佼佼者。该蝴蝶园的优点是位置优越，借景丰富，环境优美，这在中国北方地区尤为难得；弱点是由老温室改建而成，结构不够合理。

**图6-1** 北京植物园蝴蝶园（一）

图6-2　北京植物园蝴蝶园（二）

## 6.2　北京七彩蝶园

北京七彩蝶园位于北京市顺义区高丽营镇，规划总占地面积约666hm，2009年部分建成开放（见图6-3和图6-4）。现已建有阳光板温室和普通网室两种蝴蝶观光园，设有蝴蝶观赏区、蝴蝶科普世界、蝴蝶文化区、蝴蝶放飞广场、DIY体验区、游客服务区等多个区域。集旅游观光、亲子体验与科普教育为一体。

该蝴蝶园的特点是面积大，蝴蝶主题突出，蝶园大门宏伟，经营内容丰富，除蝴蝶项目外，还有水果采摘项目等。但由于地处北京市郊县，是在原农地果园基础上新建，建筑材料几乎全部采用阳光板，显得大而不精，且外部景观相对单调。

**图6-3**
北京七彩蝶园（一）

**图6-4**　北京七彩蝶园（二）

## 6.3　成都翡翠蝴蝶园

　　成都翡翠蝴蝶园位于四川省成都市东城区的东湖之滨，2005年建成并投入使用。蝴蝶园占地2300m²，其中全空调温室1000m²。园中设有活蝴蝶放飞区、蝴蝶知识展示区、游客服务区以及蝴蝶羽化室、各种蝴蝶蜜源植物、背景植物、微型瀑布、水体沙坑等蝴蝶生态景观（见图6-5和图6-6）。

该蝴蝶园的特点是由法国建筑师设计，构思巧妙，结构人性化，造型美观。蝴蝶园分上下两层。下层是人蝶共室，游人在园中观蝶；上层均衡布局着高低不同、粗细各异的5个大型中空玻璃圆柱，周围是开放式茶园，游人可在上面边品茗、边观蝶。从一层到两层，不仅有为健康人设置的普通楼梯，还有专门为残障人士设置的无障碍通道。由于该蝴蝶园建在房地产项目的中心绿地上，项目建成后，居民入住小区，蝴蝶园的经营活动与小区居民生活形成矛盾，现已关闭。

**图6-5**
成都翡翠蝴蝶园（一）

**图6-6**
成都翡翠蝴
蝶园（二）

# 6.4 成都欢乐谷蝴蝶园

成都欢乐谷蝴蝶园，又称欢乐谷蝴蝶花园，是在成都翡翠蝴蝶园关闭后在成都地区建设的又一座蝴蝶园，位于四川省成都市金牛区的成都欢乐谷主题公园内，2008年建成并投入使用。蝴蝶园占地1200m²，其中欧式玻璃温室400m²，这也是目前国内蝴蝶园中形式最别致、外形最美观、建设最精致的一座蝴蝶观赏温室。园中设有活蝴蝶放飞区、游客服务区以及蝴蝶羽化室、各种蝴蝶蜜源植物、背景植物、水体沙坑等蝴蝶生态景观（见图6-7～图6-9）。

该蝴蝶园所处的"成都市欢乐谷"项目，是成都市文化产业重点项目和旅游产业重点项目，距成都天府广场6.6km。项目占地47万m²。园区由阳光港、欢乐时光、加勒比旋风、巴蜀迷情、飞行岛、魔幻城堡、飞跃地中海等七大主题区域组成，其中设置了130余项体验观赏项目(含蝴蝶园)，包括43项娱乐设备设施、58处人文生态景观、10项艺术表演、20项主题游戏和商业辅助性项目。该蝴蝶园由新加坡设计师设计，优点是造型美观、小巧别致、中央空调系统显得园内环境控制更具现代化；缺点是面积太小、游客容量有限。

**图6-7**
成都欢乐谷蝴蝶园（一）

**图6-8** 成都欢乐谷蝴蝶园（二）

**图6-9**
成都欢乐谷蝴
蝶园（三）

## 6.5 昆明圆通山蝴蝶园

昆明圆通山蝴蝶园位于云南省昆明市的圆通山动物园内，2003年利用圆通山动物园的孔雀馆改建而成。蝴蝶园占地1000m²，其中阳光板温室600m²。园中设有活蝴蝶放飞区、蝴蝶知识展示区、游客服务区以及蝴蝶羽化室、各种蝴蝶蜜源植物等（见图6-10和图6-11）。

该蝴蝶园的优点是地处昆明市区的圆通山动物园内，设园环境条件好，旅游市场相对成熟；缺点是建设形式比较粗放，展示内容相对简陋。

**图6-10**
昆明圆通山蝴蝶园（一）

图6-11 昆明圆通山蝴蝶园（二）

## 6.6 昆明世博园蝴蝶园

昆明世博园蝴蝶园位于云南省昆明市的世界园艺博览园（简称世博园）内，始建于1999年，当时规模很小，占地仅300m²，网室型。2012年，调至世博园大温室中厅重新建设，占地710m²。园中设有活蝴蝶放飞区、蝴蝶知识展示区、游客服务区以及蝴蝶羽化室、各种蝴蝶蜜源植物、背景植物、小桥流水等蝴蝶生态景观（见图6-12和图6-13）。

该蝴蝶园的特点是地处昆明世界园艺博览园主园区中心地带的大温室内，形象美，借景丰富，环境优越。世博园是1999昆明世界园艺博览会会址，地处昆明东北郊的金殿风景名胜区。博览园占地面积约218hm，植被覆盖率达76.7%，水面占10%～15%。园区依山就势、气势恢弘，集全国各省、区、市地方特色和95个国家风格迥异的园林园艺精品、庭院建筑和科技成就于一园，体现了"人与自然，和谐发展"的时代主题。身处其中的蝴蝶园凭借世博园的区位和资源优势，自然得天独厚，获益颇多；但缺点是网室结构，其蝴蝶景观受天气和环境变化的影响较大。

**图6-12**
昆明世博园蝴蝶园（一）

**图6-13** 昆明世博园蝴蝶园（二）

## 6.7 云南大理蝴蝶园

大理蝴蝶园位于云南省大理市的蝴蝶泉公园内，1999年建成，2003年进行了改扩建。2004年1月1日，增建的蝴蝶大世界落成并对外开放。该蝴蝶园是直接在原蝴蝶泉公园的基础上，选择适合区域和地形，因地制宜建设了1个蝴蝶博物馆、800m²阳光板活蝴蝶观赏温室（又称蝴蝶大世界），园中还设有蝴蝶羽化室、各种蜜源植物、背景植物、小桥流水等蝴蝶生态景观以及游客服务区，并配套建设了30亩的蝴蝶养殖园（见图6-14～图6-16）。此外，还在蝴蝶泉边开展了面向游客的蝴蝶放飞活动。

该蝴蝶园的特点是地处著名游览胜地——蝴蝶泉，西靠苍山，东临洱海，风光秀丽，泉水清澈，降水丰富，植物繁茂，花枝不断，四时如春，非常适合蝴蝶的繁殖、生长和聚集。关于这里，明代旅行家徐霞客曾经有过一段动人的描述：蝴蝶钩足连须，首尾相衔，一串串地从大合欢树上垂挂至水面，五彩斑斓，蔚为奇观。历史上，大约每年的农历四月，都会有成千上万只美丽的蝴蝶聚集到此，形成独特的蝴蝶奇观，当地白族群众称之为"蝴蝶会"。每当"蝴蝶会"来临，总有许多适龄的白族青年男女来到蝴蝶泉边谈情说爱、互述衷肠、定终身。20世纪50年代轰动全国的电影《五朵金花》，对此有过极富感染力的表现，使这一奇异的蝴蝶景观得以蜚声遐迩，驰名中外。令人惋惜的是，近数十年，由于周围自然环境受到破坏，田野大量使用农药，人们已经很难看到昔日美丽的蝴蝶盛会。为了恢复蝴蝶泉的蝴蝶景观，当地政府、科研单位和技术人员做了大量工作。直到2004年，通过人工恢复手段，蝴蝶泉不仅开始部分重现历史上的蝴蝶景观，而且实现了一年四季、不分春夏秋冬，天天都有蝴蝶飞翔的奇妙景象。

图6-14　云南大理蝴蝶园（一）

图6-15
云南大理蝴蝶园（二）

**图6-16** 云南大理蝴蝶园（三）

# 6.8 云南西双版纳蝴蝶园

西双版纳蝴蝶园位于云南省最南端西双版纳傣族自治州勐养自然保护区的野象谷风景区入口处，距景洪47km，2003年建成并对外开放。蝴蝶园占地约1000m²，其中网室蝴蝶观光园为320m²。园中还设有活蝴蝶放飞区、蝴蝶标本展示区、游客服务区以及蝴蝶羽化室、各种蝴蝶蜜源植物等蝴蝶生态景观（见图6-17和图6-18）。

该蝴蝶园的特点是地处景洪野象谷风景区内。野象谷沟河纵横，森林茂密，一片热带雨林风光，亚洲野象、野牛、绿孔雀、猕猴等保护动物都在此栖息。由于景区处于勐养自然保护区东、西两片区的结合部，自然成为各种野生动物的通道。到这里活动的野象比较频繁，成为西双版纳唯一可以观赏到野象的地方。在中国要看亚洲野象，必须到西双版纳，到西双版纳看野象，又必须到野象谷，可见其独特的资源优势。凭借野象谷的区位和资源优势，蝴蝶的自然资源尤为丰富，在此建设蝴蝶园，既增加了风景区的旅游内涵，为野象谷锦上添花，又大大降低了蝴蝶园的管护成本，可谓一举两得。

**图6-17** 云南西双版纳蝴蝶园（一）

图6-18 云南西双版纳蝴蝶园（二）

# 6.9　海南三亚蝴蝶园

　　三亚蝴蝶园又称三亚蝴蝶谷，位于海南省三亚市的亚龙湾国家旅游度假区内，创建于1997年8月，占地1.5hm。入口处是标本展览馆，汇集中国和世界各地名蝶500余种，其中有金斑喙凤蝶海南亚种，是国家一级保护动物。蝴蝶谷由标本展览馆、网式生态蝴蝶观赏园、蝴蝶工艺品制作室、蝴蝶繁殖园和蝶文化商场五大部分组成，是以蝴蝶文化为主题，集科普、观光、休闲为一体的生态旅游景点。其中蝴蝶网室高12m，面积为1680m$^2$（见图6-19～图6-21）。

　　该蝴蝶园的特点是地处海南名景之一的三亚亚龙湾国家旅游度假区内，距三亚市区28km。亚龙湾旅游区是我国唯一具有热带风情的国家级旅游度假区，是海南最南端的一个半月形海湾，全长约7.5km，沙滩绵延7km且平缓宽阔，浅海区宽达50～60m；沙粒洁白细软，海水清澈洁莹，能见度7～9m。年平均气温25.5℃，海水温度22～25.1℃。海水浴场绝佳，被誉为"天下第一湾"。亚龙湾集中了现代旅游五大要素：海洋、沙滩、阳光、绿色和新鲜空气，呈现明显的热带海洋性气候，适宜四季游泳和开展各类海上运动。蝴蝶谷的建设和开放，无疑为亚龙湾风景区增添了不少神秘感和浪漫气息。该蝴蝶园的优点是区位优势明显，蝴蝶主题突出，配套设施相对完善；缺点是建设时间较早，表现方式相对滞后，蝴蝶景观不够丰富。

**图6-19**　海南三亚蝴蝶园（一）

**图6-20** 海南三亚蝴蝶园（二）

图6-21 海南三亚蝴蝶园（三）

## 6.10 海南五指山蝴蝶园

五指山蝴蝶园又称五指山蝴蝶牧场，位于海南省五指山市的五指山下，始建于2006年。建有网室型蝴蝶观赏园1600m²，此外还分别建有蝴蝶标本展示区、蝴蝶工艺品销售区、蝴蝶养殖区等（见图6-22和图6-23）。

　　该蝴蝶园的优点是地处热带雨林边缘山区，自然条件得天独厚，适宜蝴蝶的生存和活动，且蝴蝶的野生资源、蝴蝶寄主植物和蜜源植物来源丰富。蝴蝶园因地制宜，融蝴蝶观赏、蝴蝶养殖、蝴蝶科普、蝴蝶加工为一体；缺点是设施简单，交通不便。

**图6-22**　海南五指山蝴蝶园（一）

**图6-23** 海南五指山蝴蝶园（二）

## 6.11　海口金牛岭蝴蝶园

金牛岭蝴蝶园位于海南省海口市的金牛岭动物园内，由一个占地350m²的网室型蝴蝶观赏园和一个蝴蝶工艺品展示馆组成（见图6-24和图6-25）。

该蝴蝶园的优点是地处市区，方便游览，自然环境好，适宜蝴蝶生存和活动，蝴蝶园的维护成本低；缺点是规模太小，建设粗放，功能不配套。

**图6-24**
海口金牛岭蝴
蝶园（一）

**图6-25** 海口金牛岭蝴蝶园（二）

# 6.12 福州蝴蝶园

　　福州蝴蝶园位于福建省福州市国家级森林公园内，是利用公园内一片温室区域改造建设而成。蝴蝶园占地约3600m$^2$，其中的温室蝴蝶观赏园面积为600m$^2$，园中还设有蝴蝶标本展示区、科普区、蝴蝶羽化室、各种蝴蝶蜜源植物、沙坑以及游客服务区等（见图6-26和图6-27）。

　　该蝴蝶园地处福州国家森林公园内，碧水青山、瀑布奇石、古榕碑刻，珍稀植物资源和历史悠久的宋古驿道、清刘冰心墓、正心寺等构成了森林公园钟灵毓秀的园区风光和别具一格的人文景观。地处其中的蝴蝶园，环境优美，清新秀丽，令人赏心悦目。不幸的是，该蝴蝶园于2005年毁于一场特大台风造成的山洪。

**图6-26**
福州蝴蝶园（一）

**图6-27**
福州蝴蝶园（二）

# 6.13　厦门蝴蝶园

　　厦门蝴蝶园又称蝴蝶王国，位于福建省厦门市台湾民俗村内，民俗村总占地面积约40hm$^2$，蝴蝶园的各项功能设施分布其中，包括3000m$^2$网室型生态蝴蝶观赏园、蝴蝶养殖园、蝶趣园、台湾蝴蝶馆、蝴蝶文化艺术馆、娜麓湾歌舞剧场、游乐园、游客服务中心等。蝴蝶项目于1998年开始对外开放（见图6-28～图6-31）。2005年5月，蝴蝶园在中国林业科学研究院资源昆虫研究所和台湾木生昆虫馆的协助下举办了"首届海峡两岸蝴蝶节"，赢得了海峡两岸蝴蝶爱好者的广泛好评。

　　该蝴蝶园是以厦门台湾民俗村为基础进行建设的，蝴蝶园的各项功能设施散布其中。民俗村位于厦门岛东部环岛路旁，这里满目青山、奇石遍布，风景秀丽；又有多姿多彩的台湾历史、文化、民俗、歌舞、文艺、工艺、美食等展示，借此增加海峡两岸同胞的相互了解，促进文化艺术交流。园区内精心设计了"日月潭"、"净心瀑布"、"白鹭潭"、"玉龙溪"、"鸳鸯池"等景观，一年四季姹紫嫣红，花香四溢。在民俗村的和平堡和松石亭还可远眺小金门、大担、二担。该蝴蝶园的优点是规模宏大，内容丰富，融汇海峡两岸文化与特点；缺点是园区内容过于宽泛，显得蝴蝶主题反而有些分散。

**图6-28**
厦门蝴蝶园（一）

图6-29 厦门蝴蝶园（二）

图6-30
图6-30
厦门蝴蝶园（三）

**图6-31** 厦门蝴蝶园（四）

# 6.14　湖南森林植物园蝴蝶园

　　湖南森林植物园蝴蝶园位于湖南省长沙市的湖南省森林植物园内，植物园占地约113hm，蝴蝶园的各项功能设施分布其中，包括1000m²温室型蝴蝶观赏园、3200m²网室型生态蝴蝶观赏园、蝴蝶之窗、蝴蝶科普馆、婚庆园、爱情长廊以及游乐园、游客服务中心等。蝴蝶项目于2012年初建成并对外开放，同年10月，在中国林业科学研究院资源昆虫研究所和深圳天赋机构的协助下举办了"首届百万花·蝴蝶文化节"，赢得了广大市民和游客的一致好评（见图6-32～图6-34）。

　　该蝴蝶园以湖南省森林植物园全境为基础进行建设，是目前全国范围内规模最大的蝴蝶主题公园，内容丰富，包括蝴蝶温室、蝴蝶谷、蝴蝶科普馆、蝴蝶爱情长廊、蝴蝶之窗、婚庆园、蝴蝶主题餐厅等。2012年，在这里举办了首届长沙蝴蝶节，产生较大的社会影响。该蝴蝶园的优点是规模宏大，环境优美，主题突出，内容丰富且表现形式多样；缺点是起步较晚，展示内容相对粗放。

**图6-32** 湖南森林植物园蝴蝶园（一）

图6-33  湖南森林植物园蝴蝶园（二）

**图6-34**　湖南森林植物园蝴蝶园（三）

## 6.15　南宁良凤江蝴蝶园

　　南宁良凤江蝴蝶园位于广西壮族自治区南宁市郊的良凤江森林公园内，占地面积达5hm。其中建有2400m²混合型蝴蝶生态观光园（含温室600m²、网室1800m²），配套3000m²运动游乐场、650m²游客服务中心、260m²水晶休闲茶廊、2000m²露天森林茶苑和约40 000m²的绿色森林环境（见图6-35～图6-37）。

　　该蝴蝶园地处南宁良凤江国家森林公园内的良凤江畔，园内山环水绕，林木繁茂，芳草茵茵，野花点点，鸟语虫鸣，一派旖旎的自然风光。蝴蝶园的优点是周围环境宏阔、借景丰富，配套设施比较完备，温室和网室兼具的蝴蝶观赏园面积大，全年适用且运行成本相对低廉；缺点是位置相对偏僻。

**图6-35**　南宁良凤江蝴蝶园（一）

**图6-36**　南宁良凤江蝴蝶园（二）

图6-37 南宁良凤江蝴蝶园（三）

# 6.16　桂林阳朔蝴蝶园

　　桂林阳朔蝴蝶园又称阳朔蝴蝶泉，位于广西壮族自治区桂林市阳朔月亮山风景区"十里画廊"的精华旅游地段，距县城仅3km，是大桂林旅游圈新出现的一颗璀璨明珠，她因蝴蝶泉得名，占地36 000m²，内有蝶洞、蝶山瀑布、蝶桥、蝶山、蝶缘、蝶厅等景点，其中3800m²的"蝶缘"（目前中国最大的蝴蝶观赏园）里，蝴蝶与人和谐相处、亲切、自然（见图6-38）。

　　绕过蝶山栈道，可以从蝶桥步入曲径通幽的蝶山石林；有小漓江之称的遇龙河等田园风光尽收眼底；特别是那被当代著名诗人贺敬之亲笔题辞的"天下第一蝶"，堪称一绝。蝴蝶泉景区不仅有效地集自然景观、历史文化、登山保健、科普及休闲度假为一体，是一个生态旅游风景点，而且集奇山、秀水、田园风光为一体，是阳朔山水的典型代表。

**图6-38**　桂林阳朔蝴蝶园

## 6.17　旅顺蝴蝶园

　　旅顺蝴蝶园又称旅顺蝶恋花蝴蝶园，位于辽宁省旅顺市水师营街道小南村，2012年4月建成开放。蝴蝶园占地约2hm，其中分别建有1000m²活蝴蝶观赏园、放飞梦想广场、祈福广场、蝴蝶标本展示区、蝴蝶体验区、蝴蝶产品销售区等。其中用近2万只蝴蝶翅膀组成的"九龙壁"，高1.2m、宽6m，是该园的镇园之宝（见图6-39和图6-40）。

　　该蝴蝶园的优点是蝴蝶主题突出、设置内容丰富；缺点是起步晚，外部环境不够成熟，配套设施尚待补充和完善。

**图6-39**　旅顺蝴蝶园（一）

**图6-40**
旅顺蝴蝶园（二）

## 6.18　武汉东湖蝴蝶园

东湖蝴蝶园位于湖北省武汉市东湖风景区的听涛景区内，1999年建成开放。蝴蝶园包括蝴蝶景观以及蝴蝶生态、蝴蝶保护、蝴蝶教育、蝴蝶文化、蝴蝶工艺品等展示内容，以品花、赏蝶、戏蝶、蝴蝶摄影、蝴蝶放飞、蝴蝶标本制作、蝴蝶饲养等作为旅游休闲娱乐观光的主要内涵（见图6-41）。

该蝴蝶园的特点是区位优势明显，建设时间较早，蝴蝶主题突出。缺点是建设形式比较老旧，展示内容相对简陋。

图6-41　武汉东湖蝴蝶园

## 6.19　广州动物园蝴蝶园

广州动物园蝴蝶园位于广东省广州市的广州动物园内，设有300m²蝴蝶温室、400m²蝴蝶网室和蝴蝶知识展示区（见图6-42和图6-43）。

该蝴蝶园的特点是区位优势明显，蝴蝶主题突出；缺点是规模太小，建设形式比较粗放，展示内容相对简陋。

图6-42　广州动物园蝴蝶园（一）

**图6-43** 广州动物园蝴蝶园（二）

## 6.20　深圳儿童公园蝴蝶园

　　深圳儿童公园蝴蝶园位于广东省深圳市的儿童公园内，2005年建成并对外开放。
蝴蝶园建有400m²温室，其中设有活蝴蝶放飞区、蝴蝶知识展示区、游客服务区以及蝴蝶羽化室、各种蝴蝶蜜源植物、背景植物、小桥流水等蝴蝶生态景观（见图6-44和图6-45）。

该蝴蝶园的特点是区位优势明显，蝴蝶主题突出；缺点是规模太小，建设形式比较粗放，展示内容相对简陋。

**图6-44** 深圳儿童公园蝴蝶园（一）

**图6-45**
深圳儿童公园
蝴蝶园（二）

# 6.21 陕西杨凌蝴蝶园

杨凌蝴蝶园位于陕西省咸阳市杨凌区西北农林科技大学内，属于昆虫馆的室外展示部分，占地面积3300m²，是目前国内最大的网室型蝴蝶园，每年4月下旬至10月中旬放飞蝴蝶。蝴蝶园种植有蝴蝶的寄主植物20余种，蜜源植物30余种，园林观赏植物10余种（见图6-46和图6-47）。蝴蝶园的寄主植物和蜜源植物大多数来自秦岭、巴山和广西、云南、海南、安徽等蝴蝶自然生态栖息地。

该蝴蝶园的优点是地处西北农林科技大学内，建设环境具有浓郁的校园气息，蝶园展示内容相对专业、科学、准确，配套知识丰富；缺点是位置偏北，网室结构，蝴蝶景观受天气和环境变化的影响较大，只能季节性开放。

**图6-46**
陕西杨凌蝴
蝶园（一）

**图6-47**
陕西杨凌蝴
蝶园（二）

## 6.22　台湾木生蝴蝶园

　　台湾木生蝴蝶园位于台湾省南投县埔里镇的木生昆虫博物馆内，始建于1950年，由第一代馆长余木生先生在原昆虫科学博物馆前增建，属网室型蝴蝶观赏园。木生昆虫馆内收藏了世界各地的昆虫标本10万余种，展示世界各地的蝴蝶、甲虫、蜻蜓、螳螂、竹节虫等昆虫16 000多种，是学习昆虫自然科学的理想场所。博物馆中的蝴蝶园占地500m²，其中设有蝴蝶羽化室、DIY教室和各种蝴蝶寄主植物、蜜源植物、水体沙坑等蝴蝶生态景观。在该蝴蝶园，游客能完整观察到蝴蝶从卵、幼虫、蛹到成虫的生命过程（见图6-48和图6-49）。

　　该蝴蝶园的特点是建设时间较早，知名度较大，展示内容相对丰富；缺点是设在昆虫馆中，蝴蝶主题不够突出，且位置偏僻，规模太小，集散能力弱。

**图6-48** 台湾木生蝴蝶园（一）

图6-49 台湾木生蝴蝶园（二）

## 6.23 台湾嘉义大学蝴蝶园

嘉义大学蝴蝶园位于台湾省嘉义县嘉义大学昆虫馆旁，温室内以台湾中低海拔原始林相造景，水源区、植物区和蝴蝶的生活习性彼此相互关联，并设置有缓升坡的参观步道引导游客，途中配置瀑布、水景和观景台（见图6-50）。蝴蝶园主要展示台湾各类活体蝴蝶，并可与游客产生互动。

　　该蝴蝶园的优点是地处嘉义大学内，温室漂亮，建设环境具有浓郁的校园气息，蝶园展示内容相对专业、科学、准确，配套知识丰富；缺点是规模小，集散能力弱。

**图6-50** 台湾嘉义大学蝴蝶园

## 6.24　台湾兆丰蝴蝶园

　　台湾兆丰蝴蝶园位于台湾省花莲县的新光兆丰休闲农场内，网室结构，2005年建成并对外开放。兆丰蝴蝶园面积宽广，充分利用了兆丰农场的生态资源，并通过广植马兜铃、同心结、欧曼、茱萸、忍冬等蝴蝶寄主植物和马利筋、五色梅、繁星花等蝴蝶蜜源植物，创造适宜蝴蝶生存、活动和繁殖的良好环境。游客入园可看到蝴蝶一生的展示，即由卵期、幼虫期、蛹期到成虫羽化的全过程。园中还设有蝴蝶标本展示区、游客服务区等（见图6-51和图6-52）。

　　该蝴蝶园的特点是地域相对开阔，游客集散能力强；缺点是建设形式简陋，内容过于简单。

**图6-51**　台湾兆丰蝴蝶园（一）

**图6-52**　台湾兆丰蝴蝶园（二）

# 第七章 国外蝴蝶园概览

世界上最早的蝴蝶园于20世纪初出现在英国的伦敦，世界各地真正大量发展蝴蝶园是在1970年以后。据不完全统计，到目前为止，全世界先后建有各种类型的蝴蝶园达200多个，其中美国112个、英国27个、加拿大19个、法国9个、泰国5个、意大利3个、日本3个、韩国3个、哥斯达黎加3个、荷兰3个、瑞典3个、马来西亚3个、墨西哥3个、伯利兹3个、德国2个、瑞士2个、西班牙2个、澳大利亚2个、新西兰2个、新加坡2个、菲律宾2个、洪都拉斯2个、俄罗斯1个、奥地利1个、比利时1个、挪威1个、芬兰1个、匈牙利1个、危地马拉1个、阿根廷1个、智利1个、厄瓜多尔1个、卢森堡1个、印度尼西亚1个、南非1个、斯里兰卡1个、印度1个。所有这些蝴蝶园大多至今运行良好、经济和社会效益俱佳（见表7-1）。

表7-1　世界蝴蝶园统计表

| 序号 | 国别 | 蝶园数量 | 代表性蝴蝶园举例 |
|---|---|---|---|
| 1 | 美国 | 112 | 北美蝴蝶协会国际蝴蝶公园、美国蝴蝶世界、加州怀立奥蝴蝶世界、圣路易斯蝴蝶园、芝加哥蝴蝶园、佛罗里达蝴蝶雨林、华盛顿自然历史博物馆蝴蝶园、威斯敏斯特蝴蝶园、魔翼蝴蝶温室花园、库克雷尔蝴蝶中心、密歇根州立大学蝴蝶屋、希柏丝花园蝴蝶园、圣地亚哥野生动物园蝴蝶园、哥拉维花园蝴蝶园、原始大屋蝴蝶农场、飞舞翅膀的蝴蝶花园、纽约自然历史博物馆蝴蝶温室 |
| 2 | 英国 | 27 | 伦敦蝴蝶屋、蝴蝶与喷泉世界、伯克利蝴蝶屋、斯特拉特福蝴蝶农场 |
| 3 | 加拿大 | 19 | 尼亚加拉蝴蝶温室、剑桥蝴蝶园、维多利亚蝴蝶园 |
| 4 | 法国 | 9 | 巴黎蝴蝶园、诺曼底蝴蝶园 |

续表

| 序号 | 国别 | 蝶园数量 | 代表性蝴蝶园举例 |
|---|---|---|---|
| 5 | 泰国 | 5 | 曼谷蝴蝶园、芭提雅蝴蝶园、清迈蝴蝶园 |
| 6 | 意大利 | 3 | |
| 7 | 日本 | 3 | 东京多摩蝴蝶园、伊丹蝴蝶园 |
| 8 | 韩国 | 3 | 咸平蝴蝶园 |
| 9 | 哥斯达黎加 | 3 | |
| 10 | 荷兰 | 3 | 爱伦园蝴蝶园 |
| 11 | 瑞典 | 3 | 斯德哥尔摩蝴蝶园 |
| 12 | 墨西哥 | 3 | |
| 13 | 马来西亚 | 3 | 槟城蝴蝶园、金马仑蝴蝶园 |
| 14 | 哥斯达黎加 | 3 | 哥斯达黎加蝴蝶农场 |
| 15 | 伯利兹 | 3 | 伯利兹蝴蝶牧场、绿丘蝴蝶牧场 |
| 16 | 德国 | 2 | 梅瑙蝴蝶园、马格德堡蝴蝶园 |
| 17 | 瑞士 | 2 | 凯泽尔斯蝴蝶园 |
| 18 | 西班牙 | 2 | |
| 19 | 澳大利亚 | 2 | 澳洲蝴蝶圣地、汤斯维尔蝴蝶世界 |
| 20 | 新西兰 | 2 | 新西兰热带蝴蝶花园、澳大拉西亚蝴蝶屋 |
| 21 | 新加坡 | 2 | 樟宜蝴蝶园、新加坡动物园蝴蝶园 |
| 22 | 菲律宾 | 2 | 阿鲁巴岛蝴蝶牧场、WHS蝴蝶农场 |
| 23 | 洪都拉斯 | 2 | |
| 24 | 俄罗斯 | 1 | |
| 25 | 奥地利 | 1 | 维也纳蝴蝶园 |
| 26 | 比利时 | 1 | 克罗克蝴蝶花园 |
| 27 | 挪威 | 1 | |
| 28 | 芬兰 | 1 | |
| 29 | 匈牙利 | 1 | |
| 30 | 危地马拉 | 1 | |
| 31 | 阿根廷 | 1 | |
| 32 | 智利 | 1 | |
| 33 | 厄瓜多尔 | 1 | 拉塞尔瓦蝴蝶农场 |
| 34 | 卢森堡 | 1 | 卢森堡蝴蝶园 |
| 35 | 印度尼西亚 | 1 | 巴厘岛蝴蝶公园 |
| 36 | 南非 | 1 | 南非蝴蝶世界 |
| 37 | 斯里兰卡 | 1 | |
| 38 | 印度 | 1 | 班加罗尔蝴蝶园 |

　　本章选择部分建设形象比较优秀、展示内容比较丰富、蝶园功能相对配套或服务设施相对完善的26个蝴蝶园进行介绍，其中包括美国7个、加拿大2个、德国2个、法国2个、日本2个、泰国2个、英国1个、奥地利1个、瑞士1个、荷兰1个、韩国1个、新加坡1个、马来西亚1个、哥斯达黎加1个、厄瓜多尔1个，目的依然是供后继者参考和借鉴。

# 7.1　美国圣路易斯蝴蝶园

　　圣路易斯蝴蝶园位于圣路易斯动物园内，圣路易斯动物园地处美国密苏里州圣路易斯市森林公园的西南，占地36.4hm，是全美保护动物工作最好的动物园之一（见图7-1）。动物园原为1904年路易斯安世界博览会的旧址。从1913年开放至今，是全球仅存几个免费的动物园，全年除圣诞节和元旦两天闭馆外，每天上午九点到下午五点开放。该园的动物种类繁多，有来自非洲热带草原动物，包括狮子、老虎、大象、斑马、长颈鹿；有儿童动物园和蝴蝶花园。该蝴蝶园的优点是借景丰富，温室造型美观；缺点是展示内容单一。

**图7-1**　美国圣路易斯蝴蝶园

## 7.2　美国芝加哥蝴蝶园

芝加哥蝴蝶园位于美国中西部伊利诺伊州的芝加哥动物园（又名布鲁克菲尔德动物园）内，该动物园地处芝加哥西南郊的布鲁克菲尔德，占地87hm，距离芝加哥市中心西23km，1934年7月1日正式开放（见图7-2）。这里是美国最大、动物种类最多的动物园，有约2500只动物，400多种。很多动物住在没有栏杆的围圈里，模仿他们赖以生存的自然环境。这里设有一些特殊的展馆，比如蝴蝶园、儿童动物园、海洋馆、海豚表演馆、热带雨林馆和非洲野生动物展览馆等。动物园建于1934年，现在由芝加哥动物学会经营。

**图7-2**　美国芝加哥蝴蝶园

## 7.3 美国佛罗里达蝴蝶园

佛罗里达蝴蝶园又称佛罗里达蝴蝶雨林（The Butterfly Rainforest），位于美国佛罗里达州的自然历史博物馆（Florida Museum of Natural History）内。蝴蝶园为温室型，园中建有适宜蝴蝶活动的热带植被生态景观，并栽植多种蝴蝶蜜源植物、放飞多种热带观赏蝴蝶。园内还设有蝴蝶羽化室、蝴蝶标本馆、科普教育部、蝴蝶工艺品销售部和餐饮部等（见图7-3）。

**图7-3** 美国佛罗里达蝴蝶园

## 7.4 美国华盛顿自然历史博物馆蝴蝶园

该蝴蝶园位于美国华盛顿市的华盛顿自然历史博物馆内，温室为长方形，占地面积约400m$^2$，保持室内温度20～25℃、相对湿度70%～80%。园中建有适宜蝴蝶活动的热带植被生态景观，并放飞多种热带观赏蝴蝶，还设有蝴蝶标本展示区、蝴蝶知识展示区和工艺品销售区等（见图7-4和图7-5）。

**图7-4**
美国华盛顿自然历史博物馆蝴蝶园（一）

**图7-5** 美国华盛顿自然历史博物馆蝴蝶园（二）

# 7.5 美国威斯敏斯特蝴蝶园

　　威斯敏斯特蝴蝶园位于美国科罗拉多州威斯敏斯特，地处州府丹佛西北，从丹佛市中心高速公路至蝴蝶园仅需15分钟车程。该园占地约20 234m²，其中修建设施占地约1486m²，园内放飞1200多只活蝴蝶。主要设施有活蝴蝶馆、标本展览区、热带雨林区等（见图7-6）。

　　威斯敏斯特蝴蝶园全年营业（感恩节和圣诞节除外），门票分儿童票和成人票，价格从5.5美元到8.50美元不等。在这里有对游客（特别是青少年）的培训教育，让他们了解相关知识和故事。在蝴蝶园游客将参与的一系列活动中，有室内培训、生境营造、参与游戏、参观标本展示、雨林漫步、花园旅行以及蝴蝶相遇等，非常丰富。

**图7-6** 美国威斯敏斯特蝴蝶园

## 7.6 美国魔翼蝴蝶园

魔翼蝴蝶园又称魔翼蝴蝶温室和花园（Magic Wings Butterfly Conservatory & Garden），位于美国马萨诸塞州的南迪菲尔德。占地超700m²的温室型观赏园中，建有适宜蝴蝶活动的热带植被和生态景观以及瀑布和池塘，并栽植多种蝴蝶蜜源植物、放飞多种热带观赏蝴蝶，园内还设有蝴蝶羽化室、标本展示区、蝴蝶养殖区、蝴蝶工艺品销售部和餐厅、咖啡厅等，园外配套蝴蝶花园、阳光足球场等，使远离闹市的游客可以享受到大自然的平和及宁静（见图7-7～图7-9）。在蝴蝶园开设的众多游客服务项目中，最受欢迎的还是蝴蝶婚庆放飞和亲密接触蝴蝶项目。

**图7-7　美国魔翼蝴蝶园（一）**

图7-8
美国魔翼蝴蝶园（二）

**图7-9**　美国魔翼蝴蝶园（三）

## 7.7　美国库克雷尔蝴蝶园

　　库克雷尔蝴蝶园又称库克雷尔蝴蝶中心（The Cockrell Butterfly Center），位于美国得克萨斯州休斯顿市的自然科学博物馆（The Houston Museum of Natura Science）内，温室型观赏园中，建有适宜蝴蝶活动的热带植被生态景观，并栽植多种蝴蝶蜜源植物、放飞多种热带观赏蝴蝶，园内设有蝴蝶领养区、标本展示区、蝴蝶科普教育区和蝴蝶工艺品销售区，其中的蝴蝶领养项目最具特色（见图7-10和图7-11）。

**图7-10**
美国库克雷尔蝴
蝶园（一）

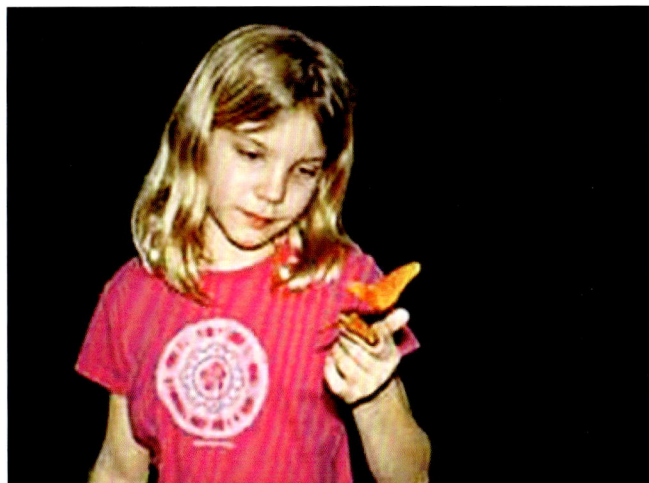

**图7-11**
美国库克雷尔蝴蝶园（二）

# 7.8　英国斯特拉特福蝴蝶园

　　斯特拉特福蝴蝶园又称蝴蝶农场（Stratford Butterfly Farm），位于英国沃里克郡南部的埃文河畔，于1985年建成开放。斯特拉特福小镇是英国著名剧作家威廉·莎士比亚的出生地。从埃文河畔斯特拉特福城市中心步行5min，穿过埃文河大桥，对面是皇家莎士比亚剧院，蝴蝶园的指路牌将指引游客到达蝶园入口（见图7-12）。

　　斯特拉特福蝴蝶园中的温室，是全英国最大的蝴蝶温室。馆内营造景观，常年鲜花盛开，彩蝶飞舞。在这里，游客可以欣赏到数量众多、五彩缤纷的蝴蝶，以及模拟它们所处的热带植被环境。整个一年中，放飞来自20多个热带国家的几十种蝴蝶，在任何时候都有上千只蝴蝶款款穿行于林丛花间。该园除了活体蝴蝶展示外，还设有蝴蝶生活史展区、昆虫世界、蜘蛛王国、蝴蝶工艺品商店等，商店主要出售蝴蝶蛹、蝴蝶服饰、蝴蝶音像制品以及明信片等工艺品。

**图7-12　美国斯特拉特福蝴蝶园**

## 7.9 加拿大尼亚加拉蝴蝶园

尼亚加拉蝴蝶园又称尼亚加拉蝴蝶温室（Niagara Butterfly Concervatory），坐落于安大略省的尼亚加拉瀑布城，蝴蝶园位于瀑布北侧的植物园，于1996年开园，占地40hm。蝴蝶园距瀑布约10多分钟的车程。下车穿过一片园林，在各种树木、花卉丛中，耸立着一座宏伟的玻璃建筑，这便是尼亚加拉温室蝴蝶园（见图7-13和图7-14）。整座温室建筑是钢架结构，玻璃幕墙，高约10多m，总面积1000多$m^2$，可以自动调温、调湿。蝴蝶温室前厅设有售票处，售票处一侧有免费的参观指南供游客自取，并有蝴蝶相关的书籍、光盘等出售。温室入口两侧的展览区，排列着制作精美的玻璃橱窗，窗内是蝴蝶知识展板。展厅内还配置有多部闭路电视。园内是一派热带雨林景观，有乔木、灌木、藤本、草本等多种热带植物，其间还有小溪及人工瀑布。温室的一侧设有一个蝴蝶羽化室。温室内还建有多处取食点，取食点上放置一个果盘，盘内盛放各种水果，供蝴蝶取食。温室出口处设有工艺品商店，店中陈列着以蝴蝶或尼亚加拉瀑布为题材的各种纪念品，品种繁多，琳琅满目。

**图7-13** 加拿大尼亚加拉蝴蝶园（一）

**图7-14**
加拿大尼亚加拉蝴蝶园（二）

## 7.10 加拿大剑桥蝴蝶园

剑桥蝴蝶园位于加拿大安大略省的省会多伦多市，于2001年1月建成开放，原名为天堂之翼蝴蝶园（Wings of Paradise Butterfly Conservatory），2010年更名为剑桥蝴蝶园。蝴蝶园占地约473 482m²，其中包括约232 257m²对环境敏感的科苏特沼泽和约100 335m²的热带花园，花园中有1000多只自由飞舞的世界各地蝴蝶、100多种热带植物，还建有瀑布、溪流、水池等（见图7-15～图7-17）。

剑桥蝴蝶园一直致力于蝴蝶保护、教育和研究事业，旨在为游客提供一个真实的、独特的、能负担的以及具有教育意义的参观旅游景区。该蝴蝶园由一家加拿大私营公司经营，不接受政府的任何财政支持，其收入主要包括门票收入、工艺品销售收入、咖啡馆经营收入以及设施出租收入等。

**图7-15**
加拿大剑桥蝴蝶园（一）

**图7-16** 加拿大剑桥蝴蝶园（二）

**图7-17**
加拿大剑桥蝴蝶园（三）

## 7.11　德国梅瑙蝴蝶园

　　梅瑙蝴蝶园是全世界建设环境最美丽的蝴蝶园之一，位于德国康斯坦茨的梅瑙岛上，玻璃温室占地面积约800m²，园中建有蝴蝶生态景观，放飞数十种热带观赏蝴蝶，还设有蝴蝶生活史展示区、蝴蝶知识展示区、游客服务区等（见图7-18～图7-21）。

　　该蝴蝶园地处风景秀丽的博登湖畔，这里曾经是德国一处古老的园林，距今已有400多年的历史，岛上古木参天、鸟语花香，蝴蝶园是梅瑙岛上人气最旺的景点。蝴蝶园的地理区位得天独厚，外部环境景观古老与现代结合完美，内部蝴蝶景观配置科学，精致而考究。蝴蝶园设施完善、功能配套、游人如织。

**图7-18**　德国梅瑙蝴蝶园（一）

**图7-19** 德国梅瑙蝴蝶园（二）

图7-20
德国梅瑙蝴
蝶园（三）

图7-21 德国梅瑙蝴蝶园（四）

# 7.12　德国马格德堡蝴蝶园

　　马格德堡蝴蝶园位于德国中部萨克森-安哈尔特州的马格德堡市，蝴蝶园占地约1000m²，园中建有玻璃蝴蝶温室600m²，室内保持适宜蝴蝶的温度和湿度条件，人工营造蝴蝶生境景观，主要放飞热带地区蝴蝶种类，配植多种蝴蝶蜜源植物（见图7-22～图7-24）。

　　该蝴蝶园环境幽静，蝴蝶主题突出，但位置相对偏僻，服务设施不配套。

**图7-22**
德国马格德堡蝴蝶园（一）

**图7-23**　德国马格德堡蝴蝶园（二）

**图7-24**　德国马格德堡蝴蝶园（三）

## 7.13　奥地利维也纳蝴蝶园

奥地利维也纳蝴蝶园又称格拉茨蝴蝶园，园内常年保持温度26℃、相对湿度80%，设有人工模拟自然的蝴蝶生态环境，放飞多种热带蝴蝶，同时配置了丰富的蜜源植物、水景和热带丛林景观（见图7-25～图7-27）。由于蝴蝶园位于维也纳城市中心，地处奥地利维也纳城堡公园内，周围古木参天、环境优雅美丽，工艺品种类丰富、琳琅满目，配套有专门的快餐店、咖啡厅，游人络绎不绝。

　　该蝴蝶园地处古老的维也纳霍夫堡皇宫旁的热带植物温室中，温室造型奢华，具有典型的新艺术风格，是世界上最华丽的蝴蝶园之一。

**图7-25**　奥地利维也纳蝴蝶园（一）

**图7-26**　奥地利维也纳蝴蝶园（二）

**图7-27** 奥地利维也纳蝴蝶园（三）

# 7.14 法国巴黎蝴蝶园

　　巴黎蝴蝶园位于法国巴黎植物园内，建有玻璃蝴蝶温室400m²，室内保持适宜蝴蝶活动的温度和湿度条件，人工营造蝴蝶生境景观，主要放飞当地蝴蝶种类，配植了一定数量的蝴蝶蜜源植物（见图7-28）。

　　该蝴蝶园的地理区位具有绝对优势，外部环境宏阔大气、景色宜人，但蝴蝶园自身规模很小，建设形式比较简陋，展示内容相对单调，显得与巴黎国际大都市的文化和艺术氛围不太匹配、与植物园的生态环境不太协调。

**图7-28** 法国巴黎蝴蝶园

## 7.15　法国诺曼底蝴蝶园

　　诺曼底蝴蝶园位于法国西部的诺曼底附近,建有玻璃蝴蝶温室800m$^2$,室内保持适宜蝴蝶的温度和湿度条件,设有人工模拟自然的蝴蝶生态环境,放飞多种热带蝴蝶,同时配置了丰富的蜜源植物、水景和热带丛林景观(见图7-29和图7-30)。

　　该蝴蝶园虽然位置相对偏僻,但建成开放时间较长,在当地具有一定的影响力。蝴蝶园内部景观配置科学、精致而考究,蝴蝶园设施完善、功能配套、旅游商品十分丰富、游客流量较大。

**图7-29**　法国诺曼底蝴蝶园(一)

图7-30 法国诺曼底蝴蝶园（二）

## 7.16　瑞士凯泽尔斯蝴蝶园

凯泽尔斯蝴蝶园位于瑞士的凯泽尔斯，建有玻璃蝴蝶温室800m²，室内保持适宜蝴蝶的温度和湿度条件，设有人工模拟自然的蝴蝶生态环境，放飞多种热带蝴蝶，同时配置了丰富的蜜源植物、水景和热带丛林景观（见图7-31～图7-34）。

该蝴蝶园距离最近的居民小镇也有30多公里的路程，位置相对偏僻，但蝴蝶园所在地是当地一处专设旅游景点，除蝴蝶园外，还建有鸟园、夜行动物园等，旅游服务设施配套，旁边有一条铁路通过，并建有专门车站。因此该景点非常热闹，蝴蝶园游客流量较大。

**图7-31**　瑞士凯泽尔斯蝴蝶园（一）

图7-32 瑞士凯泽尔斯蝴蝶园（二）

**图7-33**　瑞士凯泽尔斯蝴蝶园（三）

**图7-34**　瑞士凯泽尔斯蝴蝶园（四）

## 7.17　荷兰爱伦蝴蝶园

荷兰爱伦蝴蝶园为温室型，1985年建成并对外开放。蝴蝶园根据蝴蝶的生存和活动需要，保持相应的温度和湿度，并模拟了蝴蝶的栖息地生境，建植了大量蝴蝶的寄主植物、蜜源植物和适于其栖息藏匿的背景植物（见图7-35）。设有活蝴蝶观赏区、蝴蝶标本展示区、蝴蝶羽化展示区和蝴蝶工艺品销售区。园中每年放飞40多种热带蝴蝶，始终保持有1000多只活蝴蝶飞翔。

**图7-35**
荷兰爱伦蝴蝶园

# 7.18 日本东京多摩蝴蝶园

东京多摩蝴蝶园位于日本东京的多磨动物园内，蝴蝶园依山就势建设，占地面积约6000m²，其中建有玻璃蝴蝶温室2000m²，高大宏伟，空间高达20m，且无中间立柱阻挡视线，俯瞰如同一只展翅飞翔的大蝴蝶。馆内保持适宜蝴蝶的温度和湿度条件，放飞蝴蝶主要为蝴蝶园自养蝶种，同时配置了丰富的蜜源植物、水景和模拟森林景观，此外还设有蝴蝶标本展示区、科普实验区、蝴蝶养殖区等配套功能设施及相关服务设施（见图7-36～图7-39）。

该蝴蝶园是目前世界上建设质量较高、温室规模最宏大的蝴蝶园之一。特别值得一提的是，馆内还设有无障碍游步道和垂直升降电梯，这是目前其他国家的蝴蝶园所不具备的。蝴蝶园来访者以青少年居多，教育功能显得尤为突出。该蝴蝶园虽以蝴蝶为主，但旁边的博物馆为昆虫博物馆，馆中不仅展示蝴蝶标本、蝴蝶知识、蝴蝶养殖过程，还展示了其他昆虫的标本和相关知识。

**图7-36** 日本东京多摩蝴蝶园（一）

图7-37　日本东京多摩蝴蝶园（二）

図7-38　日本东京多摩蝴蝶园（三）

**图7-39**　日本东京多摩蝴蝶园（四）

# 7.19　日本伊丹蝴蝶园

　　伊丹蝴蝶园位于日本伊丹市的昆阳池公园内，占地面积约3000m²，其中建有玻璃蝴蝶温室400m²，室内保持适宜蝴蝶的温度和湿度条件，放飞蝴蝶主要为蝴蝶园自养蝶种，同时配置了丰富的蜜源植物、水景和模拟森林景观（见图7-40～图7-43）。另有砖混建筑与玻璃温室有机衔接，内设蝴蝶标本展示区、科普实验区、蝴蝶养殖区、影视播放厅等。特别是其中的DIY项目尤为丰富，极大地拓展了蝴蝶园的科普教育功能。

　　该蝴蝶园与东京蝴蝶园相似，只是规模较小，来访者也以青少年居多，同样突出其教育和宣传功能。该蝴蝶园附设在昆虫馆中，小巧精致，功能齐备，展示内容丰富。

**图7-40**　日本伊丹蝴蝶园（一）

图7-41 日本伊丹蝴蝶园（二）

**图7-42** 日本伊丹蝴蝶园（三）

图7-43 日本伊丹蝴蝶园（四）

# 7.20　韩国咸平蝴蝶园

　　咸平蝴蝶园位于韩国南部全罗南道的咸平郡，距光州市约30km。蝴蝶园占地面积约100hm，是目前世界范围内建设规模最大、建设主题最鲜明、涵盖内容最全面、服务功能最完善、综合设施相对配套、影响也最为广泛的一个蝴蝶主题公园。蝴蝶园建有2000m²的玻璃蝴蝶温室，馆内保持恒温恒湿，园林景观小巧精致，一年四季鲜花盛开；一个蝴蝶博物馆，馆内陈列有世界各国的代表性蝴蝶450多种、4000多只，还有蝴蝶的科学研究成果展示、蝴蝶知识展示、蝴蝶艺术品展示、蝴蝶影像播放等（见图7-44～图7-46）。此外，公园中还建有许多游客接待、休息、服务的配套设施，这些设施上也会或多或少地印有蝴蝶图案。

　　该蝴蝶园每年都要举办一年一度的"咸平蝴蝶与昆虫国际博览会"，当地人习惯称之为"咸平蝴蝶节"。"咸平蝴蝶节"得到韩国政府的大力支持，被韩国文化观光部选定为"文化观光最优庆典"。韩国仁川国际机场内的候机大厅用巨型蝴蝶图案组合成八道鲜艳的装饰拱门；前往咸平的高速公路两侧护栏、隧道两壁、立交桥横梁上，都装饰有蝴蝶图案；咸平的城市雕塑、楼房建筑、绿地建设、街道铺装、水体造型，以及路灯、桥栏、标示牌，甚至配电箱、井盖、垃圾箱等，无不渗透着蝴蝶元素；许多商店、广告牌以及各色商品，都直接采用蝴蝶形象或蝴蝶图案加以装饰。只要走进咸平，就会被一种浓浓的蝴蝶氛围所笼罩，仿佛置身于蝴蝶之城。咸平还建有一个蝴蝶研究所，是咸平蝴蝶园的主要技术支撑机构，其办公楼的造型就像一只巨大的蝴蝶。研究所全面参与咸平蝴蝶节的组织和策划工作，并负责蝴蝶节放飞活蝴蝶的提供、蝴蝶生态馆的活蝴蝶供给、蝴蝶景观维护、蝴蝶标本的制作和补充、蝴蝶工艺品的研究和开发等。随着蝴蝶节的举办，咸平的城市建设发生了前所未有的变化，这个名不见经传的边远小镇逐渐被世人所知晓，每年慕名而来的国内外游客达100多万人。从某种意义上讲，是蝴蝶成就了咸平，是蝴蝶让咸平走向全国、走向世界，咸平人无不为此感到自豪和骄傲。

**图7-44**
韩国咸平蝴蝶园
（一）

**图7-45** 韩国咸平蝴蝶园（二）

**图7-46** 韩国咸平蝴蝶园（三）

## 7.21　马来西亚槟城蝴蝶园

　　槟城是位于马来西亚半岛西北部的一个岛屿，面积285km²，呈狭长形，南北长24km，东西长14.5km，是一座国际旅游城市，每年都有200万以上的旅游者，前来观光旅游。它也是马来西亚13个州中的一个，州的首府是乔治城。岛上的全年平均气温在32.2℃，最低气温在23.3℃，全年降雨量平均为267mm，9～11月是雨季。适宜的环境也是生物繁衍生长的有利条件，有种类繁多、成百上千的蝴蝶分布于岛上。岛上最著名的旅游点之一是蝴蝶园（图7-47和图7-48）。

　　槟城蝴蝶园建于1983年，距乔治城21km。蝴蝶园坐落在槟城西北部的山脚下，靠山朝海而建。它是马来西亚最早的蝴蝶园，也是世界上最早规划的热带活蝴蝶展示区之一。槟城蝴蝶园不仅有生动的活蝴蝶，还有养殖蝴蝶的培育中心，专门负责为园内提供观赏的蝴蝶，以及为世界各地的蝴蝶园、博物馆、大学生物系教学提供需要的蝴蝶标本。园中设有蝴蝶博物馆、温室观赏园、网室观赏园、纪念品商店及咨讯中心等。温室中设有水池、瀑布及岩石园区，池中放有锦鲤，墙上爬满了绿色盘旋的藤本植物和许多热带植物，漫步于蝴蝶园内用鹅卵石铺成的小路上，环顾四周，一派热带风光，蝴蝶有的在空中飞舞、有的在树下歇息、有的在吸食花蜜、有的两两追逐求偶婚配、有的则吸吮游客身上的汗液或停憩在游人的肩膀上，游客可尽情享受人与蝴蝶亲密接触的乐趣。

**图7-47**　马来西亚槟城蝴蝶园（一）

**图7-48** 马来西亚槟城蝴蝶园（二）

## 7.22　新加坡樟宜蝴蝶园

　　樟宜蝴蝶园位于新加坡樟宜机场第三搭客大厦离境／过境大厅内，是世界上第一个机场蝴蝶生态园，建于2004年（见图7-49）。由于蝴蝶生态园设在限制区，除非是准备出国或从国外回来的乘机旅客，一般公众很难有机会进入蝴蝶园。

　　该蝴蝶园采用热带公园主题，户外开放式设计，聚集由新加坡和马来西亚蝴蝶饲养场培育的47个品种的1000只蝴蝶。蝶园特设不锈钢纱网以防蝴蝶飞走，网室面积为330m²，室内保持适宜的温度和湿度环境，以利蝴蝶的栖居和飞翔，园内还建有一个6m高的人工瀑布，种植有棕榈树、各种观赏花卉以及猪笼草属Nepenthes的200多株肉食植物，洋溢着浓郁的热带丛林气息和花园风情。游客可以在封闭的空间里，见证不同方式的蝴蝶喂养情景和蝴蝶由蛹到成虫的整个羽化过程。

**图7-49**　新加坡樟宜蝴蝶园

## 7.23　泰国芭提雅蝴蝶园

　　芭提雅蝴蝶园位于泰国芭提雅旅游度假区的东巴乐园内，网室结构，占地约400m$^2$。园中人工营造蝴蝶生态环境，主要放飞当地蝴蝶品种（见图7-50）。

　　该蝴蝶园地处泰国著名的东巴乐园中，环境优雅、景观美丽、气候宜人。蝴蝶园规模不大，建设形式粗放，展示内容单一。

**图7-50**
泰国芭提雅蝴蝶园

## 7.24　泰国清迈蝴蝶园

　　清迈蝴蝶园位于泰国的清迈市郊区，整个蝴蝶园占地约3000m$^2$，其中建有500m$^2$网室型蝴蝶观赏园，园中人工营造蝴蝶生态环境，主要放飞当地蝴蝶品种，同时展示蝴蝶从卵、幼虫、蛹到成虫的生长过程（见图7-51～图7-53）。此外还设有蝴蝶标本展示区、蝴蝶纪念品销售区、游客服务区等。

　　该蝴蝶园是泰国全境建设规模相对较大也比较有影响的一个蝴蝶园。园中最有特点的是具有泰国民族特色的蝴蝶工艺品，亦展亦卖，颇受欢迎。

**图7-51**
泰国清迈蝴蝶园
（一）

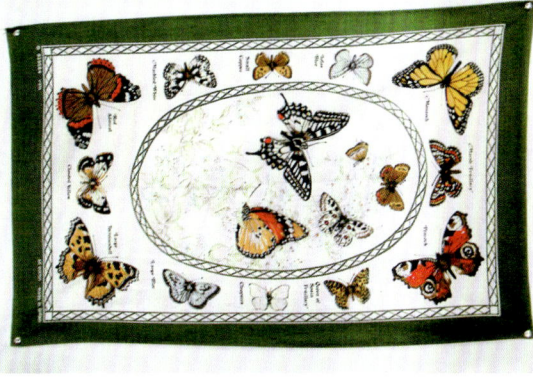

**图7-52**　泰国清迈蝴蝶园（二）

**图7-53**
泰国清迈蝴蝶园
（三）

## 7.25 哥斯达黎加蝴蝶园

哥斯达黎加蝴蝶园又称蝴蝶农场（The Butterfly Farm），距离美国圣何塞2小时路程。蝴蝶农场内建有一个热带蝴蝶花园，提供了一个近距离观察蝴蝶的场所，游人可以看到成百上千的蝴蝶在花丛中飞舞的情景，以及蝴蝶从蛹变为成虫的详细羽化过程和蝴蝶的整个生活史（见图7-54和图7-55）。这里大量生产活蝴蝶，经营活体蝴蝶，游客可以看到成百上千用于出口的蝶蛹。此外，蝴蝶农场还设有蝴蝶观赏园、蝴蝶科普教育、蝴蝶标本制作与展示、蝴蝶工艺品销售等项目。

**图7-54**
哥斯达黎加蝴蝶园
（一）

**图7-55** 哥斯达黎加蝴蝶园（二）

# 7.26 厄瓜多尔拉塞尔瓦蝴蝶园

　　拉塞尔瓦蝴蝶园（La Selva Butterfly Farm），位于厄瓜多尔的拉塞尔瓦亚马逊度假村内，坐落在Garzacocha湖畔，地处亚苏尼国家公园的边缘，从纳波河步行约二十分钟或从亚马逊的可口镇步行两个半小时可到达。蝴蝶园比邻丛林小屋，园内放飞几十种热带蝴蝶种类，并设有羽化室，室内悬挂多种蝶蛹。蝴蝶园主要经营蝴蝶观赏园、蝴蝶科普教育、蝴蝶养殖和蝴蝶标本（见图7-56和图7-57）。

图7-56 厄瓜多尔拉塞尔瓦蝴蝶园（一）

**图7-57**　厄瓜多尔拉塞尔瓦蝴蝶园（二）

# 附录

## 附录1　国内蝴蝶园常见蝶种名录

| 科 | 种名 | 主要分布 |
|---|---|---|
| 凤蝶科 Papilionidae | 裳凤蝶 *Troides helena* Linnaeus | 云南、广东、海南、香港；印度、马来西亚、巴布亚新几内亚等 |
| | 金裳凤蝶 *Troides aeacus* Felder et Felder | 云南、陕西、江西、浙江、福建、广东、广西、西藏、台湾；泰国、越南、缅甸、印度 |
| | 麝凤蝶 *Byasa alcinous* Klug | 中国各地；日本、老挝、越南 |
| | 红珠凤蝶 *Pachliopta aristolochiae* Fabricius | 云南、陕西、江西、浙江、河南、四川、广西、香港、台湾；泰国、缅甸、印度、新加坡等 |
| | 蓝凤蝶 *Papilio protenor* Cramer | 长江以南、陕西、河南、山东、西藏等；印度、尼泊尔、不丹、缅甸、越南、朝鲜、日本 |
| | 玉带凤蝶 *Papilio polytes* Linnaeus | 云南、甘肃、青海、陕西、河北、河南、湖南、湖北、山东、山西、江西、浙江、江苏、海南、广西、四川、广东、福建、台湾等；印度、泰国、马来西亚、印度尼西亚、日本南部 |
| | 玉斑凤蝶 *Papilio helenus* Linnaeus | 中国中南部；日本南部、朝鲜南部、印度西北部、缅甸、斯里兰卡、印度尼西亚、泰国 |
| | 宽带凤蝶 *Papilio nephelus* Boisduval | 云南、江西、广西、福建、台湾；泰国、缅甸、不丹、尼泊尔、马来西亚、印度尼西亚等 |
| | 巴黎翠凤蝶 *Papilio paris* Linnaeus | 云南、陕西、福建、台湾等；印度、老挝、泰国、越南、缅甸、印度尼西亚等 |
| | 碧凤蝶 *Papilio bianor* Cramer | 中国广大地区；日本、朝鲜、越南北部、印度、缅甸 |
| | 达摩凤蝶 *Papilio demoleus* Linnaeus | 云南、广东、福建、广西、台湾、贵州、浙江、江西、湖北；菲律宾、日本、越南、印度、斯里兰卡、尼泊尔、不丹、缅甸、泰国、马来西亚、澳大利亚、巴布亚新几内亚等 |
| | 波绿凤蝶 *Papilio polyclor* Boisdnval | 云南；印度、锡金、不丹、缅甸、泰国等 |

| 科 | 种名 | 主要分布 |
|---|---|---|
| 凤蝶科 Papilionidae | 柑橘凤蝶*Papilio xuthus* Linnaeus | 几乎遍布中国各地；缅甸、日本、朝鲜、越南 |
| | 金凤蝶*Papilio machaon* Linnaeus | 云南、黑龙江、吉林、河北、河南、山东、新疆、陕西、甘肃、西藏、浙江、福建、江西、广西、广东、台湾；欧洲、北非、北美、俄罗斯等，除北极地以外的国家 |
| | 红绶绿凤蝶*Pathysa nomius* Esper | 云南、福建、海南 |
| | 燕凤蝶*Lamproptera curia* Fabricius | 云南、广东、广西、海南、香港；不丹、缅甸、泰国、印度尼西亚、柬埔寨、马来西亚、菲律宾等 |
| | 绿带燕凤蝶*Lamproptera meges* Zinkin | 云南、广西、海南等；缅甸、泰国、越南、马来西亚、印度尼西亚、菲律宾 |
| | 青凤蝶*Graphium sarpedon* Linnaeus | 云南、陕西、湖北、湖南、四川、西藏、江西、浙江、福建、广西、广东、海南、台湾、香港；印度、尼泊尔、斯里兰卡、不丹、缅甸、泰国、印度尼西亚、日本等 |
| | 木兰青凤蝶*Graphium doson* Felder et Felder | 云南、陕西、四川、广西、广东、海南、福建、台湾；日本、印度、缅甸、泰国、越南、马来西亚 |
| | 统帅青凤蝶*Graphium agamemnon* Linnaeus | 云南、浙江、福建、台湾、广东、广西、海南；印度、缅甸、泰国、马来西亚、印度尼西亚、巴布亚新几内亚、所罗门岛、澳大利亚等 |
| 粉蝶科 Pieridae | 迁粉蝶*Catopsilia pomona* Fabricius | 云南、海南、广东、台湾、福建、广西、四川；越南、老挝、缅甸、泰国、马来西亚、印度尼西亚、新加坡、印度、斯里兰卡、日本 |
| | 菜粉蝶*Pieris rapae* Linnaeus | 中国大部分地区；整个北温带，包括美洲北部直到印度北部 |
| | 东方菜粉蝶*Pieris canidia* Sparrman | 除黑龙江、内蒙古外，其他各省均有分布 |
| | 暗脉菜粉蝶*Pieris napi* Linnaeus | 中国广大地区均有分布；亚洲、欧洲、北美洲、非洲等地 |
| | 圆翅钩粉蝶 *Gonepteryx amintha* Blanchard | 云南、江西、福建、广西、广东、海南、台湾 |
| | 斑缘豆粉蝶*Colias erate* Esper | 黑龙江、辽宁、山西、陕西、河南、湖北、新疆、西藏、江苏、浙江、福建等；从东欧到日本都有分布 |
| | 橙黄豆粉蝶*Colias fieldii* Ménétriès | 云南、甘肃、青海、陕西、河南、山东、山西、湖北、四川、广西；印度、尼泊尔、缅甸、泰国等 |
| | 宽边黄粉蝶*Eurema hecabe* Linnaeus | 中国广布种；日本、朝鲜、菲律宾、印度尼西亚、马来西亚、缅甸、泰国、印度、孟加拉国 |
| | 尖角黄粉蝶*Eurema laeta* Boisduval | 云南、黑龙江、辽宁、山东、山西、陕西、河南、江苏、浙江、福建、江西、湖北、四川、广东、台湾、香港；日本、朝鲜、越南、老挝、柬埔寨、缅甸、印度、斯里兰卡、尼泊尔、不丹、孟加拉国、泰国、菲律宾、印度尼西亚、澳大利亚 |

| 科 | 种名 | 主要分布 |
|---|---|---|
| 粉蝶科 Pieridae | 艳妇斑粉蝶*Delias belladonna* Fabricius | 云南、陕西、湖北、浙江、江西、福建、广东、台湾；不丹、缅甸、尼泊尔、斯里兰卡、印度尼西亚、马来西亚、印度、泰国、越南、老挝等 |
| | 报喜斑粉蝶*Delias pasithoe* Linnaeus | 广西、云南、广东、海南、福建、台湾；不丹、印度、泰国、缅甸、越南、菲律宾、印度尼西亚等 |
| | 优越斑粉蝶*Delias hyparete* Linnaeus | 云南、广东、广西、台湾；菲律宾、印度尼西亚、越南、老挝、柬埔寨、泰国、缅甸、不丹、印度、孟加拉国等 |
| | 鹤顶粉蝶*Hebomoia glaucippe* Linnaeus | 云南、福建、广西、广东、海南；印度、缅甸、不丹、尼泊尔、孟加拉国、斯里兰卡、印度尼西亚、菲律宾等 |
| 斑蝶科 Dannaidae | 金斑蝶*Danaus chrysippus* Linnaeus | 云南、海南、广东、广西、台湾、福建、四川、江西、湖北、陕西等；印度尼西亚、澳大利亚等；南欧、非洲、亚洲西部到东南亚 |
| | 虎斑蝶*Danaus genutia* Cramer | 云南、河南、西藏、江西、浙江、福建、四川、广西、台湾、广东、海南；越南、印度尼西亚、马来西亚、菲律宾、澳大利亚、巴布亚新几内亚 |
| | 青斑蝶*Tirumala limniace* Cramer | 云南、海南、广东、广西、台湾、西藏；巴基斯坦、印度、缅甸、越南、菲律宾、斯里兰卡 |
| | 啬青斑蝶*Tirumala septentrionis* Butler | 云南、江西、海南、广东、广西、四川、台湾；阿富汗、印度、缅甸、泰国、越南、马来西亚、印度尼西亚 |
| | 蓝点紫斑蝶*Euploea midamus* Linnaeus | 云南、浙江、广东、广西、海南；越南、印度、锡金、尼泊尔、缅甸、泰国、菲律宾等 |
| | 幻紫斑蝶*Euploea core* Cramer | 云南、广东、广西、海南；印度、尼泊尔、缅甸、马来西亚、印度尼西亚、菲律宾、斯里兰卡 |
| | 异型紫斑蝶*Euploea mulciber* Craner | 云南、西藏、台湾；印度、尼泊尔、不丹、孟加拉国、缅甸、马来西亚、印度尼西亚、菲律宾等 |
| | 大绢斑蝶*Parantica sita* Kollar | 海南、广东、广西、四川、西藏、江西、浙江 |
| | 大帛斑蝶*Idea leuconoe* Erichson | 台湾；日本、菲律宾、印度尼西亚等 |
| 环蝶科 Amathusiidae | 白袖箭环蝶*Stichophthalma louisa* Wood-Mason | 云南；越南、老挝、柬埔寨等 |
| | 箭环蝶*Stichophthalma howqua* Westwood | 云南、陕西、浙江、湖北、江西、福建、广东、广西、四川、贵州、台湾；越南、老挝、泰国、缅甸、印度等 |
| 蛱蝶科 Nymphalidae | 枯叶蛱蝶*Kallima inachus* Doubleday | 云南、陕西、陕西、江西、湖南、浙江、福建、广西、广东、西藏、海南、台湾；日本、越南、缅甸、泰国、印度 |
| | 黑脉蛱蝶*Hestina assimilis* Linnaeus | 中国大部分地区；朝鲜、日本 |
| | 网丝蛱蝶*Cyrestis thyodamas* Boisduval | 四川、西藏、浙江、江西、广东、广西、海南、台湾等；日本、印度、尼泊尔、泰国、缅甸、越南、马来西亚、度尼西亚、巴布亚新几内亚等 |

| 科 | 种名 | 主要分布 |
|---|---|---|
| 蛱蝶科<br>Nymphalidae | 荨麻蛱蝶*Aglais urticae* Linnaeus | 云南、黑龙江、陕西、山西、甘肃、青海、四川、新疆、西藏、广西、广东；朝鲜、日本；中亚、中欧 |
| | 大红蛱蝶*Vanessa indica* Herbst | 中国广泛分布；亚洲东部、欧洲、非洲西北部 |
| | 小红蛱蝶*Vanessa cardui* Linnaeus | 世界广布种，仅南美洲尚未发现 |
| | 红锯蛱蝶*Cethosia biblis* Drury | 云南、江西、福建、广东、海南、广西、四川；缅甸、泰国、马来西亚、尼泊尔、不丹、印度 |
| | 白带锯蛱蝶*Cethosia cyane* Drury | 云南、广西、广东、四川；泰国、马来西亚、印度尼西亚等 |
| | 翠蓝眼蛱蝶<br>*Junonia orithya* Linnaeus | 陕西、河南、江西、湖北、湖南、浙江、广东、广西、香港、福建、台湾 |
| | 文蛱蝶*Vindula erota* Fabricius | 云南、广西、广东、海南；印度、缅甸等 |
| | 斐豹蛱蝶<br>*Argyreus hyperbius* Linnaeus | 遍布中国各省；日本、朝鲜、菲律宾、印度尼西亚、缅甸、泰国、不丹、尼泊尔、阿富汗、印度、巴基斯坦、孟加拉国、斯里兰卡等 |
| | 老豹蛱蝶<br>*Argyronome laodice* Pallas | 云南、黑龙江、新疆、辽宁、河北、河南、陕西、山西、甘肃、青海、西藏、江苏、浙江、湖南、湖北、江西、四川、福建、台湾；中亚、欧洲 |
| | 大二尾蛱蝶<br>*Polyura eudamippus* Doubleday | 湖北、浙江、江西、福建、四川、广东、广西、海南、贵州、台湾；日本、印度、缅甸、泰国、老挝、越南、马来西亚 |
| | 二尾蛱蝶*Polyura narcaea* Hewitson | 云南、河北、山东、陕西、山西、河南、甘肃、湖北、湖南、江苏、浙江、江西、福建、贵州、四川、广西、广东、台湾 |
| | 针尾蛱蝶*Polyura dolon* Westwood | 四川、云南 |
| | 金斑蛱蝶<br>*Hypolimnas missipus* Linnaeus | 云南、陕西、浙江、福建、广东、台湾 |
| | 丽蛱蝶*Parthenos sylvia* Cramer | 云南、广东、广西、海南等；越南、缅甸、泰国、马来西亚、印度、斯里兰卡 |
| 珍蝶科<br>Acraeidae | 苎麻珍蝶*Acraea issoria* Hübner | 云南、浙江、福建、江西、湖北、湖南、四川、云南、西藏、广东、广西、海南、台湾；印度、缅甸、泰国、越南、印度尼西亚、菲律宾 |

### 附录2　国外蝴蝶园常见蝶种名录

| 科 | 种名 | 分布 |
|---|---|---|
| 袖蝶科<br>Heliconiidae | 珠丽袖蝶*Dryas julia* Fabricius | 美国南部至西印度群岛 |
| | 诗神袖蝶*Heliconius melpomene* Butler | 哥伦比亚、巴西、圭亚那、厄瓜多尔 |
| | 海神袖蝶*Heliconius doris* Linnaeus | 厄瓜多尔、巴西 |
| | 艺神袖蝶*Heliconius erato* Linnaeus | 委内瑞拉、巴西 |
| | 白眉袖蝶*Heliconius antiochus* Linnaeus | 哥伦比亚 |
| | 彩页袖蝶 *Heliconius phyllis* Fabricius | 南美洲北部 |
| | 绿袖蝶*Philaethria dido* Linnaeus | 秘鲁、巴西 |
| 蛱蝶科<br>Nymphalidae | 红锯蛱蝶*Cethosia biblis* Drury | 中国、缅甸、泰国、马来西亚、尼泊尔、不丹、印度 |
| | 白带锯蛱蝶*Cethosia cyane* Drury | 中国、泰国、马来西亚、印度尼西亚等 |
| | 丽蛱蝶*Parthenos sylvia* Cramer | 中国、越南、缅甸、泰国、马来西亚、印度、斯里兰卡 |
| | 爪哇枯叶蛱蝶*Kallima paralekta* Horsfield | 印度尼西亚 |
| | 枯叶蛱蝶*Kallima inachus* Doubleday | 中国、日本、越南、缅甸、泰国、印度 |
| | 蠹叶蛱蝶*Doleschallia bisaltide* Cramer | 中国、整个东南亚地区 |
| | 帕绿矩蛱蝶*Salamis parphassus* Drury | 非洲东部 |
| | 幻紫斑蛱蝶*Hypolimnas bolina* Linnaeus | 中国、巴基斯坦、印度、缅甸、泰国、马来西亚、印度尼西亚等 |
| | 金斑蛱蝶*Hypolimnas missipus* Linnaeus | 中国、日本、印度、缅甸、印度、锡金、澳大利亚、热带非洲、南美洲等 |
| | 花斑蛱蝶*Hypolimnas anthedon* Donbleday | 中非共和国、古北区 |
| | 哈蟆蛱蝶*Hamadryas amphinome* Linnaeus | 巴拿马、墨西哥、哥伦比亚、古巴 |
| | 白斑圆蛱蝶*Euxanthe eurinome* Cramer | 中非共和国、几内亚 |
| | 朽叶螯蛱蝶*Charaxes fulvescens* Aurivillius | 中非共和国 |
| 斑蝶科<br>Dannaidae | 君主斑蝶*Danaus plexippus* Linnaeus | 美国、巴西、几内亚、委内瑞拉、哥伦比亚、厄瓜多尔、秘鲁 |
| | 金斑蝶*Danaus chrysippus* Linnaeus | 中国、印度尼西亚、澳大利亚等；南欧、非洲、亚洲西部到东南亚 |
| | 大帛斑蝶*Idea leuconoe* Erichson | 中国台湾、日本、菲律宾、印度尼西亚等 |

续表

| 科 | 种名 | 分布 |
|---|---|---|
| 环蝶科 Amathusiidae | 猫头鹰环蝶*Caligo eurilochus* Cramer | 圭亚那、委内瑞拉、巴拿马、哥伦比亚、厄瓜多尔、秘鲁 |
| | 黄裳猫头鹰环蝶*Caligo memnon* Felder & Felder | 墨西哥、哥斯达尼加、巴拿马、委内瑞拉、哥伦比亚 |
| 粉蝶科 Pieridae | 菜粉蝶*Pieris rapae clinnaeus* | 整个北温带，包括美洲北部直到印度北部 |
| | 菲莉纯粉蝶*Phoebis philea* Linnaeus | 秘鲁 |
| | 鹤顶粉蝶*Hebomoia glaucippe* Linnaeus | 中国、印度、缅甸、不丹、尼泊尔、孟加拉国、斯里兰卡、印度尼西亚、菲律宾等 |
| 凤蝶科 Papilionidae | 南亚碧美凤蝶*Papilio lowii* Druce | 印度尼西亚、菲律宾 |
| | 美凤蝶*Papilio memnon* Linnaeus | 中国、日本、印度、斯里兰卡 |
| | 宽带凤蝶*Papilio nephelus* Boisduval | 中国、泰国、缅甸、越南、柬埔寨、尼泊尔、不丹、马来西亚、印度尼西亚 |
| | 红斑美凤蝶 *Paopilio rumanzovius* Eschscholtz | 中国、菲律宾 |
| | 波绿凤蝶*Papilio polyctor* Boisduval | 中国云南、印度北部、锡金、不丹、缅甸、泰国等 |
| | 玉斑凤蝶*Papilio helenus* Linnaeus | 中国中南部；日本南部、朝鲜南部、印度西北部、缅甸、斯里兰卡、印度尼西亚、泰国 |
| | 巴黎翠凤蝶*Papilio paris* Linnaeus | 中国、印度、老挝、泰国、越南、缅甸、印度尼西亚等 |
| | 小天使翠凤蝶*Papilio palinurus* Fabricius | 缅甸到印度尼西亚 |
| | 非洲白翠美凤蝶*Papilio dardanus* Brown | 非洲热带区 |
| | 绿霓德凤蝶*Papilio nireus* Linnaeus | 乌干达、刚果、坦桑尼亚、安哥拉、塞拉利昂、塞内加尔、喀麦隆 |
| | 拟红纹芷凤蝶*Papilio anchisiades* Esper | 南北美洲 |
| | 草芷凤蝶*Papilio thoas* Linnaeus | 南美洲 |
| | 翡翠凤蝶*Papilio peranthus* Fabricius | 印度尼西亚 |
| | 达摩凤蝶*Papilio demoleus* Linnaeus | 中国、菲律宾、日本、越南、印度、斯里兰卡、尼泊尔、不丹、缅甸、泰国、马来西亚、澳大利亚、巴布亚新几内亚等 |
| | 柑橘凤蝶*Papilio xuthus* Linnaeus | 中国、缅甸、日本、朝鲜、越南 |
| | 英雄翠凤蝶*Papilio ulysses* Linnaeus | 印度尼西亚苏拉威西岛、帝汶岛，澳大利亚 |
| | 蓝凤蝶*Papilio protenor* Cramer | 中国、印度、尼泊尔、不丹、缅甸、越南、朝鲜、日本 |

续表

| 科 | 种名 | 分布 |
|---|---|---|
| 凤蝶科<br>Papilionidae | 红珠凤蝶<br>*Pachliopta aristolochiae* Fabricius | 中国、泰国、缅甸、印度、新加坡等 |
| | 多点贝凤蝶*Battus polydamas* Linnaeus | 南美洲 |
| | 丝带凤蝶*Sericinus montelus* Gray | 中国、朝鲜、俄罗斯等 |
| | 统帅青凤蝶<br>*Graphium agamemnon* Linnaeus | 中国、印度、缅甸、泰国、马来西亚、印度尼西亚、巴布亚新几内亚、所罗门岛、澳大利亚等 |
| | 安哥拉青凤蝶<br>*Graphium angolanus* Goeze | 肯尼亚、南非、坦桑尼亚、赞比亚、刚果、博茨瓦纳、安哥拉 |
| 闪蝶科<br>Morphidae | 兴族闪蝶*Morpho patroclus* Felder | 巴西、秘鲁 |
| 绡蝶科<br>Ithomiidae | 宽纹黑脉绡蝶*Greta oto* Hewitson | 墨西哥、巴拿马 |

## 附录3　蝴蝶园常见寄主植物名录

| 科名 | 种名 | 饲养蝶种 |
| --- | --- | --- |
| 芸香科<br>Rutaceae | 臭辣吴萸*Evodia fargesii* Dode | 碧凤蝶、波绿凤蝶、柑橘凤蝶 |
| | 过山香*Clausena excavata* Burm. f. | 玉带凤蝶、达摩凤蝶 |
| | 双面刺*Zanthoxylum nitidum*（Roxb.）DC. | 玉带凤蝶、碧凤蝶、达摩凤蝶、宽带凤蝶、蓝凤蝶、柑橘凤蝶 |
| | 黄皮*Clausena lansium*（Lour.）Skeels | 玉带凤蝶 |
| | 山小橘*Glycosmis citrifolia*（Willd.）Lindl. | 玉带凤蝶、达摩凤蝶 |
| | 飞龙掌血*Toddalia asiatica*（L.）Lam. | 玉带凤蝶、碧凤蝶、达摩凤蝶、宽带凤蝶、玉斑凤蝶、波绿凤蝶 |
| | 勒榄花椒*Zanthoxylum avicennae*（Lam.）DC. | 玉带凤蝶、宽带凤蝶、玉斑凤蝶 |
| | 橘*Citrus reticulata* Blanco | 玉带凤蝶、碧凤蝶、达摩凤蝶、宽带凤蝶、玉斑凤蝶、蓝凤蝶 |
| | 甜橙*Citrus sinensis*（L.）Osbeck | 玉带凤蝶、玉斑凤蝶、蓝凤蝶 |
| | 柚*Citrus maxima*（Barm.）Merr. | 玉带凤蝶、玉斑凤蝶、蓝凤蝶 |
| | 臭常山*Orixa japonica* Thunb. | 碧凤蝶 |
| | 川黄檗*Phellodendron chinense* Schneid. | 碧凤蝶、柑橘凤蝶 |
| | 枳*Poncirus trifoliata*（L.）Raf. | 碧凤蝶 |
| 夹竹桃科<br>Apocynaceae | 同心结*Parsonia laevigata*（Moon）Alston | 大帛斑蝶、幻紫斑蝶 |
| 马齿苋科<br>Portulacaceae | 马齿苋*Portulaca oleracea* L. | 金斑蛱蝶 |
| 车前草科<br>Plantaginaceae | 车前*Plantago asiatica* L. | 金斑蛱蝶 |
| 萝藦科<br>Asclepiadaceae | 马利筋*Asclepias curassavica* Linn. | 金斑蝶、虎斑蝶、幻紫斑蝶 |
| | 牛角瓜*Calotropis gigantea* Linn. | 金斑蝶 |
| | 南山藤*Dregea volubilis* Linn. f. | 青斑蝶 |
| | 白花牛角瓜*Calotropis procera*（Ait.）Dry. ex Ait. f. | 金斑蝶 |
| | 钉头果*Gomphocarpus fruticosus* Linn. | 金斑蝶 |
| | 大花藤*Raphistemma pulchellum* Roxb. | 金斑蝶、虎斑蝶 |
| | 兰屿牛皮消*Cynanchum lanhsuense* Yamazaki | 虎斑蝶 |
| | 台湾牛皮消*Cynoctonum formosana* Maxim. | 虎斑蝶 |

| 科名 | 种名 | 饲养蝶种 |
|------|------|----------|
| 萝藦科<br>Asclepiadaceae | 萝藦*Metaplexis japonica*（Thunb.）Makino | 虎斑蝶 |
| | 天星藤*Graphistemma pictum* Champ. | 虎斑蝶 |
| | 蓝叶藤*Marsdenia tinctoria* R. Br. | 虎斑蝶 |
| | 假防己*Marsdenia tomentosa* Morr. et Decne. | 虎斑蝶 |
| | 青羊参*Cynanchum otophyllum* Schneid. | 虎斑蝶 |
| | 峨眉牛皮消*Cynanchum giraldii* Schltr. | 虎斑蝶 |
| | 白叶藤*Cryptolepis sinensis* Lour. | 幻紫斑蝶、异型紫斑蝶 |
| | 古钩藤*Cryptolepis buchananii* Roem. et Schult. | 幻紫斑蝶、异型紫斑蝶 |
| 无患子科<br>Sapindaceae | 赤才*Erioglossum rubiginosum*（Roxb.）Bl. | 金斑蝶 |
| 山柑科<br>Capparaceae | 树头菜*Grateva unilocularis* Buch. | 鹤顶粉蝶 |
| | 广州山柑*Capparis cantoniensis* Lour. | 鹤顶粉蝶 |
| 爵床科<br>Acanthaceae | 板蓝*Baphicacanthus cusia*（Nees）Bremek. | 枯叶蛱蝶 |
| 西番莲科<br>Passifloraceae | 西番莲*Passiflora coerulea* Linn. | 白带锯蛱蝶、红锯蛱蝶 |
| | 三开瓢*Adenia cardiophylla*（Mast.）Engl. in Bot. Jahrb. | 红锯蛱蝶、白带锯蛱蝶 |
| | 滇南蒴莲*Adenia penangiana* Wall. | 红锯蛱蝶、白带锯蛱蝶 |
| | 长叶西番莲*Passiflora siamica* Craib | 丽蛱蝶 |
| 豆科<br>Leguminosae | 补骨脂*Psoralea corylifolia* L. | 达摩凤蝶 |
| | 铁刀木*Cassia siamea* Lam. | 迁粉蝶、檗黄粉蝶 |
| | 决明*Cassia tora* Linn. | 迁粉蝶、宽边黄粉蝶 |
| | 红车轴草*Trifolium pratense* L. | 斑缘豆粉蝶 |
| | 白车轴草*Trifolium repens* L. | 斑缘豆粉蝶 |
| | 望江南*Cassia occidentalis* Linn. | 迁粉蝶 |
| | 黄槐决明*Cassia surattensis* Burm. f. | 迁粉蝶、宽边黄粉蝶、圆翅钩粉蝶 |
| | 阿勃勒*Cassia fistula* L. | 迁粉蝶 |
| | 阔荚合欢*Albizia lebbeck*（Linn.）Benth. | 针尾蛱蝶 |
| 马鞭草科<br>Verbenaceae | 马鞭草*Verbena officinalis* L. | 翠蓝眼蛱蝶 |

| 科名 | 种名 | 饲养蝶种 |
|---|---|---|
| 荨麻科<br>Urticaceae | 苎麻*Boehmeria nivea* L. | 苎麻珍蝶、大红蛱蝶、苎麻珍蝶 |
| | 狭叶荨麻*Urtica angustifolia* Fisch. ex Hornem. | 荨麻蛱蝶 |
| | 长叶水麻*Debregeasia longifolia*（Burm. f.）Wedd. | 苎麻珍蝶 |
| | 水苎麻*Boehmeria macrophylla* Hornem | 苎麻珍蝶 |
| | 红雾水葛*Pouzolzia sanguinea*（Bl.）Merr. | 苎麻珍蝶 |
| 桑科<br>Moraceae | 啤酒花*Humulus lupulus* Linn. | 荨麻蛱蝶 |
| | 垂叶榕*Ficus benjamina* Linn. | 幻紫斑蝶、异型紫斑蝶 |
| | 榕树*Ficus microcarpa* Linn. | 幻紫斑蝶、异型紫斑蝶 |
| 马兜铃科<br>Aristolochiaceae | 耳叶马兜铃*Aristolochia tagala* Champ. | 裳凤蝶、麝凤蝶、红珠凤蝶 |
| | 马兜铃*Aristolochia debilis* Sieb. et Zucc. | 麝凤蝶 |
| | 琉球马兜铃*Aristolochia liukiuensis* Hatusima | 麝凤蝶、红珠凤蝶 |
| 伞形科<br>Umbelliferae | 茴香*Foeniculum vulgare* Mill. | 金凤蝶 |
| | 野胡萝卜*Daucus carota* L. | 金凤蝶 |
| 榆科Ulmaceae | 异色山黄麻*Trema orientalis*（L.）Bl. | 二尾蛱蝶 |
| 禾本科Gramineae | 中华大节竹*Indosasa sinica* C. D. Chu et C. S. Chao | 箭环蝶、白袖箭环蝶 |
| 番荔枝科<br>Annonaceae | 番荔枝*Annona squamosa* Linn. | 统帅青凤蝶 |
| 堇菜科Violaceae | 紫花堇菜*Viola grypoceras* A.Gray | 老豹蛱蝶 |
| | 堇菜*Viola verecunda* A.Gray | 斐豹蛱蝶 |
| 锦葵科Malvaceae | 树棉*Gossypium arboreum* Linn. | 金斑蝶、君主斑蝶 |
| 十字花科<br>Brassicaceae | 芥蓝*Brassica alboglabra* L. H. Bailey | 东方菜粉蝶、菜粉蝶 |
| | 甘蓝*Brassica oleracea* L. | 菜粉蝶 |
| 鼠李科<br>Rhamnaceae | 鼠李*Rhamnus davurica* Pall. | 圆翅钩粉蝶 |
| | 台湾鼠李*Rhamnus formosana* Matsum. | 宽边黄粉蝶、圆翅钩粉蝶 |
| 樟科Lauraceae | 樟*Cinnamomum camphora* Linn. | 青凤蝶 |

## 附录4　蝴蝶园常见蜜源植物名录

| 科 | 种名 | 适用蝶种 | 花期 |
|---|---|---|---|
| 景天科Crassulaceae | 八宝景天*Sedum spectabile* Boreau | 凤蝶、斑蝶 | 7～10月 |
| 唇形科Lamiaceae | 藿香*Agastache rugosa*（Fisch. et Mey.）O. Ktze. | 粉蝶、蛱蝶 | 6～9月 |
| | 彩叶草*Coleus blumei* Benth | 斑蝶、蛱蝶 | 11～12月 |
| | 一串红*Salvia splendens* Ker-Gawler | 凤蝶、粉蝶、蛱蝶 | 3～10月 |
| 马钱科Loganiaceae | 大叶醉鱼草*Buddleja davidii* Franch | 各科蝴蝶 | 6～9月 |
| 千屈菜科Lythraceae | 萼距花*Cuphea hookeriana* Walp. | 斑蝶、粉蝶 | 全年开花 |
| 菊科Asteraceae | 百日草*Zinnia elegans* Jacq. | 各科蝴蝶 | 南方全年开花 |
| | 孔雀草*Tagetes patula* L. | 蛱蝶 | 7～9月 |
| | 松果菊*Echinacea purpurea* Moench | 弄蝶、蛱蝶 | 6～7月 |
| | 情人菊*Argyranthemum frutescens* cv. Golden Queen | 蛱蝶 | 全年，冬春盛 |
| | 金鸡菊*Coreopsis drummondii* Torr. et Gray | 凤蝶、粉蝶 | 7～10月 |
| | 蟛蜞菊*Wedelia chinensis*（Osbeck.）Merr. | 各科蝴蝶 | 3～9月 |
| | 李花蟛蜞菊*Wedelia biflora*（Linn.）DC. | 各科蝴蝶 | 全年开花 |
| | 鬼针草*Bidens pilosa* L. | 各科蝴蝶 | 5～9月 |
| | 茼蒿*Chrysanthemum coronarium* L. | 粉蝶、弄蝶、蛱蝶 | 6～8月 |
| 马齿苋科Portulacaceae | 太阳花*Portulaca grandiflora* Hook. | 蛱蝶、凤蝶、斑蝶 | 6～8月 |
| 鸢尾科Iridaceae | 射干*Belamcanda chinensis*（L.）Redouté | 凤蝶、粉蝶、斑蝶 | 6～8月 |
| 马鞭草科Verbenaceae | 马樱丹*Lantana camara* L. | 各科蝴蝶 | 全年开花 |
| | 黄荆*Vitex negundo* Linn. | 各科蝴蝶 | 4～6月 |
| | 海埔姜*Vitex rotundifolia* L. f. | 各科蝴蝶 | 南方全年开花 |
| | 圆锥大青*Clerodendrum paniculatum* Linn. | 各科蝴蝶 | 4月至次年2月 |
| | 长穗木*Stachytarpheta jamaicensis*（L.）Vahl. | 凤蝶、粉蝶、蛱蝶 | 8月 |
| | 臭牡丹*Clerodendrum bungei* Steud. | 各科蝴蝶 | 5～11月 |
| 木犀科Oleaceae | 小叶女贞*Ligustrum quihoui* Carr. | 各科蝴蝶 | 5～7月 |
| | 女贞*Ligustrum lucidum* Ait. | 凤蝶、粉蝶、蛱蝶 | 5～7月 |

| 科 | 种名 | 适用蝶种 | 花期 |
|---|---|---|---|
| 木兰科Magnoliaceae | 云南含笑*Michelia yunnanensis* Franch. | 各科蝴蝶 | 3～4月 |
| 十字花科Cruciferae | 萝卜*Raphanus sativus* L. | 凤蝶 | 3～4月 |
| 山柑科Capparaceae | 醉蝶花*Cleome spinosa* Jacp. | 各科蝴蝶 | 6～9月 |
| 芸香科Rutaceae | 九里香*Murraya exotica* L. | 粉蝶 | 4～8月 |
| 茜草科Rubiaceae | 玉叶金花*Mussaenda pubescens* Ait. f. | 各科蝴蝶 | 6～7月 |
| | 龙船花*Ixora chinensis* Lam. | 凤蝶、粉蝶、蛱蝶 | 5～7月 |
| 忍冬科Caprifoliaceae | 忍冬*Lonicera japonica* Thunb. | 凤蝶、粉蝶、蛱蝶 | 南方全年开花 |
| 杜鹃花科Ericaceae | 杜鹃*Rhododendron simsii* Planch. | 凤蝶、粉蝶、蛱蝶 | 3～6月 |
| 锦葵科Malvaceae | 朱槿*Hibiscus rosa-sinensis* Linn. | 凤蝶、粉蝶、蛱蝶 | 全年开花 |
| 紫茉莉科 Nyctaginaceae | 叶子花*Bougainvillea spectabilis* Willd. | 凤蝶、粉蝶、蛱蝶 | 全年开花 |
| 大戟科Euphorbiaceae | 一品红*Euphorbia pulcherrima* Willd. | 各科蝴蝶 | 10月至次年4月 |
| 百合科Liliaceae | 黄花菜*Hemerocallis citrine* Baroni | 凤蝶、粉蝶、蛱蝶 | 4～9月 |
| 伞形科Umbelliferae | 茴香*Foeniculum vulgare* Mill. | 粉蝶、蛱蝶 | 5～6月 |
| 荨麻科Urticaceae | 蝎子草*Girardinia suborbiculata* C. J. Chen | 凤蝶、粉蝶、蛱蝶 | 7～9月 |
| 美人蕉科Cannaceae | 美人蕉*Canna indica* L. | 粉蝶、蛱蝶 | 3～12月 |
| 罂粟科Papaveraceae | 金钩如意草*Corydalis taliensis* Franch. | 各科蝴蝶 | 3～11月 |

附录5 《中华人民共和国野生动物保护法》（1998）规定的国家重点保护的蝶类名录

| 科 | 属 | 中文种名（拉丁学名） | 保护级别 |
|---|---|---|---|
| 凤蝶科<br>Papilionidae | 喙凤蝶属*Teinopalpus* | 金斑喙凤蝶（*Teinopalpus aureus*） | I 级 |
| | 尾凤蝶属*Bhutanitis* | 双尾凤蝶（*Bhutanitis mansfieldi*） | II 级 |
| | | 三尾凤蝶东川亚种<br>（*Bhutanitis thaidina dongchuanensis*） | II 级 |
| | 虎凤蝶属*Luehdorfia* | 中华虎凤蝶华山亚种<br>（*Luehdorfia chinensis huashanensis*） | II 级 |
| 绢蝶科<br>Parnassiidae | 绢蝶属*Parnassius* | 阿波罗绢蝶（*Parnassius apollo*） | II 级 |

附录6　国家林业局第7号令

《国家保护的有益的或者有重要经济、科学研究价值的陆生野生动物名录》中列入的蝴蝶种类

| 科 | 中文名 | 学名 |
|---|---|---|
| 凤蝶科Papilionidae | 喙凤蝶属（所有种） | *Teinopalpus* spp. |
| | 虎凤蝶属（所有种） | *Luehdorfia* spp. |
| | 锤尾凤蝶 | *Losaria coon* |
| | 台湾凤蝶 | *Papilio thaiwanus* |
| | 红斑美凤蝶 | *Papilio rumanzovius* |
| | 旖凤蝶 | *Iphiclides podalirius* |
| | 尾凤蝶属（所有种） | *Bhutanitis* spp. |
| | 曙凤蝶属（所有种） | *Atrophaneura* spp. |
| | 裳凤蝶属（所有种） | *Troides* spp. |
| | 宽尾凤蝶属（所有种） | *Agehana* spp. |
| | 燕凤蝶 | *Lamproptera curia* |
| | 绿带燕凤蝶 | *Lamproptera meges* |
| 粉蝶科Pieridae | 眉粉蝶属（所有种） | *Zegris* spp. |
| 蛱蝶科Nymphalidae | 黑紫蛱蝶 | *Sasakia funebris* |
| | 最美紫蛱蝶 | *Sasakia pulcherrima* |
| | 枯叶蛱蝶 | *Kallima inachus* |
| 绢蝶科Parnassiidae | 绢蝶属（所有种） | *Parnassius* spp. |
| 眼蝶科Satyridae | 黑眼蝶 | *Ethope henrici* |
| | 岳眼蝶属（所有种） | *Orinoma* spp. |
| | 豹眼蝶 | *Nosea hainanensis* |
| 环蝶科Amathusiidae | 箭环蝶属（所有种） | *Stichophthalma* spp. |
| | 森下交脉环蝶 | *Amathuxidia morishitai* |
| 灰蝶科Lycaenidae | 陕灰蝶属（所有种） | *Shaanxiana* spp. |
| | 虎灰蝶 | *Yamamotozephyrus kwangtungensis* |
| 弄蝶科Hesperiidae | 大伞弄蝶 | *Bibasis miracula* |

附录7 《濒危野生动植物种进出口贸易公约》（CITES）附录中列入的蝴蝶种类

| 中文名 | 学名 | 限制级别 |
|---|---|---|
| 亚历山大鸟翼凤蝶 | *Ornithoptera alexandrae* | 附录 I |
| 吕宋凤蝶 | *Papilio chikae* | |
| 荷马凤蝶 | *Papilio homerus* | |
| 科西嘉凤蝶 | *Papilio hospiton* | |
| 斯里兰卡曙凤蝶 | *Atrophaneura jophon* | 附录 II |
| 印度曙凤蝶 | *Atrophaneura pandiyana* | |
| 尾凤蝶属（褐凤蝶属）所有种 | *Bhutanitis* spp. | |
| 鸟翼凤蝶属所有种（除被列入附录 I 的物种） | *Ornithoptera* spp. | |
| 阿波罗绢蝶 | *Parnassius apollo* | |
| 裳凤蝶属所有种 | *Troides* spp. | |
| 喙凤蝶属所有种 | *Teinopalpus* spp. | |
| 红颈鸟翼凤蝶属所有种 | *Trogonoptera* spp. | |

注：《濒危野生动植物种进出口贸易公约》，又称华盛顿公约。它通过对濒危动植物种的进出口贸易加以限制，使其免遭因商业贸易而灭绝的危险。

# 参 考 文 献

REFERENCES

蔡友铭. 1999. 花卉育苗基本技术[M]. 北京: 中国农业出版社.

曹西兰. 2009. 论古代文人对蝴蝶形变的认识[J]. 厦门教育学院学报, 11(3): 50-53.

陈波, 包志毅. 2003. 城市公园和郊区公园生物多样性评估的指标[J]. 生物多样性, 11(2): 169-176.

陈桂芳, 张荣强. 2006. 五色梅生产栽培技术[J]. 重庆林业科技, (3): 23-24.

陈明勇, 邹兴淮, 邓敏, 等. 2002. 中国蝴蝶养殖[M]. 昆明: 云南科技出版社.

陈明勇. 2000. 西双版纳的蝴蝶养殖业: 热带雨林保护的新举措[J]. 大自然, (4): 18-19.

陈仁利, 蔡卫京, 周铁烽, 等. 2011. 裳凤蝶污斑亚种的生物学与规模化饲养的初步研究[J]. 林业科学研究, 24(6): 792-796.

陈树椿. 1999. 中国珍稀昆虫图鉴[M]. 北京: 中国林业出版社.

陈晓鸣, 周成理, 史军义, 等. 2008. 中国观赏蝴蝶[M]. 北京: 中国林业出版社.

陈晓鸣, 冯颖. 1999. 中国食用昆虫[M]. 北京: 中国科学技术出版社.

陈志兵, 裴恩乐, 俞渊, 等. 1998. 玉带凤蝶的饲养和繁殖研究[J]. 上海农学院学报, 16(3): 204-208.

大卫·卡特. 2010. 蝴蝶与蛾[M]. 北京: 中国友谊出版社.

董勇, 张岚, 杨萍, 等. 2010. 重庆主要观赏蝶类规模养殖技术[J]. 南方农业, 4(12): 33-37.

方健惠, 田椰, 孙天鑫. 2005. 巴黎翠凤蝶、红基美凤蝶生物学特性初步观察[J]. 甘肃林业科技, 30(1): 13-14, 53.

菲利普·科特勒, 凯文·莱恩·凯勒. 2012. 营销管理 (第14版-全球版) [M]. 北京: 中国人民大学出版社.

付惠, 王立松, 陈玉惠, 等. 2005. 云南两种地衣茶: 白雪茶 (Thamnolia spp.) 和红雪茶 (Lethariella spp.) 的营养成分分析[J]. 天然产物研究与开发, 17(3): 340-343.

顾茂彬, 陈佩珍, 姜婷婷, 等. 2000. 海南岛亚龙湾蝴蝶资源调查与开发利用研究[J]. 林业科学研究, 13(3): 333-341.

顾茂彬, 陈佩珍. 2009. 蝴蝶文化与鉴赏[M]. 广州: 广东科技出版社.

顾茂彬. 2008. 生态蝴蝶园的类型与建设[J]. 环境昆虫学报, 30(2): 167-171.

郭良珍, 王润莲, 梁爱萍, 等. 2003. 黄边大龙虱的营养分析[J]. 动物学杂志, 38(5): 80-82.

郭枢. 1998. 实用柑橘栽培技术[M]. 成都: 四川科学技术出版社.

胡柏林. 1998. 槟城蝴蝶园[J]. 大自然, (3): 27-37.

李传隆. 1995. 云南蝴蝶[M]. 北京: 中国林业出版社.

李俊延, 王效岳. 2002. 台湾蝴蝶图鉴[M]. 台北: 猫头鹰出版社.

李自能, 润元梅. 2001. 西双版纳巴卡小寨蝴蝶人工养殖试验报告[J]. 云南植物研究, (S1): 157-163.

刘桂玲, 王欣. 2010. 开放式蝴蝶园建设研究[J]. 广东农业科学, (4): 235-237, 245.

陆宁, 檀华蓉, 杨勇胜. 2002. 香菇中蛋白氨基酸成分分析[J]. 食品研究与开发, 23(6): 94-95.

罗益奎, 许永亮. 2004. 郊野情报蝴蝶篇[M]. 香港: 天地图书有限公司.

蒲正宇, 史军义, 姚俊, 等. 2013. 昆明金殿国家森林公园蝶类多样性季节性变化研究[J]. 草业学报, 22(2): 106-116.

蒲正宇, 史军义, 姚俊, 等. 2013. 保护行动规划在蝶类多样性保护上的应用: 以金殿国家森林公园蝶类多样性保护为例[J]. 山东林业科技, 43(1): 96-99.

蒲正宇, 史军义, 姚俊, 等. 2013. 黄斑蕉弄蝶蛹营养成分分析[J]. 天然产物研究与开发, 25(3): 379-382.

蒲正宇, 史军义, 姚俊, 等. 2013. 燕凤蝶生物学特性及人工养殖技术初探[J]. 江苏农业科学, 41(6): 202, 203.

蒲正宇, 史军义, 姚俊, 等. 2013. 苎麻珍蝶人工繁育技术研究[J]. 浙江农业科学, (7): 890-893.

蒲正宇, 周德群, 王鹏华, 等. 2012. 昆明金殿国家森林公园不同生境类型蝶类多样性[J]. 东北林业大学学报, 40(7): 128-130, 134.

蒲正宇, 周德群, 姚俊, 等. 2011. 中国蝶类生物多样性生存现状及其新的保护模式探索[J]. 生态经济, (11): 148-151, 165.

蒲正宇. 2012. 昆明金殿国家森林公园蝶类多样性研究与保护[D]. 昆明: 昆明理工大学.

钱范俊. 2003. 加拿大尼亚加拉温室蝴蝶园[J]. 大自然, (5): 43-45.

屈云波. 2005. 营销方法[M]. 北京: 企业管理出版社.

余轶. 1998. 蝴蝶博物馆生态园规划[J]. 园林, (4): 16-18.

史军义, 卢德阳, 何瑞, 等. 2010. 报喜斑粉蝶的生物学初步观察[J]. 四川动物, (4): 573-575.

史军义, 周成理, 陈晓鸣. 2005. 蝴蝶异地放飞中的生物入侵风险评估与管理[J]. 林业科学研究, 18(5): 621-627.

史军义, 周成理, 姚俊, 等. 2006. 我国蝴蝶产业发展中亟待解决的几个问题[J]. 四川动物, 25(1): 157-160.

史军义. 2010. 蝴蝶之城: 咸平[J]. 大自然, (1): 46-48.

寿建新, 周尧, 李宇飞. 2006. 世界蝴蝶分类名录[M]. 西安: 陕西科学技术出版社.

孙桂华. 2001. 世界蝴蝶博览[M]. 天津: 天津人民美术出版社.

汤静, 周景嵩, 周磊杰. 2010. 蝴蝶泉公园生态环境修复与景观规划设计[J]. 中国城市林业, (1): 27-29.

童尚兰. 2011. 中国古典文学中蝴蝶意象的文化意蕴[D]. 南昌: 华东交通大学.

汪永俊, 孙巧云. 1998. 中华虎凤蝶的饲养技术及其保护园的建立[J]. 江苏林业科技, 25(3): 39-43.

王佳宝. 2009. 蝴蝶意象与中华民族审美文化心理[J]. 云南电大学报, 11(2): 36-41.

王金平, 卢东升. 1998. 信阳麝凤蝶人工饲养初步观察[J]. 信阳师范学院学报(自然科学版), 11(3): 278-280.

吴怡欣, 杨平世. 2006. 怎样建一座蝶舞花香的蝴蝶园[J]. 大自然, (3): 7-9.

五十岚迈, 福田晴夫. 1997. The life histories of Asian butterflies[M]. 东京: 东海大学出版社.

武春生. 2001. 中国动物志·昆虫纲第二十五卷·鳞翅目·凤蝶科[M]. 北京: 科学出版社.

夏如铁, 孙兴全, 孙越, 等. 2007. 青凤蝶饲养方法初探[J]. 生物学通报, 42(11): 49-50.

肖勤, 李征宇. 1998. 彩蝶纷飞寄情山水: 亚龙湾蝴蝶谷的创作与思考[J]. 中国园林, 14(2): 34-36.

徐建国. 2003. 柑橘优良品种及无公害栽培技术[M]. 北京: 中国农业出版社.

许士国, 林育真, 战新梅. 2000. 三种昆虫蛋白质、氨基酸和脂肪酸的比较研究[J]. 营养学报, 22(4): 353-355.

杨萍, 邓合黎, 漆波, 等. 2004. 碧凤蝶养殖生物学研究[J]. 西南农业大学学报(自然科学版), 26(6): 789-792.

杨萍, 漆波, 邓合黎, 等. 2005. 枯叶蛱蝶的生物学特性及饲养[J]. 西南农业大学学报(自然科学版), 27(1): 44-49.

杨月欣, 王光亚, 潘兴昌. 2009. 中国食物成分表[M]. 北京: 北京大学医学出版社.

姚俊. 2012. 云南蝴蝶产业可持续发展现状与趋势分析研究[D]. 昆明: 西南林业大学.

姚俊, 李萌, 史军义, 等. 2013. 将蝴蝶引入洛阳牡丹园的意义与可行性[J]. 江苏林业科技, 40(3): 27-30.

姚俊, 蒲正宇, 史军义, 等. 2013. 我国蝴蝶资源开发利用现状与前景展望[J]. 浙江农业科学, (9): 1132-1134.

姚俊, 蒲正宇, 史军义, 等. 2013. 将活体蝴蝶展览引入营销活动分析[J]. 山东林业科技, 43(5): 104-106.

叶黎红, 孙兴全, 孙越, 等. 2008. 柑橘凤蝶饲养方法初探[J]. 安徽农学通报, 14(18): 122-123.

叶兴乾, 胡萃, 王向. 1998. 六种鳞翅目昆虫的食用营养成分分析[J]. 营养学报, 20(2): 224-228.

叶永茂. 2012. 溪蜜柚优质高产栽培技术[J]. 中国果菜, (7): 25-26.

张建民, 李传仁, 王文凯, 等. 2008. 蝴蝶文化趣谈[J]. 昆虫知识, 45(2): 340-344.

张松奎, 赵爱玲. 1996. 蝴蝶世界[M]. 南京: 江苏科技出版社.

张云, 陈凡. 2006. 大理蝴蝶泉公园景观规划建议[J]. 林业调查规划, 31(3): 157-160.

张正光. 2007. 人与自然的乐园: 蝴蝶泉森林公园[J]. 中国林业产业, (1): 61-62.

周成理, 史军义, 陈晓鸣, 等. 2006. 枯叶蛱蝶规模化人工繁育研究[J]. 北京林业大学学报, 28(5): 107-113.

周尧, 袁锋, 陈丽珍. 2004. 世界名蝶鉴赏图谱[M]. 郑州: 河南科学技术出版社.

周尧. 1998. 中国蝴蝶分类与鉴定[M]. 郑州: 河南科学技术出版社.

周尧. 2000. 中国蝶类志(修订本)[M]. 郑州: 河南科学技术出版社.

# 鸣 谢

谨此，向在本书资料收集和编写过程中曾经给予宝贵支持和帮助的单位、领导、专家、技术人员和基层工作者表示我们由衷的谢意！他们是：

国家林业局：

国际合作司　　　　苏春雨司长

保护司　　　　　　陈建伟巡视员、严旬总工、王维胜处长

濒危物种进出口管理办公室　　孟宪林常务副主任、周亚飞巡视员、

周志华副主任、吕晓平处长、万自明处长

宣传中心　　　　金志成副主任、张炜处长

科技司　　　　　靳芳副司长、唐红英副处长

计资司　　　　　陈嘉文处长

资源司　　　　　邹连顺处长、梁永伟处长

国家质量监督检验检疫总局：

动植物检疫监管司　　　　陈洪俊副司长

北京通州出入境检验检疫局　　陈世松局长

中国林业科学研究院：

张守攻院长、刘世荣副院长、张星耀处长、王彪处长、魏俊义副处长

资源昆虫研究所　　　陈晓鸣所长，杨时宇书记，李昆、石雷、苏建荣副所长，

陈志勇、杨海云、欧晓东处长，陈军副处长，

冯颖研究员，周成理、郑华、唐宇翀博士

元江实验站王绍云站长、景东试验站周静书记

林业科学研究所　　　许新桥书记

| 热带林业实验中心 | 蔡道雄主任、蔡子良书记 |
|---|---|
| 荒漠化研究所 | 贾志清副所长 |
| 中国花卉协会 | 陈建武副秘书长 |
| 中国科学院动物研究所 | 武春生研究员 |
| 中国昆虫学会蝴蝶分会 | 张雅林理事长 |
| 北京林业大学 | 陈俊愉院士、骆友庆副校长 |
| 华南农业大学 | 陈晓阳校长、李吉跃教授 |
| 南开大学 | 李后魂教授 |
| 四川大学 | 刘锦超教授 |
| 四川农业大学 | 易同培教授、郝晓云处长 |
| 南京林业大学 | 钱范俊教授 |
| 中南林业科技大学 | 谭晓风教授 |
| 清华大学美术学院 | 关东海副教授 |
| 西北农林科技大学博览园 | 魏永平副主任 |
| 浙江农林大学 | 胡加付博士 |
| 西南林业大学 | 周雪松、刘家柱老师 |
| 昆明理工大学 | 王鹏华硕士 |
| 北京植物园 | 赵世伟园长 |
| 北京北林地景园林规划设计院 | 田园副院长 |
| 北京紫竹院公园 | 赵康副园长 |
| 北京福涞海生态科技有限公司 | 李继平先生 |
| 北京植物园蝴蝶园 | 王庆翠女士 |
| 北京七彩蝶园 | 赵春生先生、胡群女士 |
| 天津自然博物馆 | 郝淑莲博士 |
| 天津市南开区园林局 | 刘津宁高工 |
| 云南省林业厅野生动植物保护与自然保护区管理处 | 赵晓东处长 |
| 云南省林业调查规划院 | 徐志辉高工 |
| 昆明冶金研究院 | 姜永利先生 |
| 云南省红河州 | 刘一平书记 |
| 云南省红河州科协 | 夏永祥副主席 |
| 云南省红河州林业局 | 杨保刚科长 |
| 云南省投资集团公司 | 和佳轶、查昆辉先生 |
| 云南省旅游投资有限公司 | 张新晖、汤帆先生 |
| 云南大理旅游集团公司 | 徐联彪先生 |
| 云南东瀚蝴蝶旅游开发有限公司 | 刘思熠、姚斌先生 |
| 云南大理蝴蝶泉蝴蝶园 | 赵进先生 |

| | |
|---|---|
| 云南中林生物资源科技有限公司 | 马学彪先生 |
| 云南昆明世界园艺博览园 | 王海磊、谢聪慧女士 |
| 云南西双版纳森林公园 | 李梅女士 |
| 云南省金平县委 | 牛兴发书记 |
| 云南省金平县政府 | 马宁县长 |
| 云南省金平县委宣传部 | 黑丽英部长 |
| 云南省金平县国土局 | 普振东局长 |
| 云南省金平县科技局 | 朱贵平副局长 |
| 云南省金平县哈尼梯田与蝴蝶谷管理中心 | 杨镇文主任 |
| 贵州省林业厅 | 金小麒厅长 |
| 贵州省黔南布依族苗族自治州 | 罗桂荣副州长 |
| 贵州省黔南州宣传部 | 黄光兴副部长 |
| 贵州罗甸县委常委、政法委 | 雷学良书记 |
| 贵州罗甸县 | 贾维军副县长 |
| 贵州安龙县 | 王丰副县长 |
| 四川省林业厅濒危动植物进出口管理办公室 | 龚继恩主任 |
| 四川省绵阳林业局 | 杨韧副局长，邓朝经、何先云、刘育贤高工 |
| 四川成都欢乐谷 | 吴敦吉先生、王翠萍女士 |
| 四川成都欢乐谷蝴蝶园 | 张红琼女士 |
| 四川长宁"世纪竹园" | 李本祥先生 |
| 重庆市南川区楠竹山林木良种场 | 张德模场长 |
| 深圳仙湖植物园 | 李勇先生 |
| 深圳七彩虹旅游投资发展有限公司 | 刘晓红先生 |
| 深圳创意园景观工程有限公司 | 李铭、种新球先生 |
| 深圳香蜜湖度假村 | 刘兰辉先生 |
| 深圳天赋盛景旅游投资管理有限公司 | 王戎女士 |
| 湖南省森林植物园 | 彭春良主任 |
| 湖南省森林植物园蝴蝶园 | 牟村先生 |
| 广西林业厅科技处 | 许华功处长 |
| 广西生态工程职业技术学院 | 安家成书记、庞正轰院长 |
| 广西南宁良凤江森林公园 | 苏勇主任 |
| 广西南宁良凤江森林公园蝴蝶园 | 卢德阳先生 |
| 福建林业职业技术学院 | 彭彪教授 |
| 福建福州森林公园 | 王梅松主任 |
| 甘肃省林业厅林业技术推广总站 | 王洪建研究员 |
| 甘肃省小陇山林业试验局 | 寇明君局长 |
| 甘肃画院一级美术师 | 陆志宏先生 |

| 河南省方城县总工会 | 代梅灵女士 |
| 台湾师范大学 | 徐堉峰教授，吴立韦、吕志坚博士 |
| 台湾侨联总会理事长 | 简汉生先生 |
| 台湾晓龙基金会创办人兼执行长 | 曾宪章博士 |
| 韩国咸平蝴蝶研究所 | 郑宪天所长 |

注：由于《蝴蝶园设计、建设和管理》编著时间较长、外业调查任务重、工作点分散以及我们自己的疏忽等多种原因，许多曾经帮助过我们的人们的情况发生了很大变化，比如有些人已离开原职或单位改变，虽经多方联系，仍然没能留下或没能准确留下他们的名字；有些人职务和职称已发生变化，而我们又没能获得新的信息；有的人甚至已不幸辞世，已经不能分享我们的成功等，所有这些都让我们感到遗憾和不安。在此，我们谨对他们表示深深的敬意。